Prof. Dr. Heinrich Hemme

Mathematik

Grundrechenarten
Mengenlehre
Prozentrechnung
Geometrie
Gleichungen
Funktionen
Lineare Algebra
Vektorrechnung
Differentialrechnung
Integralrechnung

3. Auflage

Inhalt

Vorwort _____ 3

1 Elementare Mengenlehre _____ 4
2 Rechnen mit natürlichen Zahlen _____ 12
3 Rechnen mit ganzen Zahlen _____ 34
4 Rechnen mit rationalen Zahlen _____ 40
5 Rechnen mit reellen Zahlen _____ 55
6 Rechnen mit komplexen Zahlen _____ 73
7 Prozent-, Zins- und Rentenrechnung _____ 82
8 Planimetrie _____ 88
9 Stereometrie _____ 122
10 Gleichungen _____ 142
11 Funktionen _____ 169
12 Goniometrie und Trigonometrie _____ 207
13 Lineare Algebra _____ 228
14 Folgen und Reihen _____ 275
15 Grenzwert und Stetigkeit einer Funktion ___ 296
16 Differentialrechnung _____ 303
17 Integralrechnung _____ 331

Über dieses Buch _____ 351
Stichwortverzeichnis _____ 352

Vorwort

Die Mathematik bestimmt unser Leben weitaus mehr, als man auf den ersten Blick meinen könnte. Auch jemand, der in einem Beruf steht, der nichts mit Technik, Naturwissenschaft oder Wirtschaft zu tun hat, kommt kaum an ihr vorbei. Viele Alltagsprobleme sind ohne Mathematikkenntnisse nicht lösbar. Immer wieder gibt es etwas zusammenzuzählen, abzuziehen, malzunehmen oder zu teilen. Oder will man beispielsweise Farbe kaufen, um die Wohnung zu streichen, oder Dünger für den Rasen, muss man Flächen berechnen können. Will man einen Kredit aufnehmen oder Geld anlegen, sollte man etwas von der Zinsrechnung verstehen. Selbst das Lesen einer Tageszeitung ist schwierig, wenn man die dort häufig auftauchenden Begriffe aus der Statistik, etwa den Ausdruck »Mittelwert«, nicht versteht.

Dieses Handbuch der Mathematik deckt die komplette Schulmathematik von der 1. Klasse der Grundschule bis zur 13. Klasse des Gymnasiums ab und zu einem Großteil auch noch die Mathematik, die in nichtnaturwissenschaftlichen und nichttechnischen Studiengängen benötigt wird. Es ist für Laien geschrieben und wendet sich an Schüler und Studenten, an Eltern und Lehrer und alle mathematisch Interessierten. Das Buch ist als Nachschlagewerk und auch als Lehrbuch zum Selbststudium geeignet.
Die Kapitel des Buches sind jeweils abgeschlossene Einheiten. Natürlich lässt es sich nicht vermeiden, dass zum Verständnis eines Kapitels Kenntnisse aus vorangegangenen Kapiteln benötigt werden. Alle Kapitel sind mit ausführlichen Beispielen und vielen Abbildungen versehen.

Roetgen, im August 2003
Heinrich Hemme

1 Elementare Mengenlehre

In der Umgangssprache hat das Wort »Menge« zwei Bedeutungen. Zum einen steht es für »viel«: Krösus besitzt eine Menge Gold. Auf der Zugspitze liegt eine Menge Schnee. Zum anderen bedeutet es eine Zusammenfassung, z. B., wenn man von der Menge der Schülerinnen in einer Klasse oder der Menge der Äpfel in einem Korb spricht. Diese zweite Bedeutung ist mit dem mathematischen Begriff der Menge gemeint.

1.1 Grundbegriffe

Eine **Menge** ist eine Zusammenfassung bestimmter Objekte zu einem Ganzen. Diese Objekte werden **Elemente** der Menge genannt.

Beispiele
1. Die Menge S aller Schülerinnen der St.-Ursula-Realschule. Die Elemente der Menge sind die Schülerinnen dieser Schule.
2. Die Menge W der Wochentage. Diese Menge hat die sieben Elemente Montag, Dienstag, Mittwoch, Donnerstag, Freitag, Samstag und Sonntag.
3. Die Menge J aller Jahre nach Christi Geburt. Die Elemente dieser Menge sind die Jahre 1, 2, 3, 4, 5, ... Die Menge hat unendlich viele Elemente.

Um eine Menge darzustellen, gibt es zwei Möglichkeiten. Dies ist die erste Möglichkeit: Man listet alle Elemente auf und setzt sie in geschweifte Klammern. Die Reihenfolge spielt dabei keine Rolle. Wenn man nicht alle Elemente auflisten kann oder möchte, es aber völlig klar ist, wie es weitergeht, darf man auch die restlichen Elemente durch drei Pünktchen ersetzen.

Beispiele
1. W = {Montag, Dienstag, Mittwoch, Donnerstag, Freitag, Samstag, Sonntag}
2. $J = \{1, 2, 3, 4, 5, 6, ...\}$
3. $F = \{\spadesuit, \heartsuit, \diamondsuit, \clubsuit\}$
4. {R, E, G, A, L} = {L, A, G, E, R}

Die zweite Möglichkeit, eine Menge darzustellen, ist, sie zu beschreiben. Dazu wird eine allgemeine Beschreibung $B(x)$ der Eigenschaften der Elemente x der Menge M gemacht. Damit wird die Menge M dann folgendermaßen dargestellt:

$$M = \{x|B(x)\}$$

Gelesen wird dies als: M ist die Menge aller x, die die Eigenschaft $B(x)$ haben.

Beispiele
1. $S = \{a \mid a$ ist Schülerin der St.-Ursula-Realschule$\}$
2. $J = \{j \mid j$ ist eine Jahreszahl$\}$
3. $F = \{f \mid f$ ist eine Spielkartenfarbe$\}$

Es gibt auch Mengen, die kein einziges Element enthalten. Diese Mengen bezeichnet man als **leere Mengen** und schreibt sie als {} oder ∅.

Beispiel
$A = \{m \mid m$ ist ein Mensch, der älter ist als 969 Jahre$\}$
$A = \{\}$

Zwei Mengen, die genau die gleichen Elemente enthalten, sind gleich. Für die beiden Mengen $A = \{a, b, c, d, e\}$ und $B = \{c, a, d, b, e\}$ gilt also $A = B$.
Dass ein Element x zu einer Menge M gehört, wird als $x \in M$ geschrieben und als »x ist Element von M« gelesen. Durch das Symbol $\notin$ kann man ausdrücken, dass ein Element nicht zu einer Menge gehört.

Beispiele
1. $W = \{x \mid x$ ist ein Wochentag$\}$
   Dienstag $\in W$
2. $S = \{a \mid a$ ist Schülerin der St.-Ursula-Realschule$\}$
   Heinrich $\notin S$

Das **Venn-Diagramm** einer Menge ist eine bildliche Darstellung ihrer Elemente innerhalb einer geschlossenen Linie in der Ebene. Es ist nach dem englischen Logiker John Venn (1834–1923) benannt. Die Elemente werden durch Punkte, Symbole oder Bilder repräsentiert oder aber auch durch den Flächeninhalt selbst.

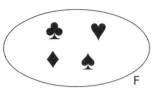

Abb. 1: Venn-Diagramm der Menge $F = \{♠, ♥, ♦, ♣\}$.

Die **Mächtigkeit** einer Menge gibt an, wie viele Elemente sie enthält. Sie wird geschrieben, indem man den Mengennamen zwischen zwei senkrechte Striche setzt. Wenn beispielsweise W die Menge der Wochentage ist, so ist $|W| = 7$. Die leere Menge hat folglich die Mächtigkeit 0: $|\emptyset| = 0$

Enthalten zwei Mengen gleich viele Elemente, die aber nicht unbedingt gleich sein müssen, so sind sie »gleichmächtig«. Dies wird durch das Symbol ~ ausgedrückt, das man zwischen die beiden Mengennamen setzt.

Beispiel
$Z = \{\text{Frühling, Sommer, Herbst, Winter}\}$
$F = \{♠, ♥, ♦, ♣\}$
$Z \sim F$

Natürlich kann man die Gleichmächtigkeit von zwei Mengen M und N auch als $|M| = |N|$ schreiben.

1.2 Teilmenge und Potenzmenge

Wenn eine Menge N nur Elemente enthält, die auch Elemente von M sind, so bezeichnet man N als **Teilmenge** oder **Untermenge** von M. Man schreibt dies als $N \subseteq M$.

Beispiel
$S = \{\,x \mid x \text{ ist eine Stadt in Deutschland}\}$
$M = \{x \mid x \text{ ist eine Millionenstadt in Deutschland}\}$
$M \subseteq S$

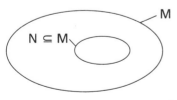

Abb. 2: Venn-Diagramm der Teilmengenbeziehung.

Ist N keine Teilmenge von M, so stellt man dies als $N \nsubseteq M$ dar.

Jede Menge ist auch eine Teilmenge von sich selbst. Das heißt $M \subseteq M$.

Gibt es in einer Teilmenge N der Menge M wenigstens ein Element, das zwar in M ist, nicht aber in N, so spricht man von einer **echten Teilmenge** und schreibt es als $N \subset M$. Keine Menge kann also echte Teilmenge von sich selbst sein.

Die Elemente einer Menge können selbst auch wieder Mengen sein.

Beispiel
$V = \{a, e, i, o, u\}$
$F = \{♠, ♥, ♦, ♣\}$
$Z = \{3, 7, 40\}$
$M = \{V, F, Z\} = \{\{a, e, i, o, u\}, \{♠, ♥, ♦, ♣\}, \{3, 7, 40\}\}$

Eine besondere Menge von Mengen ist die **Potenzmenge** einer Menge M. Sie wird geschrieben als $\mathcal{P}(M)$ und ist die Menge aller denkbaren Teilmengen von M einschließlich der leeren Menge $\emptyset$ und der Menge M selbst.

Beispiele
1. $A = \emptyset$ $\mathcal{P}(A) = \{\emptyset\}$
2. $B = \{a\}$ $\mathcal{P}(B) = \{\emptyset, B\}$
3. $C = \{a,b\}$ $\mathcal{P}(C) = \{\emptyset, \{a\}, \{b\}, C\}$
4. $D = \{a,b,c\}$ $\mathcal{P}(D) = \{\emptyset, \{a\}, \{b\}, \{c\}, \{a,b\}, \{a,c\}, \{b,c\}, D\}$

Allgemein gilt: Hat die Menge M die Mächtigkeit n, so beträgt die Mächtigkeit ihrer Potenzmenge 2^n.
$$|\mathcal{P}(M)| = 2^{|M|}$$

1.3 Mengenalgebra

Die drei wichtigsten Operationen der Mengenlehre sind die Bildung des Durchschnitts, der Vereinigung und der Differenz von Mengen.

Der **Durchschnitt** von zwei Mengen M und N ist die Menge all jener Elemente, die sowohl in M als auch in N enthalten sind. Das Operationszeichen für die Durchschnittsbildung ist $\cap$ und wird zwischen die beiden Mengennamen gesetzt.

Das Symbol $\wedge$ ist das logische Und. Es besagt, dass die beiden Forderungen, zwischen denen es steht, erfüllt sein müssen.

> Durchschnitt zweier Mengen
> $M \cap N = \{x | x \in M \wedge x \in N\}$

Beispiele
1. $A = \{2, 4, 6, 8, 10\}$
   $B = \{1, 2, 3, 4, 5\}$
   $A \cap B = \{2, 4\}$

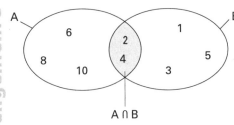

Abb. 3: Venn-Diagramm zum Beispiel 1.

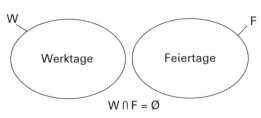

Abb. 4: Venn-Diagramm zum Beispiel 3.

2. $W = \{x \mid x$ ist ein weiblicher Mensch$\}$
   $B = \{x \mid x$ ist ein blondes Lebewesen$\}$
   $X = W \cap B = \{x \mid x$ ist eine Blondine$\}$

3. $W = \{x \mid x$ ist ein Werktag$\}$
   $F = \{x \mid x$ ist ein Feiertag$\}$
   $W \cap F = \{\}$

   Ist der Durchschnitt zweier Mengen die leere Menge, so sagt man, dass die beiden Mengen **disjunkt** oder **elementfremd** sind.

   Die **Vereinigung** von zwei Mengen M und N ist die Menge aller der Elemente, die in M oder in N enthalten sind. Das Operationszeichen für die Vereinigungsbildung ist $\cup$ und wird zwischen die beiden Mengennamen gesetzt.

Vereinigung zweier Mengen
$M \cup N = \{x \mid x \in M \vee x \in N\}$

Das Symbol $\vee$ ist das logische Oder. Es besagt, dass mindestens eine der beiden Forderungen, zwischen denen es steht, erfüllt sein muss.

Beispiele

1. $A = \{2, 4, 6, 8\}$
   $B = \{1, 2, 3, 4, 5\}$
   $A \cup B = \{1, 2, 3, 4, 5, 6, 8\}$

2. $W = \{x \mid x$ ist ein weiblicher Mensch$\}$
   $M = \{x \mid x$ ist ein männlicher Mensch$\}$
   $X = W \cup B = \{x \mid x$ ist ein Mensch$\}$

   Die **Differenz** zwischen der Menge M und der Menge N ist die Menge der Elemente, die zwar in M, nicht aber in N enthalten sind. Das Operationszei-

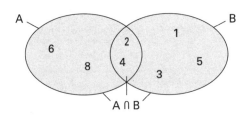

Abb. 5: Venn-Diagramm zum Beispiel 1.

chen für die Differenzbildung ist \ und wird zwischen die beiden Mengensymbole gesetzt. Gelesen wird der Ausdruck $M \setminus N$ als »M vermindert um N« oder »M ohne N«

Differenz zweier Mengen
$M \setminus N = \{x | x \in M \land x \notin N\}$

Beispiele
1. $A = \{a, b, c, d, e, f, g, h\}$
   $B = \{b, d, f, i, j\}$
   $A \setminus B = \{a, c, e, g, h\}$
   (→ Abb. 7)

2. $K = \{x \mid x$ ist ein Kind$\}$
   $M = \{x \mid x$ ist ein Mädchen$\}$
   $J = K \setminus M = \{x \mid x$ ist ein Junge$\}$
   (→ Abb. 8)

Ist die Menge N eine Teilmenge von M, so bezeichnet man die Differenzmenge $M \setminus N$ auch als das **Komplement** oder als die **Komplementärmenge** von N bezüglich M. Dargestellt wird die Komplementärmenge von N durch $\overline{N}$ oder $\setminus N$.

falls $N \subseteq M$: $\overline{N} = M \setminus N$

(→ Abb. 9)

Ist $\overline{N}$ die Komplementärmenge von N bezüglich der Menge M, so ergibt die Vereinigung von N und $\overline{N}$ wieder die Menge M selbst.

falls $N \subseteq M$: $N \cup \overline{N} = M$

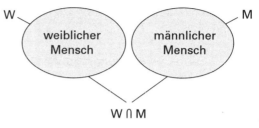

Abb. 6: Venn-Diagramm zum Beispiel 2.

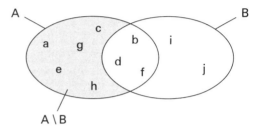

Abb. 7: Venn-Diagramm zum Beispiel 1.

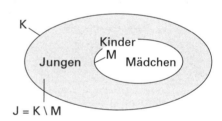

Abb. 8: Venn-Diagramm zum Beispiel 2.

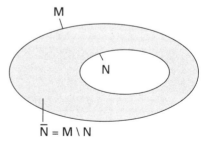

Abb. 9: Venn-Diagramm zur Veranschaulichung der Differenzbildung und der Komplementärmenge.

Die Menge N ist zu ihrem Komplement immer disjunkt.

$$N \cap \overline{N} = \emptyset$$

Für die Mengenoperationen gelten einige Gesetze. Die **Kommutativgesetze** besagen, dass sich der Durchschnitt und die Vereinigung von zwei Mengen nicht ändern, wenn man ihre Reihenfolge vertauscht.

Kommutativgesetze

$M \cap N = N \cap M$
$M \cup N = N \cup M$

Die beiden Mengenoperationen Durchschnitt und Vereinigung sind zunächst einmal nur für zwei Mengen definiert. Will man den Durchschnitt von drei Mengen bilden, muss man sich auf eine Reihenfolge einigen. Soll man bei $M \cap N \cap P$ zuerst M mit N und dann das Ergebnis mit P schneiden oder zuerst N mit P und dann M mit dem Ergebnis? Diese beiden unterschiedlichen Reihenfolgen können durch Klammern dargestellt werden: $(M \cap N) \cap P$ oder $M \cap (N \cap P)$. Dabei gilt, dass der umklammerte Ausdruck zuerst berechnet werden muss.

Assoziativgesetze

$(M \cap N) \cap P = M \cap (N \cap P)$
$(M \cup N) \cup P = M \cup (N \cup P)$

Distributivgesetze

$M \cap (N \cup P) = (M \cap N) \cup (M \cap P)$
$M \cup (N \cap P) = (M \cup N) \cap (M \cup P)$

Die **Assoziativgesetze** besagen nun, dass die Reihenfolge bei der Durchschnitts- oder der Vereinigungsbildung keinen Einfluss auf das Ergebnis hat. Man darf die Klammern also getrost fortlassen.

Verknüpft man drei Mengen durch zwei verschiedene Operationen, sind die Verhältnisse etwas komplizierter. Sie werden durch die **Distributivgesetze** beschrieben.

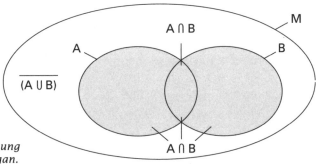

Abb. 10: Veranschaulichung der Gesetze von de Morgan.

Die Zusammenhänge zwischen zwei Teilmengen A und B von ein und derselben Menge M und ihren Komplementen beschreiben die **Gesetze von de Morgan** (nach dem schottischen Mathematiker Augustus de Morgan, 1806–1871).

Bildet man den Durchschnitt oder die Vereinigung einer Menge mit sich selbst, so ist das Ergebnis auch wieder die Menge selbst. Dies wird durch die **Idempotenzgesetze** beschrieben.

Gesetze von Morgan

falls $A \subseteq M \wedge B \subseteq M$ dann gilt:

$\overline{(A \cap B)} = \overline{A} \cup \overline{B}$

$\overline{(A \cup B)} = \overline{A} \cap \overline{B}$

Idempotenzgesetze

$M \cap M = M$

$M \cup M = M$

2 Rechnen mit natürlichen Zahlen

2.1 Kardinal- und Ordinalzahlen

Schon lange Zeit vor der Entwicklung der Mathematik haben unsere Vorfahren Mengen miteinander verglichen oder abgezählt. Wer besitzt mehr Schafe, mein Nachbar oder ich? Sind alle meine Ziegen wieder im Stall? Hat sich der Fuchs eines meiner Hühner geholt? Die Antworten auf diese Fragen haben zur Entwicklung der **Kardinalzahlen** oder **Grundzahlen** 1, 2, 3, 4, usw. geführt. Mit Kardinalzahlen gibt man die Anzahl von Dingen in einer Menge an, unabhängig davon, was dies für Dinge sind oder wie sie angeordnet sind. Drei Schafe, drei Steine, drei Frauen oder drei Krüge haben alle eines gemeinsam: Es gibt jeweils drei von ihnen. Dies ist schon ein großer Abstraktionsschritt, den etliche Naturvölker bis heute noch nicht vollzogen haben. Sie benutzen verschiedene Zahlwörter für drei Schafe und drei Steine. Ihnen ist die gemeinsame Eigenschaft »drei« noch nicht bekannt.

Eine zweite Aufgabe, die unsere Vorfahren schon vor Jahrtausenden gelöst haben, ist, Dinge in eine bestimmte Ordnung zu bringen. In welcher Reihenfolge sollen die Mitglieder der Familie am Tisch sitzen? Wer darf nach einem Kriegszug als erster, zweiter und dritter etwas aus der Beute wählen? Diese Fragen führten zur Entwicklung der **Ordinalzahlen** oder **Ordnungszahlen** »erster«, »zweiter«, »dritter«, »vierter« usw. Im Deutschen werden sie in der Regel durch einen Punkt hinter der Zahl gekennzeichnet. (1., 2., 3., 4. usw.)

Löst man sich einmal von den speziellen Anwendungen »Zählen« und »Ordnen«, so sind die Kardinal- und Ordinalzahlen im Grunde gleich. Nimmt man auch noch die 0 hinzu, so bilden diese Zahlen die Menge der natürlichen Zahlen, die man mit dem Symbol $\mathbb{N}$ bezeichnet.

$$\mathbb{N} = \{0, 1, 2, 3, 4, 5, 6, ...\}$$

Meint man die Menge der natürlichen Zahlen ohne die 0, so drückt man dies durch das Symbol $\mathbb{N}^*$ aus.

$$\mathbb{N}^* = \mathbb{N} \setminus \{0\} = \{1, 2, 3, 4, 5, 6, ...\}$$

2.2 Zahldarstellung

Unsere Vorfahren mussten ihre Schafe und Ziegen nicht nur zählen, sondern ihre Anzahlen auch dauerhaft festhalten können. Im Anfang wurde dies durch Kerben in einem Holzstab, Knoten in Schnüren oder Kreidestrichen auf einer Wand gemacht. An Formulierungen wie »etwas auf dem Kerbholz haben« oder »in der Kreide stehen« kann man dies immer noch hören. Auch notieren Gastwirte heute noch die Anzahl der getrunkenen Biere durch Striche auf dem Bierdeckel.

Die Methode, pro Ding einen Strich zu zeichnen, wird jedoch bei großen Zahlen schnell unübersichtlich. Deshalb haben sich die Menschen andere Arten der Zahldarstellung ausgedacht. Im Wesentlichen kann man sie zu zwei Gruppen zusammenfassen: **Additionssysteme** und **Positionssysteme**.

Das bekannteste **Additionssystem** sind die römischen Zahlen. Dort gibt es nicht nur ein Zahlenzeichen für 1 (I), sondern auch eines für 5 (V), 10 (X), 50 (L), 100 (C), 500 (D) und 1000 (M). Nun versucht man möglichst wenige Zeichen nebeneinander zu schreiben, so dass die Summe ihrer Werte genau die Zahl ergibt, die man darstellen möchte. Die Zahlenzeichen werden beim Schreiben der Größe nach angeordnet, obwohl dies eigentlich gar nicht nötig wäre.

Beispiele
  7 = VII
 30 = XXX
 78 = LXXVIII

Um die römischen Zahlen etwas kürzer schreiben zu können, gibt es noch eine weitere Regel, die jedoch vom reinen Additionssystem abweicht: Wird eines der Zeichen I, X oder C links von einem höherwertigen geschrieben, wird sein Wert abgezogen statt hinzugezählt. So hat beispielsweise XI den Wert 10 + 1 = 11 und IX den Wert 10 − 1 = 9.

Beispiele
   9 = IX
  93 = XCIII
 1954 = MCMLIV

Die Nachteile von Additionssystemen sind, dass sie für große Zahlen sehr lang werden, wenn man mit einer begrenzten Zahl von Symbolen auskommen möchte, und dass schriftliche Rechnungen äußerst umständlich sind.

Den Additionssystemen weit überlegen sind die **Positionssysteme**. Sie sind eine Erfindung der Inder und im Mittelalter über die Araber nach Europa gelangt. Deshalb werden sie noch heute als arabische Zahlen bezeichnet.

Die arabischen Zahlen haben die zehn Zahlenzeichen oder Ziffern 0, 1, 2, 3, 4, 5, 6, 7, 8 und 9. Diese Zeichen haben nicht, wie bei den römischen Zahlenzeichen, immer den gleichen Wert, sondern ihr Wert hängt davon ab, wo sie in der Zahl stehen. Eine Ziffer, die in einer Zahl auf der ersten Stelle von rechts steht, hat in der Zahl den Wert, den sie auch als einzelne Ziffer hat. Steht sie jedoch auf der zweiten Stelle von rechts, so beträgt ihr Wert in der Zahl das Zehnfache ihres Ziffernwertes. Bei der dritten Stelle von rechts verhundertfacht sich der Wert einer Ziffer usw. So haben beispielsweise die drei Vieren in 444 ganz unterschiedliche Werte: Die rechte 4 hat den Wert 4, die mittlere 4 den Wert 40 und die linke 4 den Wert 400. Den Wert der gesamten Zahl erhält man schließlich durch Addition der entsprechend ihrer Position vervielfachten Ziffern.

Da das Positionssystem mit den arabischen Ziffern die Zahlen in Zehnerblöcken zusammenfasst, spricht man auch vom dekadischen System (griech. deka, zehn) oder vom Dezimalsystem (lat. decem, zehn).

2.3 Der Zahlenstrahl

Jede natürliche Zahl hat genau eine unmittelbare Nachfolgerin. So ist beispielsweise 12 die Nachfolgerin von 11. Dies bedeutet, die Folge der natürlichen Zahlen bricht niemals ab. Es gibt also keine größte natürliche Zahl.

Etwas anders verhält es sich mit den Vorgängerinnen. Jede natürliche Zahl hat gerade eine direkte Vorgängerin. Die einzige Ausnahme ist die 0. Sie hat keine Vorgängerin. Folglich gibt es eine kleinste natürliche Zahl, nämlich die 0.

Die natürlichen Zahlen werden häufig grafisch durch einen **Zahlenstrahl** dargestellt. Ein Strahl ist in der Mathematik eine gerade Linie, die zwar einen Anfang, aber kein Ende hat.

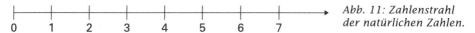

Abb. 11: Zahlenstrahl der natürlichen Zahlen.

Durch die feste Reihenfolge der natürlichen Zahlen muss für jedes denkbare Paar m und n von natürlichen Zahlen genau eine der folgenden drei Beziehungen gelten:

$m < n$
$m = n$
$m > n$

Das Kleinerzeichen <, das Gleichheitszeichen = und das Größerzeichen > vergleichen die beiden Zahlen, zwischen denen sie stehen. Das Kleinerzeichen besagt, dass die linke Zahl kleiner ist als die rechte, das Gleichheitszeichen, dass beide Zahlen gleich groß sind, und das Größerzeichen, dass die linke Zahl größer ist als die rechte. Es gilt also beispielsweise 12 < 93, 7 = 7 und 28 > 4. Möchte man ausdrücken, dass eine Zahl m höchstens so groß ist wie eine zweite Zahl n, so kann man dies als $m \leq n$ schreiben. Umgekehrt bedeutet $m \geq n$, dass m mindestens so groß ist wie n.

Diese fünf Beziehungen »kleiner«, »gleich«, »größer«, »kleiner gleich« und »größer gleich« zwischen zwei Zahlen sind **transitiv**. Das bedeutet beispielsweise für die Größer-Beziehung, dass aus $n > m$ und $m > l$ immer $n > l$ folgt, und für die Gleichheit, dass aus $n = m$ und $m = l$ immer auch $n = l$ folgt.

Möchte man einen bestimmten Bereich des Zahlenstrahls darstellen, so kann man dazu eckige Klammern benutzen. Mit dem Ausdruck $[m, n]$, bei dem $m < n$ sein muss, sind alle Zahlen von m bis n einschließlich m und n selbst gemeint. Hingegen stellt $]m, n[$ alle Zahlen von m bis n ohne m und n dar. Man kann auch nur den linken oder nur den rechten Endwert ausschließen, indem man $]m, n]$ bzw. $[m, n[$ schreibt. Meint man eine Zahl, die über alle Grenzen groß ist, so nennt man sie »unendlich« und stellt sie durch das Symbol ∞ dar. Da Unendlich keine wirkliche Zahl ist, darf sie zwar als Endwert genommen werden, muss aber immer aus dem durch eckige Klammern dargestellten Bereich ausgeschlossen werden.

Beispiele
1. [3; 5] = {3; 4; 5}
2. [3; 5[= {3; 4}
3.]3; 4[= ∅
4. [0; ∞[= ℕ

2.4 Addition von natürlichen Zahlen

Die Addition (lat., Hinzufügung) ist die einfachste aller Rechenarten. Sie wird auch als eine Rechenoperation erster Stufe bezeichnet. Die Addition spiegelt das Hinzufügen von einer Menge von Dingen zu einer anderen Menge von Dingen wider. Das Operationszeichen ist + (lies: plus). Es wird zwischen die beiden Zahlen gesetzt, die addiert werden sollen. Man kann die Addition als Weiterzählen auffassen. Bei der Addition 7 + 3 beispielsweise zählt man von 7 aus drei Zahlen weiter: $7 \xrightarrow{1} 8 \xrightarrow{2} 9 \xrightarrow{3} 10$. Daher rührt auch die umgangssprachliche Bezeichnung »Zusammenzählen« für das Addieren.

Die beiden Zahlen, die addiert werden, nennt man **Summanden** und das Ergebnis heißt **Summe**.

$$\text{Summand} + \text{Summand} = \text{Summe}$$

Die Bezeichnung »Summe« wird allerdings auch für komplette Rechenoperationen gebraucht. Das heißt, bei der Rechnung 7 + 3 = 10 sind 7 und 3 die Summanden und 10 ist die Summe. Aber auch der Term 7 + 3 wird als Summe bezeichnet.

Beispiele
1. 12 + 3 = 15
2. 9 + 29 = 38
3. 27 + 0 = 27

Kommutativgesetz der Addition

$m + n = n + m$

Für die Addition gelten einige Gesetze. Das **Kommutativgesetz** besagt, dass die Reihenfolge der Summanden keinen Einfluss auf das Ergebnis hat. So ergibt 7 + 3 genau wie 3 + 7 die Summe 10. Allgemein heißt das, für alle natürlichen Zahlen m und n gilt $m + n = n + m$.

Bisher sind nur zwei Summanden addiert worden. Sollen drei Zahlen addiert werden, so müssen zunächst zwei von ihnen addiert werden und anschließend die Summe und die dritte Zahl. Das **Assoziativgesetz** besagt nun, dass die Reihenfolge der Zusammenfassung das Ergebnis nicht beeinflusst. Das bedeutet, wenn man die drei Zahlen 2, 7 und 5 addieren will, kann man zunächst $2 + 7 = 9$ rechnen und dann $9 + 5 = 14$, oder aber man rechnet zuerst $7 + 5 = 12$ und dann erst $2 + 12 = 14$. Dies kann man allgemein als $(l + m) + n = l + (m + n)$ schreiben.

Assoziativgesetz der Addition

$(l + m) + n = l + (m + n)$

Ein drittes Gesetz ist das **Monotoniegesetz**: Ist eine Zahl m kleiner als eine Zahl n, so bleibt diese Beziehung gültig, wenn man zu beiden Zahlen einen gleichen Summanden addiert. Da also beispielsweise 4 kleiner ist als 9, so ist auch $4 + 3$ kleiner als $9 + 3$. Aus $l < m$ folgt also ganz allgemein $l + n < m + n$.

Monotoniegesetze der Addition

aus $l < m$ folgt $l + n < m + n$
aus $l \leq m$ folgt $l + n \leq m + n$
aus $l > m$ folgt $l + n > m + n$
aus $l \geq m$ folgt $l + n \geq m + n$

Entsprechende Gesetze gelten auch für die Beziehungen »gleich«, »größer«, »kleiner gleich« und »größer gleich«.

2.5 Schriftliche Addition

Beim schriftlichen Addieren werden alle Summanden so untereinander geschrieben, dass alle Einerstellen, alle Zehnerstellen, alle Hunderterstellen usw. jeweils in einer Spalte stehen. Darunter wird eine horizontale Linie gezogen. Anschießend werden die Zahlen spaltenweise addiert. Dies geschieht so, dass zunächst alle Einerziffern addiert werden und das Ergebnis unter dem Strich in der Einerspalte notiert wird. Überschreitet das Ergebnis den Wert 9, so wird nur die Einerziffer des Ergebnisses unter dem Strich notiert und die Zehnerziffer als **Übertrag** zur Spalte der Zehnerziffer genommen. Danach werden die anderen Spalten von rechts nach links nach dem gleichen Verfahren addiert. Ein Beispiel macht die Methode deutlich.

Beispiel
$952 + 78 + 593$

a) Die Summanden werden rechtsbündig untereinander geschrieben.

```
  952
+  78
+ 593
```

b) Die Einerziffern werden addiert: 2 + 8 + 3 = 13. Die Einerziffer 3 der Summe wird in der Ergebniszeile notiert und die Zehnerziffer 1 als Übertrag zur Zehnerspalte geschrieben.

```
  952
+  78
+ 593
     1
─────
     3
```

c) Die Zehnerziffern einschließlich des Übertrags aus der Einerspalte werden addiert: 5 + 7 + 9 + 1 = 22. Die Einerziffer 2 der Summe wird in der Ergebniszeile notiert und die Zehnerziffer 2 als Übertrag zur Hunderterspalte geschrieben.

```
  952
+  78
+ 593
    2 1
─────
    23
```

d) Die Hunderterziffern einschließlich des Übertrags aus der Zehnerspalte werden addiert: 9 + 5 + 2 = 16. Die Einerziffer 6 der Summe wird in der Ergebniszeile notiert und die Zehnerziffer 1 als Übertrag in die Tausenderspalte geschrieben.

```
  952
+  78
+ 593
  1 2 1
─────
  623
```

e) Der Übertrag aus der Tausenderspalte wird in der Ergebniszeile notiert.

```
  952  ⎫
+  78  ⎬ Summanden
+ 593  ⎭
  1 2 1   Überträge
─────
 1623     Summe
```

2.6 Subtraktion natürlicher Zahlen

Das Gegenteil zur Addition ist die **Subtraktion**. Auch sie ist eine Rechenoperation erster Stufe. Die Subtraktion entspricht dem Fortnehmen oder Abziehen von einigen Dingen aus einer Menge von Dingen. Das Operationszeichen ist – (lies: minus) und wird, genauso wie das Pluszeichen, zwischen die Zahlen gesetzt. Die Subtraktion kann man als Rückwärtszählen auffassen. Das bedeutet, die Aufgabe 11 – 3 kann man lösen, indem man von der 11 aus drei Zahlen weit rückwärts zählt: 11 $\xrightarrow{1}$ 10 $\xrightarrow{2}$ 9 $\xrightarrow{3}$ 8.

Die Zahl, von der subtrahiert wird, heißt **Minuend** und die Zahl, die subtrahiert wird, **Subtrahend**. Das Ergebnis der Subtraktion nennt man **Differenz**.

Minuend – Subtrahend = Differenz

Bei der Subtraktion 9 – 4 = 5 ist also 9 der Minuend, 4 der Subtrahend und 5 die Differenz. Man bezeichnet allerdings auch den Term 9 – 4 als Differenz.

Im Gegensatz zur Addition ist die Subtraktion zweier natürlicher Zahlen nicht immer möglich. Sie kann nur dann ausgeführt werden, wenn der Minuend mindestens so groß ist wie der Subtrahend.

Beispiele
1. 25 – 6 = 19
2. 34 – 34 = 0
3. 12 – 13 ist im Bereich der natürlichen Zahlen nicht lösbar.

2.7 Schriftliche Subtraktion

Bei der schriftlichen Subtraktion sind zwei verschiedene Methoden gebräuchlich: das **Ergänzungsverfahren** (Normalverfahren) und das **Borgeverfahren** (Abziehverfahren). Bei beiden Methoden werden, genau wie bei der schriftlichen Addition, der Minuend und die Subtrahenden so untereinander geschrieben, dass alle Einerstellen, alle Zehnerstellen, alle Hundertstellen usw. jeweils in einer Spalte stehen und von einem horizontalen Strich abgeschlossen werden. Danach werden die Zahlen spaltenweise subtrahiert.

Beim **Ergänzungsverfahren** geschieht dies so, dass zunächst alle Einerziffern der Subtrahenden von unten nach oben addiert werden. Dann überlegt man, welche Ziffer x man noch zu dieser Summe s addieren müsste, um als Ergebnis die Einerziffer des Minuenden zu erhalten. Ist die Einerziffer des Minuenden kleiner als die Summe der Einerziffern der Subtrahenden, so wird diese, bevor man x berechnet, um so viele Zehner z erhöht, bis man eine Zahl hat, die größer ist als die Summe s. Die Ergänzungsziffer x wird nun in die Einerspalte der Ergebniszeile geschrieben und die Zehnerzahl z als Übertrag in die nächste Spalte eingetragen. Danach wird das Verfahren analog auf alle weiteren Spalten angewandt. Ein Beispiel soll diese Methode verdeutlichen.

Beispiel 521 – 37 – 289

a) Die Zahlen werden rechtsbündig untereinander geschrieben.

```
  521
-  37
- 289
―――――
```

b) Die Einerziffern der Subtrahenden werden von unten nach oben addiert: 9 + 7 = 16. Da die Einerziffer 1 des Minuenden kleiner ist als diese Summe, wird sie um 2 Zehner erhöht. Dadurch erhält man 21. Zur 16 müssen nun noch 5 addiert werden, damit das Ergebnis 21 beträgt. Die 5 wird in die Einerspalte der Ergebniszeile geschrieben und die 2 als Übertrag in die Zehnerspalte.

```
  521
-  37
- 289
    2
―――――
    5
```

c) Die Zehnerziffern der Subtrahenden einschließlich des Übertrags aus der Einerspalte werden von unten nach oben addiert: 2 + 8 + 3 = 13. Da die vorletzte Ziffer 2 des Minuenden kleiner ist als diese Summe, wird sie um 2 Zehner erhöht, und man erhält 22. Zur 13 muss nun noch 9 addiert werden, damit das Ergebnis 22 beträgt. Die 9 wird in die Zehnerspalte der Ergebniszeile geschrieben und die 2 von der Erhöhung als Übertrag in die Hunderterspalte.

```
  521
-  37
- 289
   2 2
―――――
   95
```

d) Die Hunderterziffern der Subtrahenden einschließlich des Übertrags aus der Zehnerspalte werden addiert: $2 + 2 = 4$. Zu dieser Zahl muss 1 addiert werden, um die Hunderterziffer 5 des Minuenden zu erhalten. Die 1 wird in die Ergebniszeile geschrieben.

```
   521      Minuend
 -  37  ⎫
 - 289  ⎬   Subtrahenden
   2 2  ⎭   Überträge
   195      Differenz
```

Auch beim **Borgeverfahren** werden zuerst alle Einerziffern der Subtrahenden von unten nach oben addiert. Dann zieht man diese Summe s von der Einerziffer des Minuenden ab und erhält die Ziffer x. Ist die Einerziffer des Minuenden allerdings kleiner als die Summe s, so »borgt« man sich von der Zehnerziffer des Minuenden so viele Zehner, bis man eine Zahl erhält, die größer ist als die Summe s. Dann zieht man die Summe s von dieser Zahl ab und erhält die Ziffer x. Diese Ziffer x wird an der Einerstelle der Ergebniszeile notiert. Die geborgten Zehner fehlen nun natürlich bei den Zehnern des Minuenden. Sie werden als Übertrag über der Zehnerstelle des Minuenden notiert. Danach wird das Verfahren analog auf alle weiteren Spalten angewandt, wobei jeweils der Übertrag von der entsprechenden Minuendenstelle abgezogen wird. Ein Beispiel soll diese Methode verdeutlichen.

Beispiel $521 - 37 - 289$

a) Die Zahlen werden rechtsbündig untereinander geschrieben.

```
   521
 -  37
 - 289
```

b) Die Einerziffern der Subtrahenden werden von unten nach oben addiert: $9 + 7 = 16$. Da die Einerziffer 1 des Minuenden kleiner ist als diese Summe, borgt man sich zwei Zehner von der Zehnerstelle des Minuenden. Dadurch erhält man 21. Nun kann man $21 - 16 = 5$ rechnen. Die 5 wird in die Einerspalte der Ergebniszeile geschrieben und die 2 als Übertrag zur Zehnerstelle des Minuenden geschrieben.

```
     2
   521
 -  37
 - 289
     5
```

c) Die Zehnerziffern der Subtrahenden werden von unten nach oben addiert: 8 + 3 = 11. Die Zehnerziffer des Minuenden muss nun um den Übertrag verringert werden. Sie beträgt dann 0 und ist somit kleiner als die Summe 11. Folglich muss man sich zwei Zehner aus der Hunderterspalte borgen, um 20 zu erhalten. Nun kann man 20 − 11 = 9 rechnen und die 9 in die Ergebniszeile schreiben. Der Übertrag von 2 wird über der Hunderterstelle des Minuenden notiert.

$$\begin{array}{r} {}^{2\,2} \\ 521 \\ -\;\;37 \\ -289 \\ \hline 95 \end{array}$$

d) Die einzige Hunderterziffer der Subtrahenden ist 2. Die Hunderterziffer 5 des Minuenden muss zuerst um den Übertrag 2 verringert werden und man erhält eine 3. Nun kann man 3 − 2 = 1 rechnen und anschließend die 1 in die Ergebniszeile schreiben.

$$\begin{array}{rl} {}^{2\,2} & \text{Überträge} \\ 521 & \text{Minuend} \\ -\;\;37 & \\ -289 & \Big\}\;\text{Subtrahenden} \\ \hline 195 & \text{Differenz} \end{array}$$

2.8 Multiplikation natürlicher Zahlen

Die Multiplikation ist das Addieren von mehreren gleichen Summanden. Statt 7 + 7 + 7 + 7 + 7 = 35 kann man auch 5 · 7 = 35 schreiben. Allgemein bedeutet also die Multiplikation $m \cdot n$: Addiere m-mal den Summanden n. Da die Multiplikation auf die Addition zurückgeht, die eine Rechenoperation erster Stufe ist, wird sie als eine Rechenoperation zweiter Stufe bezeichnet.

Das Operationszeichen der Multiplikation ist · und wird »mal« gelesen. Die Zahl, die angibt, wie oft eine zweite Zahl addiert werden soll, heißt **Multiplikator** und die Zahl, die mehrmals addiert werden soll, **Multiplikand**. Das Ergebnis der Multiplikation, aber auch der Term $m \cdot n$, werden **Produkt** genannt.

Multiplikator · Multiplikand = Produkt

Die Multiplikation zweier natürlicher Zahlen ist immer möglich. Das heißt, zu jedem denkbaren Paar von natürlichen Zahlen gibt es immer eine dritte natürliche Zahl, die das Produkt dieser beiden Zahlen ist.

Beispiele
1. $5 \cdot 6 = 30$
2. $4 \cdot 11 = 44$
3. $7 \cdot 0 = 0$

Für die Multiplikation natürlicher Zahlen gelten eine Reihe von Gesetzen. Das **Kommutativgesetz** besagt, dass Multiplikator und Multiplikand vertauscht werden dürfen, ohne dass sich dadurch das Ergebnis ändert. So ergibt $7 \cdot 3$ genau wie $3 \cdot 7$ das Produkt 21. Allgemein gilt für alle natürlichen Zahlen m und n, dass $m \cdot n = n \cdot m$ ist.

Kommutativgesetz der Multiplikation
$$m \cdot n = n \cdot m$$

Dadurch, dass Multiplikator und Multiplikand vertauscht werden dürfen, verwischt der Bedeutungsunterschied dieser beiden Zahlen. Deshalb bezeichnet man sie beide meistens nur als **Faktoren**.

Sollen drei Zahlen multipliziert werden, so müssen zunächst zwei von ihnen multipliziert werden und anschließend ihr Produkt und die dritte Zahl. Das **Assoziativgesetz** besagt nun, dass die Reihenfolge der Multiplikationen keinen Einfluss auf das Ergebnis hat. Wenn man also die drei Zahlen 2, 7 und 5 multiplizieren will, kann man $2 \cdot 7 = 14$ rechnen und dann $14 \cdot 5 = 70$, oder aber man rechnet zuerst $7 \cdot 5 = 35$ und dann erst $2 \cdot 35 = 70$. Dies lässt sich allgemein als $(l \cdot m) \cdot n = l \cdot (m \cdot n)$ schreiben.

Assoziativgesetz der Multiplikation
$$(l \cdot m) \cdot n = l \cdot (m \cdot n)$$

Ein drittes Gesetz ist das **Monotoniegesetz**: Ist eine Zahl l kleiner als eine Zahl m, so bleibt diese Beziehung gültig, wenn man beide Zahlen mit dem gleichen Faktor n multipliziert. Da also beispielsweise 4 kleiner ist als 9, so ist auch $4 \cdot 3$ kleiner als $9 \cdot 3$.

Monotoniegesetze der Multiplikation
aus $l < m$ folgt $l \cdot n < m \cdot n$ $\quad n \neq 0$
aus $l \leq m$ folgt $l \cdot n \leq m \cdot n$
aus $l > m$ folgt $l \cdot n > m \cdot n$ $\quad n \neq 0$
aus $l \geq m$ folgt $l \cdot n \geq m \cdot n$

Aus $l < m$ folgt also ganz allgemein $l \cdot n < m \cdot n$, wobei n jedoch nicht 0 sein darf. Entsprechende Monotoniegesetze gelten auch für die Beziehungen »gleich«, »größer«, »kleiner gleich« und »größer gleich«.

Es ist üblich, beim Schreiben eines Produktes den Malpunkt fortzulassen. Das heißt, mn bedeutet $m \cdot n$ und $7n$ ist das Gleiche wie $7 \cdot n$. Allerdings kann man die Kurzschreibweise nicht benutzen, wenn dadurch zwei Ziffern direkt aufeinander stoßen würden: Statt $3 \cdot 4$ darf man natürlich nicht 34 schreiben.

2.9 Schriftliches Multiplizieren

Beim schriftlichen **Multiplizieren eines mehrstelligen Faktors N und eines einstelligen Faktors n** multipliziert man die Einer, Zehner, Hunderter usw. von N einzeln mit n und addiert dann die Teilprodukte. Durch diese Methode kommen nur die Multiplikationen des kleinen Einmaleins in der Rechnung vor.

Praktisch sieht das Verfahren folgendermaßen aus: Man schreibt die beiden Faktoren, getrennt durch den Malpunkt, nebeneinander und zieht darunter eine horizontale Linie. Dabei sollte der einstellige Faktor n rechts stehen. Nun multipliziert man den Einer von N mit n. Ist das Ergebnis einstellig, so notiert man es unter dem Strich direkt unter n. Ist das Ergebnis hingegen zweistellig, so notiert man nur die Einerstelle davon in der Ergebniszeile und merkt sich die Zehnerstelle als Übertrag. Im nächsten Schritt wird der Zehner von N mit n multipliziert und der eventuelle Übertrag vom letzten Schritt dazugezählt. Die Einerstelle vom Ergebnis wird in die Ergebniszeile links von der schon dort stehenden Zahl gesetzt. Eine eventuelle Zehnerstelle ist der neue Übertrag. Nun wird die Multiplikation mit den anderen Stellen von N nach dem gleichen Verfahren fortgesetzt. Ein Beispiel soll diese Methode verdeutlichen.

Beispiel $425 \cdot 3$

a) Die beiden Faktoren werden nebeneinander geschrieben und unterstrichen. Dabei muss der einstellige Faktor rechts stehen.

$\underline{425 \cdot 3}$

b) Der Einer des ersten Faktors wird mit dem zweiten Faktor multipliziert: $5 \cdot 3 = 15$. Die Einerziffer 5 vom Ergebnis wird direkt unter dem zweiten Faktor notiert und die Zehnerziffer 1 als Übertrag gemerkt.

425 · 3
―――
   5

c) Der Zehner des ersten Faktors wird mit dem zweiten Faktor multipliziert und anschließend der Übertrag 1 vom ersten Schritt addiert: (2 · 3) + 1 = 7. Das Ergebnis wird in der Ergebniszeile links neben der 5 notiert. Einen Übertrag gibt es nicht.

425 · 3
―――
  75

d) Der Hunderter des ersten Faktors wird mit dem zweiten Faktor multipliziert: 4 · 3 = 12. Ein Übertrag braucht diesmal nicht addiert zu werden. Die Einerziffer 2 des Ergebnisses wird in der Ergebniszeile links neben der 7 notiert. Die Zehnerstelle 1 ist der Übertrag.

425 · 3
―――
 275

e) Da es keine weiteren Stellen im ersten Faktor gibt, wird der Übertrag 1 aus dem letzten Schritt direkt in die Ergebniszeile links neben die 2 gesetzt.

425 · 3
―――
1275

Multipliziert man **zwei mehrstellige Faktoren** miteinander, so wird der erste Faktor nacheinander mit der ersten Stelle, zweiten Stelle, dritten Stelle usw. des zweiten Faktors nach dem gerade beschriebenen Verfahren multipliziert. Die Teilprodukte schreibt man untereinander. Die Verzehnfachungen, Verhundertfachungen usw. der einzelnen Teilprodukte erreicht man nicht durch Anhängen von Nullen, sondern durch eine Verschiebung der Teilprodukte um ein, zwei, ... Stellen gegeneinander. Anschließend werden die Teilprodukte schriftlich addiert. Ein Beispiel soll das Verfahren deutlicher machen.

Beispiel 713 · 56

a) Die beiden Faktoren werden nebeneinander geschrieben und unterstrichen.

713 · 56

b) Der erste Faktor wird nach dem obigen Verfahren mit dem Zehner des zweiten Faktors multipliziert: 713 · 5 = 3565. Das Ergebnis wird unter dem Strich notiert, und zwar so, dass die letzte Ziffer direkt unter der Zehnerziffer des zweiten Faktors steht.

$$\frac{713 \cdot 56}{3565}$$

c) Der erste Faktor wird mit dem Einer des zweiten Faktors multipliziert: 713 · 6 = 4278. Das Ergebnis wird unter dem ersten Teilprodukt notiert, und zwar so, dass die letzte Ziffer direkt unter der Einerziffer des zweiten Faktors steht.

$$\frac{713 \cdot 56}{3565}$$
$$4278$$

d) Die beiden Teilprodukte werden nun schriftlich addiert. Dabei kann man sich die freie Stelle am Ende des ersten Teilprodukts mit einer 0 aufgefüllt denken.

$$\frac{713 \cdot 56}{3565}$$
$$\frac{4278}{39928}$$

2.10 Division natürlicher Zahlen

Die Division hat ihren Ursprung in zwei Problemen des täglichen Lebens. Das eine ist das Teilen: 15 Äpfel sind auf fünf Kinder so zu verteilen, dass jedes gleich viele bekommt. Das andere Problem ist die Frage nach dem Enthaltensein: Wie viele Gläser Saft zu 2 Deziliter sind in einem Fass mit 30 Deziliter enthalten? Beide Probleme lassen sich durch eine Multiplikation ausdrücken.

$$5 \cdot n = 15$$
$$n \cdot 2 = 30$$

Beim Teilen wird also nach dem Multiplikanden gefragt und beim Enthaltensein nach dem Multiplikator. Da aber bei der Multiplikation die beiden Faktoren vertauscht werden dürfen, führen beide Probleme nur zu einer Art Division.

$$15 : 5 = n$$
$$30 : 2 = n$$

Das Operationszeichen der Division ist : und wird »geteilt durch« oder »durch« gelesen. Die Zahl, die geteilt wird, heißt **Dividend** und die Zahl, die teilt, wird **Divisor** genannt. Das Ergebnis einer **Division**, aber auch der Ausdruck $m : n$ heißen **Quotient**.

$$\text{Dividend : Divisor = Quotient}$$

Man kann die Division auch als mehrfache Subtraktion auffassen. Wie oft kann man 5 von 15 subtrahieren, bis nichts mehr übrig bleibt? Da die Subtraktion ein Rechenverfahren erster Stufe ist, und die Division auf eine Subtraktion zurückgeht, ist sie ein Rechenverfahren zweiter Stufe.

Beispiele
1. $36 : 12 = 3$
2. $93 : 3 = 31$
3. $0 : 125 = 0$

Eine Division durch 0 ist grundsätzlich unmöglich, denn $7 : 0 = n$ würde $n \cdot 0 = 7$ bedeuten. Egal, welchen Wert n auch hat, das Produkt $n \cdot 0$ ist immer 0 und niemals 7. Aber auch die Division $0 : 0$ ist nicht möglich, weil dieser Aufgabe kein eindeutiges Ergebnis zugeordnet werden kann. Es könnte ja $0 : 0 = 12$ sein, weil $0 \cdot 12 = 0$ ist, oder aber auch $0 : 0 = 93$, weil $0 \cdot 93 = 0$ ist. Die einzige Möglichkeit, aus diesem Teufelskreis herauszukommen, ist, die Division durch 0 prinzipiell nicht zuzulassen.

Die Division ist im Bereich der natürlichen Zahlen nicht immer ausführbar. Beispielsweise gibt es keine natürliche Zahl, die das Ergebnis der Division $7 : 3$ ist. In einem solchen Fall kann man die Division teilweise ausführen. Das bedeutet, man sucht bei einer Division $m : n$ die größte Zahl l, die kleiner m ist und die durch n teilbar ist. Dann führt man die Division $l : n = q$ aus und bezeichnet die Differenz $r = m - l$ als **Divisionsrest** r. Dargestellt wird dies als $m : n = q$ Rest r oder $m : n = q + (r : n)$.

Beispiele
1. $25 : 7 = 3$ Rest 4
2. $50 : 6 = 8 + (2 : 6)$
3. $100 : 11 = 9$ Rest 1
4. $14 : 4 = 3 + (2 : 4)$

2.11 Schriftliche Division

Die schriftliche Division ist recht komplex. Darum wird sie direkt an dem Beispiel 2052 : 36 erläutert.
Zuerst schreibt man den Dividend und den Divisor, getrennt durch die Geteiltpunkte und gefolgt von einem Gleichheitszeichen in eine Zeile.

2052 : 36 =

Nun spaltet man im Gedanken vom Dividenden von links einen Teildividenden ab, der so viele Stellen wie der Divisor hat. Ist dieser Teildividend kleiner als der Divisor, so nimmt man noch eine Stelle mehr vom Dividenden zum Teildividend. Dann überschlägt man, wie oft der Divisor in den Teildividenden passt. Dieser Faktor ist die erste Ziffer des Quotienten und wird deshalb hinter dem Gleichheitszeichen notiert. Anschließend multipliziert man den Divisor mit dem Faktor und schreibt das Ergebnis rechtsbündig unter den Teildividenden.

In dem Beispiel hat der Divisor zwei Stellen. Also besteht der Teildividend aus den beiden ersten Ziffern des Dividenden. Da aber 20 kleiner ist als 36, wird der Teildividend auf drei Ziffern erweitert und beträgt somit 205. In 205 passt 36 fünfmal hinein. Die 5 ist also die erste Ziffer des Quotienten und wird hinter dem Gleichheitszeichen notiert. Nun wird das Produkt aus der Ergebnisziffer und dem Divisor berechnet: 5 · 36 = 180. Diese Zahl wird rechtsbündig unter den Teildividenden, also die ersten drei Stellen des Dividenden geschrieben.

2052 : 36 = 5
180

Anschließend wird der Divisionsrest dieser ersten Teildivision berechnet. Dazu subtrahiert man vom Teildividenden das darunterstehende Ergebnis des letzten Rechenschritts und notiert es, nachdem man einen horizontalen Strich unter der Zahl gezogen hat, eine Zeile tiefer.
In dem Beispiel muss vom Teildividenden 205 die Zahl 180 subtrahiert werden. Die Differenz 25 wird direkt darunter geschrieben.

2052 : 36 = 57
180
―――
25

Nun wird aus dem Divisionsrest ein neuer Teildividend gebildet, indem man ihn um die nächste noch nicht benutzte Ziffer des Dividenden verlängert. In dem Beispiel wird somit aus dem Divisionsrest 25 mit der vierten Ziffer des Dividenden 2 der neue Teildividend 252.

```
2052 : 36 = 57
 180
 ───
 252
```

Danach läuft das Verfahren nach dem bisherigen Muster weiter. In den Teildividenden 252 passt der Divisor siebenmal hinein. Also ist die nächste Ergebnisziffer 7, und sie wird neben der 5 notiert. Dann berechnet man das Produkt 7 · 36 = 252 und schreibt es rechtsbündig unter dem Teildividenden. Anschließend berechnet man den Divisionsrest dieser Teildivision. Er ist 0.

```
2052 : 36 = 57
 180
 ───
 252
 252
 ───
   0
```

Da es keine weiteren unbenutzten Stellen im Dividenden gibt, ist die Berechnung zu Ende.

Bleibt zum Schluss, nachdem alle Ziffern des Dividenden abgearbeitet sind, noch ein Rest einer Teildivision übrig, so ist dies gleichzeitig auch der Divisionsrest der gesamten Division.

Beispiel 10882 : 43

```
10882 : 43 = 253    Rest 3
 86
 ───
 228
 215
 ───
 132
 129
 ───
   3
```

Ist der Dividend kleiner als der Divisor, so ist der Quotient gleich 0 und der Divisionsrest gleich dem Dividend.

2.12 Reihenfolge der Rechenoperationen

Tauchen in einer Aufgabe mehrere Rechenoperationen auf, so kann die Reihenfolge, in der sie ausgeführt werden, das Ergebnis beeinflussen.

Rechnet man zum Beispiel bei der Aufgabe $5 + 2 \cdot 3$ zuerst die Addition $5 + 2 = 7$ aus und dann die Multiplikation $7 \cdot 3$, so erhält man als Ergebnis 21. Multipliziert man hingegen zuerst $2 \cdot 3 = 6$ und addiert dann $5 + 6$, bekommt man als Ergebnis 11. Um dieses Problem zu vermeiden, ist als feste Reihenfolge vereinbart, dass Rechenoperationen höherer Stufe zuerst ausgeführt werden. Das heißt, zuerst werden Multiplikationen und Divisionen gerechnet, danach erst Additionen und Subtraktionen. Wegen der Form der vier Rechenzeichen kann man auch knapp sagen: Punktrechnung geht vor Strichrechnung.

Will man diese Reihenfolge der Rechenoperationen ändern, etwa weil ein Problem dies so erfordert, so muss man Klammern setzen. Dabei bedeuten die Klammern, dass der umklammerte Ausdruck zuerst berechnet werden muss.

Beispiel
$$(15 - 3) : 4 + 2 \cdot (1 + 3) = 12 : 4 + 2 \cdot 4$$
$$= 3 + 8$$
$$= 11$$

Distributivgesetz

$(l + m) \cdot n = l \cdot n + m \cdot n$

Den Zusammenhang zwischen den Rechenoperationen der ersten und denen der zweiten Stufe regelt das **Distributivgesetz**. Es beschreibt, wie man einen Term ändern muss, wenn man die Reihenfolge der Berechnung umkehren will.

Aus dem Distributivgesetz sind folgende Beziehungen ableitbar:
$(l - m) \cdot n = l \cdot n - m \cdot n$
$(l + m) : n = l : n + m : n$
$(l - m) : n = l : n - m : n$

Natürlich sind diese Gleichungen nur dann sinnvoll, wenn $l - m$, $l : n$ und $m : n$ auch ausführbar sind und bei der Division durch n nicht $n = 0$ ist.

2.13 Elementare Zahlentheorie

Da $15 : 3 = 5$ ist, kann man auch sagen, dass 15 durch 3 teilbar ist oder dass 3 ein **Teiler** von 15 ist. Symbolisch schreibt man dies als $3|15$ und liest es als »3 teilt 15«. Die Zahl 4 hingegen ist kein Teiler von 15. Dies wird als $4 \nmid 15$ geschrieben. Allgemein ist eine natürliche Zahl l durch eine zweite natürliche Zahl m teilbar, wenn es eine dritte natürliche Zahl n gibt, so dass $l = n \cdot m$ ist.

Teilbarkeit

$$m \mid l \Leftrightarrow l = n \cdot m$$

(Der Doppelpfeil $\Leftrightarrow$ steht für die Äquivalenz und bedeutet »genau dann, wenn«.)

Die 0 ist durch jede Zahl, außer durch sich selbst teilbar. Andererseits ist keine einzige Zahl durch 0 teilbar, aber jede Zahl durch 1 teilbar. Auch ist jede Zahl, außer der 0, durch sich selbst teilbar.

$$\begin{aligned} n \mid 0 \quad & \text{für} \quad n \in \mathbb{N}^* \\ n \mid n \quad & \text{für} \quad n \in \mathbb{N}^* \\ 1 \mid n \quad & \text{für} \quad n \in \mathbb{N} \\ 0 \nmid n \quad & \text{für} \quad n \in \mathbb{N} \end{aligned}$$

Die Zahlen, die durch 2 teilbar sind, nennt man auch die **geraden Zahlen** und die Zahlen, die nicht durch 2 teilbar sind, die **ungeraden Zahlen**. Die Menge aller geraden Zahlen wird $\mathbb{G}$ und die aller ungeraden Zahlen mit $\mathbb{U}$ bezeichnet.

Man nennt die beiden Teiler 1 und n der Zahl n ihre **unechten Teiler**. Alle anderen Teiler von n werden **echte Teiler** genannt.

Beispiel
Die echten Teiler von 12 sind 2, 3, 4 und 6, die unechten Teiler sind 1 und 12.

Das Gegenstück vom Teiler ist das **Vielfache**. Die 3 ist ein Teiler von 15. Und 15 ist ein Vielfaches von 3.

Alle natürlichen Zahlen, die größer sind als 1 und die keine echten Teiler haben, werden **Primzahlen** genannt. Die fünf kleinsten Primzahlen sind 2, 3, 5, 7 und 11. Eine größte Primzahl gibt es nicht, das heißt, es gibt unendlich viele Primzahlen. Im Folgenden sind alle Primzahlen unter 200 aufgelistet.
2, 3, 5, 7, 11, 13, 17, 19,
23, 29, 31, 37, 41, 43, 47,

53, 59, 61, 67, 71, 73, 79,
83, 89, 97, 101, 103, 107, 109,
113, 127, 131, 137, 139, 149,
151, 157, 163, 167, 173, 179,
181, 191, 193, 197, 199

Jede natürliche Zahl, die größer ist als 1, ist entweder eine Primzahl oder sie lässt sich auf nur eine einzige Weise als Produkt von Primzahlen schreiben, wobei es auf die Reihenfolge der Faktoren nicht ankommt. Diese Primzahlen nennt man die **Primfaktoren** der Zahl. Die Zahl 60 beispielsweise hat die Primfaktoren 2, 2, 3 und 5, denn sie ist das Produkt $2 \cdot 2 \cdot 3 \cdot 5 = 60$. Dies schreibt man in der Regel kürzer als $2^2 \cdot 3 \cdot 5 = 60$. Die hochgestellte 2 an dem Primfaktor 2 wird die **Vielfachheit** von 2 genannt und besagt, dass der Primfaktor 2 zweimal auftaucht. Ein anderes Beispiel ist $72 = 2 \cdot 2 \cdot 2 \cdot 3 \cdot 3 = 2^3 \cdot 3^2$. Der Primfaktor 2 hat bei 72 die Vielfachheit 3 und der Primfaktor 3 die Vielfachheit 2.
Eine Sonderstellung nehmen die beiden Zahlen 0 und 1 ein. Sie sind weder Primzahlen, noch haben sie Primfaktoren.

Wenn t ein Teiler der Zahl n ist, dann sind alle Primfaktoren von t mit den entsprechenden Vielfachheiten auch Primfaktoren von n. Ein Beispiel: 20 ist ein Teiler von 60. Die Primfaktoren von 20 sind 2, 2 und 5, und die Primfaktoren von 60 sind 2, 2, 3 und 5. Alle drei Primfaktoren von 20 sind auch Primfaktoren von 60.

Ist t ein gemeinsamer Teiler von m und n, so kann t nur Primfaktoren enthalten, die auch bei m und n in mindestens diesen Vielfachheiten vorkommen. 10 ist beispielsweise ein gemeinsamer Teiler von 60 und 80. Die beiden Primfaktoren von 10 sind 2 und 5. Sie sind auch Primfaktoren von $60 = 2 \cdot 2 \cdot 3 \cdot 5$ und $80 = 2 \cdot 2 \cdot 2 \cdot 2 \cdot 5$. Allerdings ist 10 nicht der einzige gemeinsame Teiler von 60 und 80. Die beiden Zahlen 60 und 80 haben die gemeinsamen Primfaktoren 2, 2 und 5. Folglich sind 2, $2 \cdot 2 = 4$, 5, $2 \cdot 5 = 10$ und $2 \cdot 2 \cdot 5 = 20$ die gemeinsamen echten Teiler von 60 und 80. Dazu kommt noch der unechte gemeinsame Teiler 1, der gemeinsamer Teiler eines jeden beliebigen Zahlenpaares ist.

Eine besondere Bedeutung kommt in vielen Bereichen der Mathematik, zum Beispiel beim Bruchrechnen, dem **größten gemeinsamen Teiler** von zwei Zahlen *m* und *n* zu. Man schreibt diese Zahl kurz als ggT(*m,n*) und liest sie als »größter gemeinsamer Teiler von *m* und *n*«.

Beispiele
ggT(60, 80) = 20
ggT(27, 30) = 3
ggT(12, 48) = 12
ggT(57, 0) = 57

Wenn zwei Zahlen keinen gemeinsamen echten Teiler haben, so sagt man, sie sind **teilerfremd** oder **relativ prim**. Der größte gemeinsame Teiler ist dann der unechte Teiler 1. So ist also beispielsweise ggT(7,13) = 1.

84 ist ein gemeinsames Vielfaches von 4 und von 14, denn 21 · 4 = 84 und 6 · 14 = 84. Es gibt allerdings noch beliebig viele andere gemeinsame Vielfache von 4 und 7, zum Beispiel 28, 56, 112 und 140. Eine besondere Bedeutung kommt dem **kleinsten gemeinsamen Vielfachen** von zwei Zahlen *m* und *n* zu. Man schreibt es als kgV(*m,n*) und liest es als »kleinstes gemeinsames Vielfache von *m* und *n*«. So ist beispielsweise kgV(4, 14) = 28.

Das kleinste gemeinsame Vielfache von zwei Zahlen *m* und *n* kann man leicht aus deren Primfaktoren errechnen. Unter den Primfaktoren des kgV müssen alle Primfaktoren von *m* und alle Primfaktoren von *n* in den entsprechenden Vielfachheiten sein, aber kein einziger weiterer Faktor. Ein Beispiel: Die Primfaktoren von 4 sind 2 und 2, und die Primfaktoren von 14 sind 2 und 7. Somit sind die Primfaktoren des kleinsten gemeinsamen Vielfachen gerade 2, 2 und 7, denn dabei sind genau alle Primfaktoren von 4 und 14 in den richtigen Vielfachheiten enthalten. Folglich gilt kgV(4, 14) = 2 · 2 · 7 = 28.

Beispiele
1. $8 = 2^3$ $12 = 2^2 \cdot 3$ kgV(8, 12) = $2^3 \cdot 3 = 24$
2. $4 = 2^2$ $9 = 3^2$ kgV(4,9) = $2^2 \cdot 3^2 = 36$
3. $60 = 2^2 \cdot 3 \cdot 5$ $450 = 2 \cdot 3^2 \cdot 5^2$ kgV(60,450) = $2^2 \cdot 3^2 \cdot 5^2 = 900$

3 Rechnen mit ganzen Zahlen

Es gibt im täglichen Leben Verhältnisse, die sich nur schlecht alleine durch die natürlichen Zahlen beschreiben lassen. Besitzt man beispielsweise ein Bankkonto mit einem Guthaben von 1000 Euro und hebt dann 1100 Euro ab, wie viel Geld hat man dann auf dem Konto? Die Subtraktion 1000 − 1100 ist mit natürlichen Zahlen alleine nicht durchführbar. Früher hat man sich auf Banken dadurch beholfen, dass man die Schulden von 100 Euro, die man dann hat, mit roten Zahlen geschrieben hat. Daher stammt auch die Redewendung, dass jemand, der verschuldet ist, in den roten Zahlen steckt. Es hat also schwarze natürliche Zahlen für Guthaben und rote natürliche Zahlen für Schulden gegeben.

Das elegantere Verfahren, Schulden und Guthaben auszudrücken, ist, Geld nicht mit natürlichen Zahlen zu beschreiben, sondern mit ganzen Zahlen.

3.1 Die Zahlengerade

Die ganzen Zahlen erhält man, indem man den Zahlenstrahl nach links über die 0 hinaus in Einerschritten beliebig weit verlängert. Dadurch wird aus dem Zahlenstrahl eine Zahlengerade. (Eine Gerade ist in der Geometrie eine gerade Linie, die weder einen Anfang noch ein Ende hat.)

Abb. 12: Zahlengerade der ganzen Zahlen.

Um auch die Zahlen, die auf der Zahlengeraden links von der 0 stehen, schreiben zu können, reichen die zehn Ziffern alleine nicht aus. Man benötigt zusätzlich noch das Minussymbol als **Vorzeichen**. Bei −93 ist also das Minuszeichen, genau wie die Ziffern 9 und 3, ein Teil der Zahl. Das Minuszeichen hat somit in der Mathematik eine doppelte Funktion: Zum einen dient es als Rechenzeichen der Subtraktion und zum anderen als Vorzeichen zur Darstellung der Zahlen, die auf der Zahlengeraden links der 0 liegen.

Die ganzen Zahlen, die auf der Zahlengeraden rechts der 0 stehen, werden in der Regel ohne ein Vorzeichen geschrieben. Manchmal aber ist es zweckmäßig, auch diese mit einem Vorzeichen zu versehen. Dafür dient dann das Plussymbol.

Nun hat jede Zahl eine Vorgängerin und eine Nachfolgerin. Die Vorgängerin der 0 ist die −1, und die Vorgängerin der −1 die −2 usw. Die Menge aller ganzen Zahlen wird mit dem Buchstaben $\mathbb{Z}$ bezeichnet. Alle Zahlen, die auf der Zahlengeraden links von der 0 stehen, nennt man **negative ganze Zahlen**. Sie bilden die Menge $\mathbb{Z}^-$. Alle Zahlen der Zahlengeraden, die rechts der 0 liegen, heißen hingegen **positive ganze Zahlen**. Sie bilden die Menge $\mathbb{Z}^+$, die mit $\mathbb{N}^*$ identisch ist. Die 0 selbst nimmt eine Sonderstellung ein. Sie ist weder positiv noch negativ. Die Menge der nichtnegativen ganzen Zahlen wird als $\mathbb{Z}_0^+$ geschrieben und entspricht der Menge der natürlichen Zahlen $\mathbb{N}$. Die nichtpositiven Zahlen dagegen bilden die Menge $\mathbb{Z}_0^-$. Diese beiden Mengen enthalten auch die 0, wie der Index schon andeutet. Alle natürlichen Zahlen sind auch ganze Zahlen. Die natürlichen Zahlen sind also eine echte Teilmenge der ganzen Zahlen.

$$\mathbb{N} \subset \mathbb{Z}$$

Von zwei ganzen Zahlen ist immer diejenige die kleinere, die auf der Zahlengeraden weiter links liegt.

Beispiele
1. −5 < 4
2. −7 < −6
3. −8 < 8

Zu jeder positiven Zahl gibt es eine negative Zahl, die auf der Zahlengeraden genauso weit von der 0 entfernt ist wie jene. Diese beiden Zahlen heißen einander **entgegengesetzt**. So sind beispielsweise +3 und −3 einander entgegengesetzte Zahlen. Die 0 ist eine Ausnahme. Sie ist zu sich selbst entgegengesetzt und hat deshalb beide Vorzeichen: +0 = −0. Aus einer Zahl kann man die ihr entgegengesetzte Zahl bilden, indem man ihr ein Minuszeichen voranstellt.

Beispiele
1. −(−3) = 3
2. −(+5) = −5

> **Vorzeichenregeln**
> $+(+n) = +n$
> $-(-n) = +n$
> $+(-n) = -n$
> $-(+n) = -n$

Daraus ergeben sich folgende Vorzeichenregeln: Stoßen zwei Minuszeichen oder zwei Pluszeichen direkt aufeinander, so werden sie zu einem einzelnen Pluszeichen. Treffen hingegen ein Minus- und ein Pluszeichen direkt aufeinander, so wird daraus ein einzelnes Minuszeichen.

Da zwei einander entgegengesetzte Zahlen auf der Zahlengeraden gleich weit von der 0 entfernt sind, sagt man, sie haben den gleichen Absolutbetrag. Der Absolutbetrag oder kurz **Betrag** ist immer eine nichtnegative Zahl. Er ist gleich der Zahl selbst, wenn diese nicht negativ ist, und er ist gleich der ihr entgegengesetzten Zahl, wenn sie negativ ist. Kurz gesagt: Der Betrag ist die Zahl ohne ihr Vorzeichen. Um auszudrücken, dass der Betrag einer Zahl n gemeint ist, umklammert man sie mit zwei senkrechten Strichen und schreibt $|n|$.

> **Absolutbetrag**
> $$|n| = \begin{cases} n & \text{falls } n \geq 0 \\ n & \text{falls } n < 0 \end{cases}$$

Beispiele
1. $|4| = 4$
2. $|-12| = 12$
3. $|0| = 0$

3.2 Addition und Subtraktion von ganzen Zahlen

Bei der Addition von ganzen Zahlen orientiert man sich an der Addition von natürlichen Zahlen. Hier muss man nur zwei Fälle unterscheiden.
1. Beide Summanden haben das gleiche Vorzeichen. Dann addiert man die Beträge der Summanden und versieht die Summe mit dem Vorzeichen der Summanden.

Beispiele
1. $(+2) + (+3) = +(2 + 3) = +5$
2. $(-2) + (-3) = -(2 + 3) = -5$

2. Beide Summanden haben unterschiedliche Vorzeichen. Dann bildet man die Beträge der beiden Summanden und zieht anschließend den kleineren vom größeren ab. Diese Differenz versieht man mit dem Vorzeichen des Summanden, der den größeren Betrag hat.

Beispiele
1. $(+2) + (-3) = -(3-2) = -1$
2. $(-5) + (+1) = -(5-1) = -4$
3. $(-4) + (+7) = +(7-4) = +3$

Alle Gesetze für die Addition natürlicher Zahlen gelten auch für die ganzen Zahlen.

Kommutativgesetz der Addition	Assoziativgesetz der Addition
$m + n = n + m$	$(l + m) + n = l + (m + n)$

Von einer ganzen Zahl m wird eine ganze Zahl n subtrahiert, indem man die zu n entgegengesetzte Zahl addiert.

Monotoniegesetze der Addition
aus $l < m$ folgt $l + n < m + n$
aus $l \le m$ folgt $l + n \le m + n$
aus $l > m$ folgt $l + n > m + n$
aus $l \ge m$ folgt $l + n \ge m + n$

Beispiele
1. $(-4) - (+5) = (-4) + (-5) = -(5+4) = -9$
2. $(+3) - (-3) = (+3) + (+3) = +(3+3) = +6$
3. $(+3) - (+3) = (+3) + (-3) = +(3-3) = +0$

Im Gegensatz zur Subtraktion natürlicher Zahlen ist die Subtraktion von ganzen Zahlen immer möglich.

Die Addition und Subtraktion von ganzen Zahlen besteht also aus Additionen und Subtraktionen von natürlichen Zahlen und einigen Vorzeichenwechseln. Das heißt, die schriftliche Addition und Subtraktion von ganzen Zahlen kann mit genau den Verfahren durchgeführt werden, die auch bei den natürlichen Zahlen benutzt werden.

3.3 Multiplikation und Division von ganzen Zahlen

Auch bei der Multiplikation von ganzen Zahlen orientiert man sich an den natürlichen Zahlen. Ähnlich wie bei der Subtraktion muss man zwei Fälle unterscheiden.

1. Beide Faktoren haben das gleiche Vorzeichen. Dann multipliziert man die Beträge der Faktoren.

Beispiele
1. (−2) · (−3) = 2 · 3 = 6
2. (+3) · (+4) = 3 · 4 = 12

2. Die beiden Faktoren haben unterschiedliche Vorzeichen. Dann multipliziert man die Beträge der Faktoren und versieht das Produkt mit einem Minuszeichen.

Beispiele
1. (−2) · (+3) = − (2 · 3) = −6
2. (+3) · (−4) = − (3 · 4) = −12

Wie für die natürlichen Zahlen gelten auch für alle ganzen Zahlen bei der Multiplikation das Kommutativgesetz und das Assoziativgesetz.

Kommutativgesetz der Multiplikation	Assoziativgesetz der Mulitiplikation
$m \cdot n = n \cdot m$	$(l \cdot m) \cdot n = l \cdot (m \cdot n)$

Das Monotoniegesetz, das bei der Multiplikation der natürlichen Zahl gilt, verliert in der Form bei den ganzen Zahlen seine Gültigkeit. Das lässt sich durch ein Gegenbeispiel leicht zeigen: +2 ist kleiner als +4. Multipliziert man beide Zahlen mit −3, erhält man −6 und −12. Nun ist −6 nicht mehr kleiner als −12, sondern −12 ist kleiner als −6. Unterscheidet man zwischen positiven und negativen Multiplikatoren, gilt nun:

Monotoniegesetze der Multiplikation

aus $l < m$	folgt	$l \cdot n < m \cdot n$	$n > 0$
		$l \cdot n > m \cdot n$	$n < 0$
aus $l \leq m$	folgt	$l \cdot n \leq m \cdot n$	$n \geq 0$
		$l \cdot n \geq m \cdot n$	$n \leq 0$
aus $l > m$	folgt	$l \cdot n > m \cdot n$	$n > 0$
		$l \cdot n < m \cdot n$	$n < 0$
aus $l \geq m$	folgt	$l \cdot n \geq m \cdot n$	$n \geq 0$
		$l \cdot n \leq m \cdot n$	$n \leq 0$

Auch die Division von ganzen Zahlen ist an die Division von natürlichen Zahlen angelehnt. Man muss bei ihr die gleichen Fälle unterscheiden wie bei der Multiplikation.

1. Dividend und Divisor haben das gleiche Vorzeichen. Man dividiert dann den Betrag des Dividenden durch den Betrag des Divisors.

Beispiele
1. (−6) : (−3) = 6 : 3 = 2
2. (+12) : (+4) = 12 : 4 = 3

2. Dividend und Divisor haben unterschiedliche Vorzeichen. Dann dividiert man den Betrag des Dividenden durch den Betrag des Divisors und versieht den Quotienten mit einem Minuszeichen.

Beispiele
1. (−8) : (+2) = − (8 : 2) = −4
2. (+16) : (−4) = − (16 : 4) = −4

Genau wie bei den natürlichen Zahlen ist die Division auch im Bereich der ganzen Zahlen nicht immer möglich. (−9) : (+4) beispielsweise hat kein ganzzahliges Ergebnis.
Die Multiplikation und Division von ganzen Zahlen setzen sich aus Multiplikationen und Divisionen von natürlichen Zahlen und einigen Vorzeichenwechseln zusammen. Daraus folgt, dass die schriftliche Multiplikation und Division von ganzen Zahlen mit genau den Verfahren durchgeführt werden können, die auch bei den natürlichen Zahlen benutzt werden.

4 Rechnen mit rationalen Zahlen

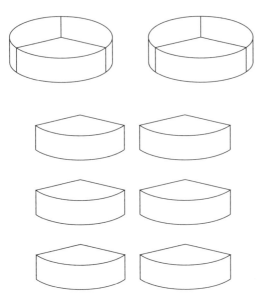

Abb. 13: Gerechte Verteilung von zwei Kuchen an drei Kinder.

Wenn sich drei Kinder sechs Kuchen gleichmäßig teilen sollen, so rechnet man 6 : 3 = 2 und weiß, dass jedes Kind zwei Kuchen bekommen muss. Haben die Kinder jedoch nur zwei Kuchen zum Teilen, so lässt sich die dazugehörige Aufgabe 2 : 3 nicht mit ganzen Zahlen lösen. Natürlich kann man die Kuchen trotzdem gerecht auf die Kinder aufteilen: Die beiden Kuchen werden mit einem Messer jeweils in drei gleichgroße Teile zerschnitten, und jedes Kind erhält anschließend zwei dieser Drittel. Die Anteile der Kinder werden mathematisch durch den Bruch 2/3 beschrieben.

4.1 Brüche mit natürlichen Zahlen

Brüche entstehen bei der Teilung eines oder mehrerer Ganzer. Jeder **Bruch** hat die Form

$$\frac{p}{q}.$$

Die untere Zahl q wird **Nenner** genannt und sagt, in wie viele gleiche Teile ein Ganzes geteilt ist. Die obere Zahl p heißt **Zähler** und gibt die Anzahl der Bruchteile an. Der Bruch 3/4 bedeutet somit also, dass ein Ganzes in vier gleiche Teile zerlegt ist und dass man davon drei Teile genommen hat. Der **Bruchstrich** zwischen Nenner und Zähler verläuft normalerweise waagerecht, darf aber auch schräg liegen, wenn dadurch die Übersichtlichkeit nicht leidet. Ein Bruch kann somit auch als p/q geschrieben werden.

Brüche, deren Zähler 1 sind, heißen **Stammbrüche** (Beispiele: 1/2, 1/3,

1/4, 1/93). Ist bei einem Bruch der Zähler kleiner als der Nenner, spricht man von **echten Brüchen** (Beispiele: 1/2, 2/3, 7/12). Alle anderen Brüche heißen **unechte Brüche** (Beispiele: 3/2, 4/4, 16/3). Brüche, die den gleichen Nenner haben, bezeichnet man als **gleichnamig** (Beispiele: 2/5, 4/5, 12/5), sind die Nenner jedoch verschieden, so heißen sie **ungleichnamig** (Beispiele: 2/3 und 1/2). Zwei Brüche, bei denen der Nenner des einen gleich dem Zähler des anderen ist und umgekehrt, nennt man **reziproke Brüche** (Beispiel: 2/3 und 3/2). Der zu einem Bruch p/q reziproke Bruch q/p wird auch **Kehrbruch** oder **Kehrwert** von p/q genannt.

4.2 Brüche mit ganzen Zahlen

Zähler und Nenner eines Bruches sind nicht nur auf natürliche Zahlen beschränkt, sondern können allgemein auch ganze Zahlen sein. Dabei gibt es jedoch eine einzige Einschränkung: Da die Division durch 0 nicht erlaubt ist, darf im Nenner nicht 0 stehen. Wegen den Vorzeichenregeln bei der Division von ganzen Zahlen gilt:

Bruch

$$\frac{p}{q} \quad (p \in \mathbb{Z},\ q \in \mathbb{Z} \setminus \{0\})$$

$$\frac{-m}{n} = \frac{m}{-n} = -\frac{m}{n}$$

$$\frac{-m}{-n} = \frac{m}{n}$$

4.3 Erweitern und Kürzen von Brüchen

Erweitern von Brüchen

$$\frac{p}{q} = \frac{p \cdot n}{q \cdot n} \quad (q, n \neq 0)$$

Schneidet man einen Kuchen in drei gleiche Teile, so ist ein solches Drittel genauso viel, als ob man einen Kuchen in sechs Teile schneidet und davon zwei Teile nimmt. Aus dem gleichen Grund haben auch die Brüche 1/3, 2/6, 3/9 und 4/12 alle den gleichen Wert. Allgemein gilt, dass sich der Wert eines Bruches nicht ändert, wenn man Zähler und Nenner mit der gleichen Zahl multipliziert. Diese Zahl darf jedoch keine 0 sein, da ansonsten im Nenner eine 0 stehen würde, was einer Division durch 0 entspräche und mathematisch nicht erlaubt ist. Dieser Vorgang wird **Erweitern** genannt.

Beispiele

$$\frac{2}{3} = \frac{2 \cdot 2}{2 \cdot 3} = \frac{4}{6} \qquad \frac{7}{8} = \frac{(-1) \cdot 7}{(-1) \cdot 8} = \frac{-7}{-8} \qquad \frac{-3}{8} = \frac{5 \cdot (-3)}{5 \cdot 8} = \frac{-15}{40}$$

Kürzen von Brüchen

$$\frac{p}{q} = \frac{p:n}{q:n} \quad (q, n \neq 0)$$

Den umgekehrten Vorgang, nämlich Zähler und Nenner durch die gleiche Zahl zu dividieren, bezeichnet man als **Kürzen**.

Üblicherweise schreibt man einen Bruch so, dass der Nenner einen möglichst kleinen Betrag hat. Dazu kürzt man den Bruch durch den größten gemeinsamen Teiler (ggT) von Zähler und Nenner. Ist der ggT von Zähler und Nenner 1, lässt sich der Bruch nicht kürzen.

Beispiele

$$\frac{4}{6} = \frac{4:2}{6:2} = \frac{2}{3} \qquad \frac{-12}{-48} = \frac{12}{48} = \frac{12:12}{48:12} = \frac{1}{4} \qquad \frac{ab}{bc} = \frac{ab:b}{bc:b} = \frac{a}{c}$$

Im zweiten Beispiel hätte man den ursprünglichen Bruch auch durch −12 kürzen können. Dies ist mathematisch erlaubt, doch ist es in der Regel einfacher, mit positiven Zahlen zu arbeiten und die Vorzeichen getrennt zu behanden.

4.4 Gemischte Zahlen

Ist bei einem unechten Bruch der Zähler ein ganzzahliges Vielfaches des Nenners, so lässt er sich zu einer ganzen Zahl kürzen. So ist beispielsweise 12/3 = 4. Alle anderen unechten Brüche kann man in zwei Summanden aufspalten, von denen der erste eine ganze Zahl ist und der zweite ein echter Bruch.

Beispiele

$$\frac{3}{2} = \frac{2}{2} + \frac{1}{2} = 1 + \frac{1}{2} \qquad \frac{11}{4} = \frac{8}{4} + \frac{3}{4} = 2 + \frac{3}{4}$$

Normalerweise schreibt man allerdings das Pluszeichen nicht mit und hängt die ganze Zahl und den Bruch ohne Zwischenraum aneinander (z. B. 1½, 2¾). Diese Ausdrücke heißen dann **gemischte Zahlen**. Es ist eine in der Mathematik nicht ganz konsequente Schreibweise, denn normalerweise bedeutet ein fehlendes Rechenzeichen zwischen zwei Ausdrücken eine Multiplikation und nicht eine Addition.

Negative gemischte Zahlen bildet man, indem man den Betrag des unechten Bruchs in eine gemischte Zahl umwandelt und diese dann mit dem Minus-Vorzeichen versieht.

4.5 Rationale Zahlen

Alle Brüche, die den gleichen Wert darstellen, z. B. 2/3, 4/6, 6/9 usw., können durch Erweitern oder Kürzen ineinander umgewandelt werden. Man kann sie deshalb alle zu einer einzigen Zahl zusammenfassen, die man eine **rationale Zahl** nennt. Die Brüche 2/3, 4/6 und 6/9 sind also nur unterschiedliche Darstellungen von ein und derselben rationalen Zahl. Es ist üblich, sie durch den Bruch darzustellen, der nicht mehr weiter kürzbar ist. In dem Beispiel wäre das 2/3. Auch Brüche mit dem Nenner 1, also beispielsweise 1/1, 2/1 und 19/1, gehören zu den rationalen Zahlen. Da aber eine Division durch 1 eine Zahl nicht ändert, sind diese Brüche alle gleich ihrem Zähler, und es ist deshalb üblich, den Nenner 1 fortzulassen.

$$\frac{n}{1} = n$$

Folglich sind alle ganzen Zahlen auch rationale Zahlen.

Die Menge der rationalen Zahlen wird mit dem Buchstaben $\mathbb{Q}$ bezeichnet. Die ganzen Zahlen $\mathbb{Z}$ sind somit eine echte Teilmenge von $\mathbb{Q}$.

$$\mathbb{Z} \subset \mathbb{Q}$$

4.6 Vergleich von rationalen Zahlen und Hauptnenner

Genau wie bei den natürlichen und den ganzen Zahlen gilt auch für zwei beliebige rationale Zahlen a und b, dass entweder $a < b$ oder $a = b$ oder $a > b$ ist.
Zwei Brüche, die den gleichen positiven Nenner haben, lassen sich problemlos miteinander vergleichen: Derjenige Bruch ist kleiner, dessen Zähler kleiner ist. Dazu wird das Monotoniegesetz der Multiplikation benötigt.

Beispiele

1. $\dfrac{1}{3} < \dfrac{2}{3}$ 2. $\dfrac{-3}{4} < \dfrac{1}{4}$

Jeder Bruch lässt sich so darstellen, dass der Nenner q positiv ist und dass das Vorzeichen des Bruches im Zähler p steht. Dies erreicht man immer dadurch, dass man einen Bruch mit negativem Nenner mit -1 erweitert. Damit man zwei beliebige Brüche p_1/q_1 und p_2/q_2 mit positiven Nennern miteinander vergleichen kann, muss man zunächst die Brüche so erweitern, dass sie gleiche Nenner haben. Dies ist immer möglich, indem man p_1/q_1 mit q_2 erweitert und p_2/q_2 mit q_1. Dadurch bekommen die Brüche die Form $(p_1 q_2)/(q_1 q_2)$ und $(p_2 q_1)/(q_1 q_2)$. Den gemeinsamen Nenner, den man auf diese Weise erhält, nennt man **Hauptnenner**. Der Bruch p_1/q_1 ist genau dann kleiner als p_2/q_2, wenn auch $p_1 q_2$ kleiner ist als $p_2 q_1$. Dies folgt aus dem Monotoniegesetz.

$$\dfrac{p_1}{q_1} < \dfrac{p_2}{q_2} \Leftrightarrow p_1 q_2 < p_1 q_2 \quad \text{für } p_1, p_2 \in \mathbb{Z},\ q_1, q_2 \in \mathbb{N}^*$$

Beispiele

1. $\dfrac{3}{8} < \dfrac{2}{5} \Leftrightarrow 3 \cdot 5 < 2 \cdot 8$ 2. $\dfrac{3}{4} < \dfrac{9}{11} \Leftrightarrow 3 \cdot 11 < 9 \cdot 4$

Um die Zahlen möglichst klein zu halten, wählt man als Hauptnenner meistens das kleinste gemeinsame Vielfache kgV der einzelnen Nenner.

Jede ganze Zahl hat eine Nachfolgerin und eine Vorgängerin. Dies gilt für die rationalen Zahlen jedoch nicht mehr. Zwischen zwei beliebigen rationalen Zahlen liegen stets noch unendlich viele weitere rationale Zahlen. Grafisch kann man die Menge der rationalen Zahlen durch die Zahlengerade darstellen. In der Zeichnung sind nur exemplarisch einige wenige rationale Zahlen auf der Zahlengeraden eingetragen. Tatsächlich liegen natürlich beispielsweise zwischen 0 und 1 unendlich viele rationale Zahlen.

Abb. 14: Zahlengerade der rationalen Zahlen.

4.7 Addition und Subtraktion von Brüchen

Gleichnamige Brüche kann man addieren oder subtrahieren, indem man ihre Zähler addiert bzw. subtrahiert.

Beispiele

1. $\dfrac{1}{2} + \dfrac{3}{2} = \dfrac{4}{2}$

2. $\dfrac{5}{3} - \dfrac{1}{3} = \dfrac{4}{3}$

3. $\dfrac{1}{6} + \dfrac{5}{6} - \dfrac{3}{6} = \dfrac{3}{6} = \dfrac{1}{2}$

Addition und Subtraktion von gleichnamigen Brüchen

$$\dfrac{a}{c} + \dfrac{b}{c} = \dfrac{a+b}{c}$$

$$\dfrac{a}{c} - \dfrac{b}{c} = \dfrac{a-b}{c}$$

$(c \neq 0)$

Sind die Brüche, die man addieren oder subtrahieren möchte, nicht gleichnamig, so muss man sie zunächst durch Erweitern gleichnamig machen.

Ein Beispiel: Um die Addition 3/4 + 5/6 ausführen zu können, muss man einen Hauptnenner der beiden Nenner 4 und 6 finden. Da das kgV von 4 und 6 gerade 12 ist, beträgt auch der kleinstmögliche positive Hauptnenner 12. Der erste Bruch muss also mit 3 und der zweite mit 2 erweitert werden, um sie auf den Hauptnenner 12 zu bringen.

$$\dfrac{3}{4} + \dfrac{5}{6} = \dfrac{3 \cdot 3}{4 \cdot 3} + \dfrac{5 \cdot 2}{6 \cdot 2} = \dfrac{9}{12} + \dfrac{10}{12} = \dfrac{9+10}{12} = \dfrac{19}{12}$$

4.8 Multiplikation und Division von Brüchen

Es ist einfacher, zwei Brüche zu multiplizieren oder zu dividieren, als sie zu addieren oder zu subtrahieren.
Das Produkt zweier Brüche ist auch wieder ein Bruch. Sein Zähler ist das Produkt der beiden Zähler und sein Nenner das Produkt der beiden Nenner der Faktoren.

Multiplikation von Brüchen

$$\dfrac{a}{b} \cdot \dfrac{c}{d} = \dfrac{a \cdot c}{b \cdot d} \quad (b, d \neq 0)$$

Ganze Zahlen werden dabei so aufgefasst, als hätten sie den Nenner 1.

Beispiele

1. $\dfrac{3}{4} \cdot \dfrac{5}{7} = \dfrac{3 \cdot 5}{4 \cdot 7} = \dfrac{15}{28}$

2. $\left(-\dfrac{2}{5}\right) \cdot \dfrac{2}{3} = -\dfrac{2 \cdot 2}{5 \cdot 3} = -\dfrac{4}{15}$

3. $\dfrac{4}{7} \cdot 3 = \dfrac{4}{7} \cdot \dfrac{3}{1} = \dfrac{4 \cdot 3}{7 \cdot 1} = \dfrac{12}{7}$

Division von Brüchen

$$\dfrac{a}{b} : \dfrac{c}{d} = \dfrac{a \cdot d}{b \cdot c} \quad (b, c, d \neq 0)$$

Man dividiert einen Bruch durch einen zweiten Bruch, indem man den ersten Bruch mit dem Kehrwert des zweiten Bruchs multipliziert.

$$\dfrac{a}{b} : \dfrac{c}{d} = \dfrac{a}{b} \cdot \dfrac{d}{c} = \dfrac{a \cdot d}{b \cdot c}$$

Dabei müssen b, c und d ungleich 0 sein, um eine Division durch 0 zu vermeiden.

Beispiele

1. $\dfrac{3}{4} : \dfrac{5}{7} = \dfrac{3}{4} \cdot \dfrac{7}{5} = \dfrac{3 \cdot 7}{4 \cdot 5} = \dfrac{21}{20}$

2. $\left(-\dfrac{2}{5}\right) : \dfrac{2}{3} = \left(-\dfrac{2}{5}\right) \cdot \dfrac{3}{2} = -\dfrac{2 \cdot 3}{5 \cdot 2} = -\dfrac{6}{10} = -\dfrac{3}{5}$

3. $\dfrac{4}{7} : 3 = \dfrac{4}{7} : \dfrac{3}{1} = \dfrac{4}{7} \cdot \dfrac{1}{3} = \dfrac{4 \cdot 1}{7 \cdot 3} = \dfrac{4}{21}$

Im Bereich der ganzen Zahlen ist nicht jede Divison ausführbar. Im Bereich der rationalen Zahlen hingegen hat jede Division, mit Ausnahme der durch 0, eine Lösung.

4.9 Doppelbrüche

Da der Bruchstrich und der Doppelpunkt beide gleichwertige Rechenzeichen für die Division sind, kann man die Division zweier Brüche auch durch einen Doppelbruch darstellen.

$$\dfrac{a}{b} : \dfrac{c}{d} = \dfrac{\frac{a}{b}}{\frac{c}{d}}$$

Den Bruchstrich, der für die Division der beiden Brüche steht, nennt man den Hauptbruchstrich.
Ist der Dividend eine ganze Zahl und der Divisor ein Bruch oder umgekehrt, muss man bei der Schreibweise des Doppelbruchs dafür Sorge tragen, dass der Hauptbruchstrich eindeutig zu erkennen ist. Entweder zeichnet man ihn länger oder setzt ihn auf die Höhe des Gleichheitszeichens, oder man klammert den Bruch auf oder unter dem Hauptbruchstrich.

$$a : \frac{b}{c} = \frac{a}{\frac{b}{c}} = \frac{a}{\left(\frac{b}{c}\right)}$$

$$\frac{a}{b} : c = \frac{\frac{a}{b}}{c} = \frac{\left(\frac{a}{b}\right)}{c}$$

Diese beiden Doppelbrüche bedeuten nicht das Gleiche. Man sieht dies auch sofort, wenn man die Division in eine Multiplikation umwandelt.

$$\frac{a}{\frac{b}{c}} = a : \frac{b}{c} = \frac{a \cdot c}{b}$$

$$\frac{\frac{a}{b}}{c} = \frac{a}{b} : c = \frac{a}{b \cdot c}$$

Beispiele

1. $\dfrac{\frac{1}{2}}{\frac{3}{4}} = \dfrac{1}{2} : \dfrac{3}{4} = \dfrac{1}{2} \cdot \dfrac{4}{3} = \dfrac{4}{6} = \dfrac{2}{3}$

2. $\dfrac{\frac{2}{5}}{10} = \dfrac{2}{5} : 10 = \dfrac{2}{5} \cdot \dfrac{1}{10} = \dfrac{2}{50} = \dfrac{1}{25}$

3. $\dfrac{6}{\frac{7}{3}} = 6 : \dfrac{7}{3} = \dfrac{6}{1} \cdot \dfrac{7}{3} = \dfrac{42}{3} = \dfrac{14}{1} = 14$

4.10 Dezimalbrüche

Im dekadischen Positionssystem hat jede Ziffer einer Zahl einen Ziffernwert und einen Stellenfaktor. So hat beispielsweise in der Zahl 493 die 3 den Ziffernwert 3 und den Stellenfaktor 1, die 9 den Ziffernwert 9 und den Stellenfaktor 10 und die 4 den Ziffernwert 4 und den Stellenfaktor 100. Der Wert der Zahl 493 beträgt also $4 \cdot 100 + 9 \cdot 10 + 3 \cdot 1$. Fügt man weitere Ziffern an das linke Ende der Zahl, so verzehnfacht sich der Ziffernfaktor jedesmal. Es ist aber auch möglich, die Zahl nach rechts zu verlängern. Um die Position der Einerstelle eindeutig zu kennzeichnen, fügt man zunächst einmal ein Komma an, das **Dezimalkomma**. Die erste Ziffer nach dem Komma ist die Zehntelziffer und hat den Stellenfaktor 1/10. Die nächste Ziffer, die Hundertstelziffer, hat den Stellenfaktor 1/100. Nach diesem Muster geht es weiter. Eine solche Zahl wird als **Dezimalbruch** oder als **Dezimalzahl** bezeichnet. Die Ziffern nach dem Komma heißen **Dezimalen** oder **Dezimalstellen**. Brüche, deren Nenner 10, 100, 1000, 10000 usw. sind, nennt man **Zehnerbrüche** (Beispiele: 3/10, 17/1000).

Der Dezimalbruch 32,429 beispielsweise hat den Wert

$$3 \cdot 10 + 2 \cdot 1 + 4 \cdot \frac{1}{10} + 2 \cdot \frac{1}{100} + 9 \cdot \frac{1}{1000} \quad .$$

Der Hauptnenner eines solchen Dezimalbruches ist immer der größte auftretende Nenner. In dem Beispiel ist der Hauptnenner also 1000. Bringt man nun die einzelnen Brüche der Dezimalzahl auf den Hauptnenner und addiert sie, so kann man sie auch wie folgt schreiben:

$$32{,}429 = 3 \cdot 10 + 2 \cdot 1 + 4 \cdot \frac{1}{10} + 2 \cdot \frac{1}{100} + 9 \cdot \frac{1}{1000}$$

$$= \frac{3 \cdot 10 \cdot 1000}{1000} + \frac{2 \cdot 1 \cdot 1000}{1000} + \frac{4 \cdot 100}{1000} + \frac{2 \cdot 10}{1000} + \frac{9}{1000}$$

$$= \frac{32429}{1000}$$

Beispiele

1. $\quad 5{,}11 = 5 \cdot 1 + 1 \cdot \frac{1}{10} + 1 \cdot \frac{1}{100} = \frac{511}{100}$

2. $\quad 70{,}003 = 7 \cdot 10 + \frac{3}{1000} = \frac{70003}{1000}$

3. $\quad 0{,}023 = \frac{2}{100} + \frac{3}{1000} = \frac{23}{1000}$

Um einen gewöhnlichen Bruch in einen Dezimalbruch umzuwandeln, muss man ihn zunächst so erweitern, dass der Nenner eine Zehnerpotenz ist, das heißt, dass er eine der Zahlen 10, 100, 1000, 10000 usw. ist. Die 10 hat die beiden Primfaktoren 2 und 5. Da $100 = 10 \cdot 10$, $1000 = 10 \cdot 10 \cdot 10$, $10000 = 10 \cdot 10 \cdot 10 \cdot 10$ usw. ist, sind die Primfaktoren der Nenner aller Dezimalbrüche nur Zweien und Fünfen. Sind umgekehrt die Primfaktoren des Nenners eines Bruches nur Zweien und Fünfen, so lässt sich der Bruch immer auf eine Zehnerpotenz im Nenner erweitern. Dazu muss man den Bruch so erweitern, dass der Nenner als Primfaktoren genauso viele Zweien hat wie Fünfen.

Beispiele

1. $\dfrac{3}{4} = \dfrac{3}{2 \cdot 2} = \dfrac{3 \cdot 5 \cdot 5}{2 \cdot 2 \cdot 5 \cdot 5} = \dfrac{3 \cdot 5 \cdot 5}{(2 \cdot 5) \cdot (2 \cdot 5)} = \dfrac{75}{100} = 0{,}75$

2. $\dfrac{312}{125} = \dfrac{312}{5 \cdot 5 \cdot 5} = \dfrac{312 \cdot 2 \cdot 2 \cdot 2}{5 \cdot 5 \cdot 5 \cdot 2 \cdot 2 \cdot 2} = \dfrac{312 \cdot 2 \cdot 2 \cdot 2}{(2 \cdot 5) \cdot (2 \cdot 5) \cdot (2 \cdot 5)} = \dfrac{2496}{1000} = 2{,}496$

Hat der Nenner eines Bruches, den man schon so weit wie möglich gekürzt hat, als Primfaktoren jedoch auch andere Zahlen als 2 und 5, so lässt er sich nicht in einen endlichen Dezimalbruch umwandeln. Allerdings kann man ihn dann als unendlichen Dezimalbruch schreiben. Dazu wendet man das Verfahren der schriftlichen Division an.

Dies soll an dem Beispiel 19/7 erläutert werden.

```
19 : 7 = 2,7142857 ...
14
──
 50
 49
 ──
  10
   7
  ──
  30
  28
  ──
   20
   14
   ──
   60
   56
   ──
    40
    35
    ──
    50
    49
```

In diesem Beispiel hat man nach dem ersten Schritt alle Stellen des Dividenden 19 abgearbeitet. Um die schriftliche Division dennoch weiter fortsetzen zu können, macht man im Gedanken aus der natürlichen

Zahl 19 die Dezimalzahl 19,00000... und arbeitet bei den Teildividenden mit den Nullen weiter. Außerdem setzt man, bevor man die erste 0 des Dividenden nach dem Komma verarbeitet, ein Komma hinter die bisher erhaltenen Ziffern des Quotienten. In dem Beispiel muss also hinter der ersten Ziffer des Ergebnisses ein Komma gesetzt werden.

Bei der Division durch 7 können nur sechs verschiedene Reste auftreten: 1, 2, 3, 4, 5 und 6. Das bedeutet, spätestens bei der siebten Teildivision bleibt ein Rest übrig, den es bei einem vorherigen Schritt schon einmal gab. Außerdem enden nach dem Komma im Dividenden die Teildividenden alle auf 0. Das bedeutet, ab da wiederholt sich das gleiche Muster aus Rechenschritten und Resten immer wieder. Ohne die schriftliche Division weiter ausführen zu müssen, kann man sagen, dass für 19 : 7 gilt:

$$19 : 7 = 2,714285\ 714285\ 714285\ 714285\ \ldots$$

Der Dezimalbruch ist also **periodisch** und hat eine **Periode** von sechs Ziffern.
Bei periodischen Dezimalbrüchen schreibt man nach dem Dezimalkomma nur einmal eine vollständige Periode und überstreicht sie mit einem waagerechten **Periodenstrich**.

$$\frac{19}{7} = 2,\overline{714285}$$

(Lies: zwei Komma Periode sieben eins vier zwei acht fünf)

Allgemein gilt: Wandelt man einen Bruch p/q in einen Dezimalbruch um, so hat die Periode höchstens $q - 1$ Ziffern.

Beispiele

1. $\dfrac{3}{11} = 0,\overline{27}$

2. $\dfrac{15}{13} = 1,\overline{153846}$

3. $\dfrac{1}{6} = 0,1\overline{6}$

4. $\dfrac{17}{12} = 1,41\overline{6}$

In den beiden ersten Beispielen beginnt die Periode direkt nach dem

Komma. Man nennt solche Brüche **reinperiodisch**. In den letzen zwei Beispielen hingegen tauchen zwischen dem Komma und der Periode noch weitere Ziffern auf. Diese Ziffern heißen **Vorziffern** oder **Vorperiode**. Dezimalzahlen dieser Art werden **gemischtperiodisch** genannt. Sie entstehen immer dann, wenn der Nenner auch Zweien oder Fünfen oder beides als Primfaktoren enthält.

Die Umwandlung eines endlichen Dezimalbruches in einen gewöhnlichen Bruch folgt direkt aus seiner Definition.

Beispiel

$$23{,}95 = 2 \cdot 10 + 3 \cdot 1 + 9 \cdot \frac{1}{10} + 5 \cdot \frac{1}{100} = \frac{2395}{100}$$

Man kann einen endlichen Dezimalbruch auch direkt in einen einzelnen gewöhnlichen Bruch umwandeln. Der Nenner dieses Bruches ist der Nenner der letzten Dezimalen und der Zähler die Dezimalzahl ohne Komma.

Beispiel

$$23{,}95 = \frac{2395}{100}$$

Um einen reinperiodischen Dezimalbruch, der keine Vorkommastellen hat, in einen gewöhnlichen Bruch umzuwandeln, wählt man als Nenner den um 1 verminderten Nenner der letzten Dezimalen. Der Zähler ist die Periode des Dezimalbruchs. Auf einen Beweis hierfür soll an dieser Stelle verzichtet werden.

Beispiele

1. $0{,}\overline{3} = \frac{3}{9} = \frac{1}{3}$

2. $0{,}\overline{18} = \frac{18}{99} = \frac{2}{11}$

3. $0{,}\overline{123} = \frac{123}{999} = \frac{41}{333}$

Gemischtperiodische Brüche und periodische Brüche mit Vorkommastellen zerlegt man in mehrere Summanden, die teilweise auch noch Vorfaktoren haben und die alle entweder endliche oder reinperiodische

Dezimalbrüche sind. Diese wandelt man dann in gewöhnliche Brüche um und fasst sie zusammen.

Beispiele

1. $0,1\overline{6} = 0,1 + 0,1 \cdot 0,\overline{6}$

$= \frac{1}{10} + \frac{1}{10} \cdot \frac{6}{9}$

$= \frac{1}{10} + \frac{1}{10} \cdot \frac{2}{3}$

$= \frac{3}{30} + \frac{2}{30}$

$= \frac{5}{30}$

$= \frac{1}{6}$

2. $1,41\overline{6} = 1,41 + 0,01 \cdot 0,\overline{6}$

$= \frac{141}{100} + \frac{1}{100} \cdot \frac{6}{9}$

$= \frac{141}{100} + \frac{1}{100} \cdot \frac{2}{3}$

$= \frac{423}{300} + \frac{2}{300}$

$= \frac{425}{300}$

$= \frac{17}{12}$

4.11 Schriftliche Addition und Subtraktion von Dezimalbrüchen

Endliche Dezimalbrüche werden schriftlich genauso addiert und subtrahiert wie ganze Zahlen: Man schreibt die Zahlen so untereinander, dass alle Hunderter, alle Einer, alle Zehner, alle Zehntel, alle Hundertstel, alle Tausendstel usw. in jeweils einer Spalte stehen und addiert bzw. subtrahiert sie dann spaltenweise. Dadurch stehen auch alle Dezimalkommas untereinander, und das Dezimalkomma des Ergebnisses wird direkt unter das darüberstehende gesetzt. Freie Stellen in den Zahlen kann man sich durch Nullen aufgefüllt denken.

Beispiele

```
       926,16              234,05
  +      0,127          -   16,1
  +    201,4            -    1,644
     1127,687              216,306
```

Für die Addition und Subtraktion von periodischen Dezimalbrüchen funktioniert dieses einfache Verfahren nicht. Man muss sie dafür zuerst auf endliche Dezimalbrüche runden und sich dann mit einer kleinen Ungenauigkeit begnügen. Wünscht man hingegen exakte Resultate, dann müssen die Dezimalbrüche in gewöhnliche Brüche umgewandelt und anschließend addiert oder subtrahiert werden. Dies ist allerdings rechenaufwändiger.

4.12 Schriftliche Multiplikation von Dezimalbrüchen

Jeder endliche Dezimalbruch kann in einen Zehnerbruch verwandelt werden. Zehnerbrüche können wie alle anderen gewöhnlichen Brüche miteinander multipliziert werden. Das Ergebnis ist wieder ein Zehnerbruch, der sich problemlos in einen Dezimalbruch umschreiben lässt.

Beispiel

$$5{,}11 \cdot 1{,}955 = \frac{511}{100} \cdot \frac{1955}{1000}$$

$$= \frac{999005}{100000}$$

$$= 9{,}99005$$

Daraus lässt sich folgende Regel für das Multiplizieren von zwei Dezimalbrüchen herleiten: Man multipliziert die beiden Faktoren zunächst einmal so, als wenn sie ganze Zahlen wären, und beachtet die Kommas gar nicht. Dann fügt man in das Produkt ein Komma so ein, dass es dadurch gerade so viele Dezimalen bekommt, wie die Faktoren zusammen haben. Um also 5,11 und 1,955 zu multiplizieren, berechnet man zunächst einmal 511 · 1955 = 999005. Da nun 5,11 zwei und 1,955 drei Dezimalen hat, muss ihr Produkt fünf Dezimalen bekommen. Folglich ist 5,11 · 1,955 = 9,99005.

Um periodische Dezimalbrüche zu multiplizieren, muss man sie dafür zuerst auf endliche Dezimalbrüche runden und sich dann mit einer kleinen Ungenauigkeit begnügen. Wünscht man hingegen exakte Resultate, dann müssen die Dezimalbrüche in gewöhnliche Brüche umwandelt und anschließend multipliziert werden.

4.13 Schriftliche Division von Dezimalbrüchen

Auch die schriftliche Division von endlichen Dezimalbrüchen lässt sich auf die Division von ganzen Zahlen zurückführen. Dazu geht man in zwei Schritten vor. Im ersten Schritt werden Dividend und Divisor, die man ja auch als Zähler und Nenner eines Bruches auffassen kann, so mit einer Zehnerpotenz erweitert, dass der Nenner zu einer ganzen Zahl wird. Beispielsweise wird bei der Division 41,148 : 3,24 der Ausdruck mit 100 erweitert, und man erhält dadurch 4114,8 : 324. Im zweiten Schritt wird damit nun die Division wie bei natürlichen Zahlen durchgeführt. Beim Übergang von den Einern zu den Zehnteln im Dividenden wird der gleiche Übergang auch im Quotienten durch das Setzen eines Kommas vollzogen.

Beispiel
Bei der Division 56,088 : 1,23 erweitert man den Quotienten mit 100 und erhält dadurch 5608,8 : 123.

$$5608,8 : 123 = 45,6$$
$$\underline{492}$$
$$688$$
$$\underline{615}$$
$$738$$
$$\underline{738}$$
$$0$$

Um periodische Dezimalbrüche zu dividieren, muss man sie zuerst auf endliche Dezimalbrüche runden und sich dann mit einer kleinen Ungenauigkeit zufrieden geben. Exakte Ergebnisse erhält man, wenn man die Dezimalbrüche in gewöhnliche Brüche umwandelt und anschließend dividiert.

4.14 Proportionalität

Eine Zahl y heißt zu einer anderen Zahl x **direkt proportional**, wenn dem Zweifachen, Dreifachen, Vierfachen usw. von x stets auch das Zweifache, Dreifache, Vierfache usw. von y zugeordnet ist. Geschrieben wird dies als $y \sim x$. Teilt man die zusammengehörenden y- und x-Werte durcheinander, erhält man immer den gleichen Wert, den man als **Proportionalitätsfaktor** c bezeichnet.

$$\frac{y_1}{x_1} = \frac{y_2}{x_2} = \frac{y_3}{x_3} = \ldots = c$$

Beispiel
Ein Handwerker bekommt für eine Stunde Arbeit 15 Euro. Arbeitet er zwei Stunden, erhält er 30 Euro, und arbeitet er drei Stunden, erhält er

45 Euro. Sein Lohn L ist direkt proportional zur Arbeitszeit T, d. h. $L \sim T$. Die Proportionalitätskonstante beträgt

$$c = \frac{L}{T} = \frac{15\,€}{1\,h} = \frac{30\,€}{2\,h} = \frac{45\,€}{3\,h} = 15\,€/h.$$

Eine Zahl y heißt hingegen zu einer anderen Zahl x **umgekehrt proportional** oder **antiproportional**, wenn dem Zweifachen, Dreifachen, Vierfachen usw. von x stets die Hälfte, das Drittel, das Viertel usw. von y zugeordnet ist.

$$y \sim \frac{1}{x}$$

Multipliziert man einander entsprechende y- und x-Werte, erhält man immer den gleichen Wert, den **Antiproportionalitätsfaktor** c.

$$y_1 \cdot x_1 = y_2 \cdot x_2 = y_3 \cdot x_3 = \ldots = c$$

Beispiel
Um eine Strecke von 100 km zurückzulegen, ist man 1 Stunde unterwegs, wenn man mit einer Durchschnittsgeschwindigkeit von 100 km/h fährt. Man braucht 2 Stunden, wenn man mit 50 km/h fährt und 4 Stunden bei 25 km/h. Allgemein kann man sagen, dass die Fahrzeit t umgekehrt proportional zur Durchschnittsgeschwindigkeit v ist.

$$t \sim \frac{1}{v}$$

Die Antiproportionalitätskonstante beträgt

$$c = v \cdot t = 100\,km/h \cdot 1\,h = 50\,km/h \cdot 2\,h = 25\,km/h \cdot 4\,h = 100\,km.$$

4.15 Dreisatz

Der Dreisatz ist ein Rechenverfahren, mit dem aus drei bekannten Größen eine vierte unbekannte Größe ermittelt wird. Er lässt sich nur anwenden, wenn die Größen direkt proportional oder umgekehrt proportional zueinander stehen. Dabei wird zunächst von einer Mehrheit auf die Einheit und dann auf eine neue Mehrheit geschlossen.
Beim **Dreisatz erster Art** müssen die Größen direkt proportional sein. Wenn also $y \sim x$ ist, dann gilt für die drei bekannten Größen y_1, x_1 und x_2 und für die unbekannte Größe y_2:

$$\frac{y_2}{x_2} = \frac{y_1}{x_1} = c$$

Mit dem ersten Satz des Dreisatzes wird der Zusammenhang zwischen y_1 und x_1 formuliert. Im zweiten Satz berechnet man die Proportionalitätskonstante c, indem man y_1 durch x_1 teilt. Die Proportionalitätskonstante entspricht dem Wert von y auf eine Einheit von x bezogen. Im dritten Satz schließlich wird y_2 bestimmt, indem man x_2 mit c multipliziert.

Beispiel
Wie viel wiegen drei Mandarinen, wenn fünf Mandarinen 600 g wiegen? Da das Gewicht direkt proportional zur Anzahl der Früchte ist, kann man den Dreisatz erster Art anwenden.
1. 5 Mandarinen wiegen 600 g.
2. 1 Mandarine wiegt 600 g : 5 = 120 g.
3. 3 Mandarinen wiegen 3 · 120 g = 360 g.

Beim **Dreisatz zweiter Art** müssen die Größen umgekehrt proportional zueinander sein. Wenn $y \sim 1/x$ ist, gilt für die drei bekannten Größen y_1, x_1 und x_2 und für die unbekannte Größe y_2:

$$y_2 \cdot x_2 = y_1 \cdot x_1 = c$$

Auch hier wird mit dem ersten Satz des Dreisatzes der Zusammenhang zwischen y_1 und x_1 beschrieben. Im zweiten Satz berechnet man die Proportionalitätskonstante c, indem man y_1 mit x_1 multipliziert. Die Proportionalitätskonstante entspricht wieder dem Wert von y auf eine Einheit von x bezogen. Im dritten Satz schließlich wird y_2 ermittelt, indem man c durch x_2 teilt.

Beispiel
Der Fußboden eines Badezimmers ist mit 140 Kacheln von je 900 cm^2 Größe gefliest. Bei der Renovierung sollen die Kacheln durch kleinere von 700 cm^2 Größe ersetzt werden. Wie viele Kacheln benötigt man?
1. Von 900 cm^2 großen Kacheln braucht man 140 Stück.
2. Von 1 cm^2 großen Kacheln braucht man 140 · 900 = 126000 Stück.
3. Von 700 cm^2 großen Kacheln braucht man 126000 : 700 = 180 Stück.

5 Rechnen mit reellen Zahlen

5.1 Potenzen

Es kommt häufig vor, dass man die gleiche Zahl a insgesamt b-mal nacheinander addieren muss. Für diese wiederholte Addition $a + a + a + \ldots + a$ wurde der Begriff der Multiplikation $b \cdot a$ eingeführt. Aber nicht nur die wiederholte Addition wird häufig gebraucht, sondern auch die wiederholte Multiplikation.
Wird eine Zahl a insgesamt n-mal mit sich selbst multipliziert, so schreibt man dies kurz als a^n und liest es als »a hoch n« oder »n-te Potenz von a«. Dabei bezeichnet man a^n als **Potenz** und a als die **Basis** oder **Grundzahl** und n als den **Exponenten** oder die **Hochzahl** der Potenz.
Die Basis kann eine beliebige rationale Zahl sein. Als Exponent kommt, so wie die Potenz hier definiert ist, zunächst einmal nur eine positive natürliche Zahl in Frage.

$$\underbrace{a \cdot a \cdot a \cdot \ldots \cdot a}_{n \text{ Faktoren}} = a^n \qquad (a \in \mathbb{Q},\ n \in \mathbb{N}^*)$$

Die Multiplikation ist eine Rechenoperation zweiter Stufe. Da das Potenzieren auf der Multiplikation aufbaut, ist es eine Rechenoperation dritter Stufe.
Ein Quadrat hat die Seitenlänge a. Sein Flächeninhalt beträgt deshalb $a \cdot a = a^2$. Ein Würfel (Kubus) der Kantenlänge a hat das Volumen $a \cdot a \cdot a = a^3$. Wegen dieser besonderen Anwendungen des Potenzierens nennt man allgemein das Potenzieren mit dem Exponenten 2 auch Quadrieren und das Potenzieren mit dem Exponenten 3 auch Kubieren.

Die Basis kann auch negativ sein. Dann ist es interessant, zwischen geradzahligen Exponenten und ungeradzahligen Exponenten zu unterscheiden. Bei geraden Exponenten ist die Potenz immer positiv, und bei ungeraden Exponenten hat die Potenz das Vorzeichen der Basis.

Beispiele
1. $(-2)^4 = (-2) \cdot (-2) \cdot (-2) \cdot (-2) = 16$
2. $(-5)^3 = (-5) \cdot (-5) \cdot (-5) = -125$

Potenzen, die verschiedene Basen oder Exponenten haben, kann man nicht ohne weiteres addieren oder subtrahieren. Man muss sie zunächst einmal auflösen.

Beispiele
1. $2^2 + 2^3 = 2 \cdot 2 + 2 \cdot 2 \cdot 2 = 4 + 8 = 12$
2. $4^3 - 3^3 = 4 \cdot 4 \cdot 4 - 3 \cdot 3 \cdot 3 = 64 - 27 = 37$
3. $4^3 + 3^2 = 4 \cdot 4 \cdot 4 + 3 \cdot 3 = 64 + 9 = 73$

Potenzen, deren Basen und deren Exponenten verschieden sind, lassen sich bei auch einer Multiplikation oder Division nicht allgemein zusammenfassen. Anders sieht es jedoch aus, wenn die Potenzen den gleichen Exponenten haben. Der Ausdruck $a^n \cdot b^n$ bedeutet: Multipliziere zuerst a insgesamt n-mal mit sich selbst und dann b auch n-mal mit sich selbst, und anschließend multipliziere die beiden Produkte miteinander. Da bei der Multiplikation die Reihenfolge aber keine Rolle spielt, kann man auch zuerst $a \cdot b$ rechnen und dann das Ergebnis n-mal mit sich selbst multiplizieren. Das bedeutet:

$$a^n \cdot b^n = (ab)^n$$

Beispiele
1. $2^3 \cdot 5^3 = (2 \cdot 5)^3 = 10^3 = 1000$
2. $(-2)^3 \cdot (-3)^3 = ((-2) \cdot (-3))^3 = 6^3 = 216$

Ganz analog gilt auch für die Division

$$\frac{a^n}{b^n} = \left(\frac{a}{b}\right)^n.$$

Beispiel

$$\frac{1024^4}{512^4} = \left(\frac{1024}{512}\right)^4 = 2^4 = 16$$

Auch wenn zwei Potenzen mit gleicher Basis multipliziert werden, kann man dies zusammenfassen. Der Ausdruck $a^n \cdot a^m$ bedeutet nichts anderes als: Multipliziere a zuerst n-mal und dann noch m-mal mit sich selbst. Das heißt, insgesamt soll man a genau $(n + m)$-mal mit sich selbst multiplizieren. Es gilt folglich:

$$a^n \cdot a^m = q^{n+m}$$

Beispiele
1. $2^3 \cdot 2^4 = (2 \cdot 2 \cdot 2) \cdot (2 \cdot 2 \cdot 2 \cdot 2) = 2^7 = 128$
2. $3^4 \cdot 3^1 = (3 \cdot 3 \cdot 3 \cdot 3) \cdot 3 = 3^5 = 243$

Bei der Division zweier Potenzen mit gleicher Basis lassen sich die beiden Ausdrücke ebenfalls zusammenfassen. Schreibt man die Division $a^n : a^m$ als Bruch a^n/a^m, so stehen n Faktoren a im Zähler und m Faktoren a im Nenner. Der Bruch lässt sich kürzen, und je nachdem, welcher der beiden Exponenten größer ist, bleiben entweder $n-m$ Faktoren a im Zähler oder $m-n$ Faktoren im Nenner stehen. In dem Spezialfall, dass n und m gleich groß sind, kann man den Bruch zu 1 kürzen. Es gilt also für $a \neq 0$:

$$\frac{a^n}{a^m} = \begin{cases} \dfrac{1}{a^{m-n}} & \text{falls } n<m \\ 1 & \text{falls } n=m \\ a^{n-m} & \text{falls } n>m \end{cases}$$

Beispiele
1. $3^5 : 3^3 = \dfrac{3^5}{3^3} = \dfrac{3 \cdot 3 \cdot 3 \cdot 3 \cdot 3}{3 \cdot 3 \cdot 3} = 3^{5-3} = 3^2 = 9$
2. $2^3 : 2^6 = \dfrac{2^3}{2^6} = \dfrac{2 \cdot 2 \cdot 2}{2 \cdot 2 \cdot 2 \cdot 2 \cdot 2 \cdot 2} = \dfrac{1}{2^{6-3}} = \dfrac{1}{2^3} = \dfrac{1}{8}$

Die etwas umständliche Unterscheidung bei der Division von zwei Potenzen mit gleicher Basis lässt sich wesentlich vereinfachen, wenn man als Exponenten nicht nur die positiven natürlichen Zahlen zulässt, sondern alle ganzen Zahlen. Die ursprüngliche Bedeutung einer Potenz als mehrfache Multiplikation einer Zahl mit sich selbst geht dabei jedoch teilweise verloren. Denn was soll beispielsweise bei der Potenz 2^{-3} die (-3)-fache Multiplikation von 2 mit sich selbst sein oder bei 5^0 die nullfache Multiplikation von 5 mit sich selbst? Fasst man aber eine Potenz a^{-n} mit negativem Exponen-

Multiplikation und Division von Potenzen

$a^n \cdot b^n = (ab)^n$

$\dfrac{a^n}{b^n} = \left(\dfrac{a}{b}\right)^n \quad (b \neq 0)$

$a^n \cdot b^n = a^{n+m}$

$\dfrac{a^n}{a^m} = \begin{cases} \dfrac{1}{a^{m-n}} & \text{falls } n<m \\ 1 & \text{falls } n=m \\ a^{n-m} & \text{falls } n>m \end{cases} \quad (a \neq 0)$

$(a, b \in \mathbb{Q},\ m, n \in \mathbb{N}^*)$

ten nur als andere Schreibweise des Bruchs $1/a^n$ und die Potenz a^0 als 1 auf, so gilt für die Division zwei Potenzen mit gleicher Basis immer

$$\frac{a^n}{a^m} = a^{n-m}.$$

Denn falls $n = m$ ist, tritt der Fall $a^0 = 1$ ein, und falls $n < m$ ist, der Fall $a^{n-m} = 1/a^{-(n-m)} = 1/a^{m-n}$. Ausgeschlossen werden muss allerdings, dass die Basis 0 wird, denn dies würde einer Division durch 0 gleichkommen.

Potenzen mit ganzzahligen Exponenten

$a^0 = 1$

$a^{-n} = \dfrac{1}{a^n}$

$\dfrac{a^n}{a^m} = a^{n-m}$

$(a \in \mathbb{Q} \setminus \{0\},\ m, n \in \mathbb{Z})$

Eine besondere Bedeutung haben die **Zehnerpotenzen**. Man benutzt sie häufig, um sehr große oder sehr kleine Zahlen anschaulicher und kürzer schreiben zu können. So kann man anstelle von 100 auch 10^2, statt 1000 auch 10^3 oder statt 1000000 auch 10^6 schreiben. Auch Zahlen, die kleiner sind als 1, können auf diese Weise dargestellt werden. Anstelle von 0,1 kann man auch $1/10 = 1/10^1 = 10^{-1}$ schreiben und statt 0,01 auch $1/100 = 1/10^2 = 10^{-2}$. Allgemein gilt, dass eine Zehnerpotenz 10^n mit positivem Exponenten einer 1 mit n folgenden Nullen entspricht und eine Zehnerpotenz 10^{-n} mit negativem Exponenten einer 1, vor der n Nullen stehen, wobei nach der ersten Null ein Komma zu setzen ist.

Beispiele
1. $10^5 = 100000$
2. $10^9 = 1000000000$
3. $10^{-3} = 0,001$
4. $10^{-7} = 0,0000001$

Zahlen, die keine Zehnerpotenzen sind, kann man in zwei Faktoren zerlegen, von denen der eine ein Dezimalbruch und der andere eine Zehnerpotenz ist.

Beispiele
1. Der Abstand von der Erde zur Sonne beträgt etwa 150 000 000 000 m. Dies kann man als $1,5 \cdot 100\,000\,000\,000$ m oder als $1,5 \cdot 10^{11}$ m schreiben.

2. Das Wasserstoffatom hat einen Durchmesser von ungefähr 0,0000000001058 m. Dies schreibt man kürzer als $1{,}058 \cdot 10^{-10}$ m.

Eine Potenz a^n mit m zu potenzieren bedeutet nach der ursprünglichen Definition, a zuerst n-mal mit sich selbst zu multiplizieren und danach das Ergebnis wiederum m-mal mit sich selbst zu multiplizieren. Insgesamt muss a also $(n \cdot m)$-mal mit sich selbst malgenommen werden. Das heißt $(a^n)^m = a^{nm}$.

Potenzieren von Potenzen

$$(a^n)^m = a^{nm}$$

$$(a \in \mathbb{Q} \setminus \{0\},\ m, n \in \mathbb{Z})$$

Die Klammern in dem Term links vom Gleichheitszeichen dürfen nicht fortgelassen werden, denn sonst hat er eine andere Bedeutung.

$$a^{n^m} = a^{(n^m)}$$

Beispiele

1. $\left(4^3\right)^2 = 4^{3 \cdot 2} = 4^6 = 4096$

2. $4^{3^2} = 4^{(3^2)} = 4^9 = 262144$

5.2 Binomischer Lehrsatz

Unter einem **Monom** (griech. mono-, einzeln) versteht man eine einzelne Zahl oder ein Symbol für eine einzelne Zahl, beispielsweise 93 oder a. Sind zwei Zahlen oder Zahlensymbole durch ein Plus- oder Minuszeichen miteinander verbunden, nennt man diesen Ausdruck **Binom** (lat. bi-, zweifach). Ein Beispiel für ein Binom ist $(a + b)$. Ein **Trinom** enthält drei Glieder, z. B. $(x - 2 + z)$. Allgemein spricht man von **Polynomen** (griech. poly-, viel), wenn mehrere Zahlen oder Zahlensymbole durch Plus- und Minuszeichen verbunden sind.
Multipliziert man zwei Binome $(a + b)$ und $(c + d)$ miteinander, erhält man, indem man zunächst die erste Klammer und danach die zweite Klammer nach dem Distributivgesetz auflöst:

$$(a + b)(c + d) = a(c + d) + b(c + d) = ac + ad + bc + bd$$

Jeder Ausdruck in der ersten Klammer ist also genau einmal mit jedem Ausdruck der zweiten Klammer multipliziert worden. Diese Regel gilt allgemein: Multipliziert man zwei Polynome miteinander, so wird jeder Ausdruck der ersten Klammer genau einmal mit jedem Ausdruck der zweiten Klammer multipliziert.

Drei häufig gebrauchte Spezialfälle werden durch die drei **binomischen Formeln** beschrieben. Dabei bedeutet $(a + b)^2 = (a + b) \cdot (a + b)$. Der Klammerausdruck wird also als Ganzes mit sich selbst multipliziert.

Binomische Formeln

1. binomische Formel: $(a + b)^2 = a^2 + 2ab + b^2$
2. binomische Formel: $(a - b)^2 = a^2 - 2ab + b^2$
3. binomische Formel: $(a + b)(a - b) = a^2 - b^2$

Ein Binom kann auch mehrfach mit sich selbst multipliziert werden. Für die Potenzen von 0 bis 5 erhält man durch das Ausmultiplizieren folgende Ergebnisse:

$(a + b)^0 = 1$
$(a + b)^1 = a + b$
$(a + b)^2 = a^2 + 2ab + b^2$
$(a + b)^3 = a^3 + 3a^2b + 3ab^2 + b^3$
$(a + b)^4 = a^4 + 4a^3b + 6a^2b^2 + 4ab^3 + b^4$
$(a + b)^5 = a^5 + 5a^4b + 10a^3b^2 + 10a^2b^3 + 5ab^4 + b^5$

Multipliziert man auf den rechten Gleichungsseiten jeden ersten Summanden mit $b^0 = 1$ und jeden letzten mit $a^0 = 1$, dann enthält jeder Summand eine Potenz von a und eine Potenz von b. Für $(a + b)^n$ fallen die Potenzen von a vom ersten bis zum letzten Summanden von n auf 0 ab und steigen jene von b von 0 auf n an. Die Summe der beiden Exponenten von a und b ist folglich in jedem Summanden immer n.

Die vor den Potenzen von a und b stehenden ganzzahligen Faktoren heißen **Binomialkoeffizienten**. Der Binomialkoeffizient des k-ten Summanden wird als $\binom{n}{k}$ geschrieben und als »n über k« gelesen. $\binom{n}{k}$ hat dabei folgenden Wert:

$$\binom{n}{k} = \frac{n(n-1)(n-2)\ldots(n-k+1)}{1\cdot 2\cdot 3\cdot\ldots\cdot k} \quad \text{für} \quad 0 < k \leq n$$

$$\binom{n}{0} = 1$$

Das Produkt aller ganzen Zahlen von 1 bis n kürzt man ab mit $n!$ und liest es als »n Fakultät«.

$$n! = 1 \cdot 2 \cdot 3 \cdot \ldots \cdot n$$

Zusätzlich wird noch definiert, dass $0! = 1$ ist. Die Fakultäten wachsen mit zunehmendem n sehr schnell an.

Fakultäten

$0! = 1$
$n! = 1 \cdot 2 \cdot 3 \cdot \ldots \cdot n$ für $n \geq 1$

Fakultäten

n	$n!$	n	$n!$	n	$n!$	n	$n!$
0	1	6	720	12	479001600	18	6402373705728000
1	1	7	5040	13	6227020800	19	121645100408832000
2	2	8	40320	14	87178291200	20	2432902008176640000
3	6	9	362880	15	1307674368000	21	51090942171709440000
4	24	10	3628800	16	20922789888000	22	1124000727777607680000
5	120	11	39916800	17	355687428096000	23	25852016738884976640000

Mit Hilfe der Fakultäten kann man die Binomialkoeffizienten auch kürzer schreiben.

Binomialkoeffizienten

$$\binom{n}{k} = \frac{n!}{(n-k)! \cdot k!} \quad \text{für} \quad 0 \leq k \leq n$$

Damit kann man $(a+b)^n$ ausmultiplizieren.

Binomischer Lehrsatz

$$(a+b)^n = \binom{n}{0}a^n + \binom{n}{1}a^{n-1}b + \binom{n}{2}a^{n-2}b^2 + \ldots + \binom{n}{n-1}ab^{n-1} + \binom{n}{n}b^n$$

$$= \sum_{k=0}^{n} \binom{n}{k} a^{n-k} b^k$$

Binomische Formeln

Der griechische Buchstabe Σ ist das **Summenzeichen**. Mit Hilfe dieses Symbols kann man eine Summe, die aus vielen Summanden besteht, die alle nach dem gleichen Muster aufgebaut sind, sehr knapp darstellen. Allgemein hat eine Summe dadurch die Form

$$\sum_{i=n}^{N} a_i = a_n + a_{n+1} + a_{n+2} + \ldots + a_N.$$

Dabei steht hinter dem Summenzeichen der allgemeine Summand a_i, ausgedrückt durch einen Laufindex i, unter dem Summenzeichen der Laufindex i, der gleich seinem Anfangswert n gesetzt wird, und über dem Summenzeichen der Endwert N des Laufindex. (Natürlich muss der Laufindex nicht unbedingt i genannt werden.)

Beispiele

1. $\sum_{i=3}^{7} i^2 = 3^2 + 4^2 + 5^2 + 6^2 + 7^2$ 2. $\sum_{i=5}^{9} \frac{1}{i} = \frac{1}{5} + \frac{1}{6} + \frac{1}{7} + \frac{1}{8} + \frac{1}{9}$

Es gibt ein einfaches Verfahren, um die Binomialkoeffizienten zu berechnen, das unter dem Namen »**Pascalsches Dreieck**« bekannt ist und auf den französischen Philosophen und Mathematiker Blaise Pascal (1623–1662) zurückgeht.

$(a + b)^0$	1
$(a + b)^1$	1 1
$(a + b)^2$	1 2 1
$(a + b)^3$	1 3 3 1
$(a + b)^4$	1 4 6 4 1
$(a + b)^5$	1 5 10 10 5 1
$(a + b)^6$	1 6 15 20 15 6 1
$(a + b)^7$	1 7 21 35 35 21 7 1

Das Dreieck entsteht dadurch, dass man in die oberste Zeile eine 1 schreibt und alle weiteren mit jeweils einer 1 beginnen und enden lässt. Die Zahlen, die in jeder Zeile zwischen den beiden Einsen stehen, sind jeweils die Summe der beiden Zahlen, die direkt links und rechts über ihr stehen. Zum Beispiel ist die erste 4 in der Zeile mit $n = 4$ des Pascalschen Dreiecks durch die Addition der 1, die links über ihr, und der 3, die rechts über ihr steht, entstanden.

Aus der Zeile für n des Pascalschen Dreiecks kann man die Binomialkoeffizienten von $(a + b)^n$ ablesen. Um damit dann die ausmultiplizierte Form von $(a + b)^n$ zu erhalten, fügt man an die Koeffizienten als Faktoren jeweils eine Potenz von a und eine von b an, wobei der Exponent von a von n nach 0 fällt und der von b von 0 nach n steigt.

Beispiel
Aus der Zeile für $n = 7$ des Pascalschen Dreiecks liest man die Koeffizienten 1, 7, 21, 35, 35, 21, 7 und 1 ab. Daraus ergibt sich
$(a + b)^7 = a^7 + 7a^6b + 21a^5b^2 + 35a^4b^3 + 35a^3b^4 + 21a^2b^5 + 7ab^6 + b^7$.

5.3 Wurzeln aus nichtnegativen Zahlen

Ein in der Mathematik häufig auftretendes Problem ist, dass man das Ergebnis einer Potenzierung kennt und die Zahl sucht, die potenziert wurde. Beispielsweise kennt man den Flächeninhalt eines Quadrates und möchte die Seitenlänge wissen. Oder man kennt das Volumen eines Würfels und fragt nach seiner Kantenlänge. Die dafür notwendige Rechenoperation heißt **Wurzelziehen** oder **Radizieren** (lat. radix, Wurzel) und wird als

$$\sqrt[n]{a}$$

geschrieben und als »n-te Wurzel aus a« gelesen. Mit der n-ten Wurzel aus nichtnegativem a ist die nichtnegative Zahl gemeint, die mit n potenziert a ergibt. So hat beispielsweise $\sqrt[3]{8}$ den Wert 2, denn $2^3 = 8$. Die Zahl a, aus der die Wurzel gezogen wird, heißt **Radikand**, und der Exponent auf dem Wurzelzeichen wird **Wurzelexponent** genannt.

Die am häufigsten in den Naturwissenschaften und in der Technik gebrauchte Wurzel ist die zweite Wurzel, die auch als Quadratwurzel bezeichnet wird. Bei ihr wird in der Regel der Wurzelexponent nicht mitgeschrieben.

$$\sqrt{a} = \sqrt[2]{a}$$

Beispiele
1. $\sqrt{16} = 4$ 2. $\sqrt{9} = 3$ 3. $\sqrt{10{,}24} = 3{,}2$

Eine weitere häufig vorkommende Wurzel ist die dritte Wurzel, die auch Kubikwurzel genannt wird.

Beispiele
1. $\sqrt[3]{27} = 3$ 2. $\sqrt[3]{1{,}728} = 1{,}2$

Natürlich kann man auch eine erste Wurzel aus einer Zahl ziehen. Sie ist die Zahl selbst.

$$\sqrt[1]{a} = a$$

Jede Wurzel aus 0 ist wiederum auch 0.

$$\sqrt[n]{0} = 0$$

Eine Potenz wird mit einer Zahl m potenziert, indem man den Exponenten n mit der Zahl m multipliziert. Im Bereich der nichtnegativen Zahlen ist das Radizieren die Umkehrung des Potenzierens. Um also aus einer Potenz die m-te Wurzel zu ziehen, wendet man auf den Exponenten n die Umkehrung der Multiplikation an. Das heißt, man zieht also die m-te Wurzel aus a^n, indem man den Exponenten n durch m teilt.

$$\sqrt[m]{a^n} = a^{n/m}$$

Dies ist eine Erweiterung des Potenzbegriffes. Bisher waren als Exponenten nur ganze Zahlen zugelassen. Jetzt kann der Exponent auch ein Bruch sein, d. h. der Exponent darf eine rationale Zahl sein.

Aus dieser erweiterten Definition der Potenz kann man herleiten, dass die Potenzgesetze auch für rationale Exponenten gelten. Daraus ergeben sich für das Rechnen mit Wurzeln eine Reihe von Beziehungen.

Wurzelgesetze

1. $\sqrt[n]{a} = a^{1/n}$
2. $\sqrt[n]{a} \cdot \sqrt[n]{b} = \sqrt[n]{ab}$
3. $\dfrac{\sqrt[n]{a}}{\sqrt[n]{c}} = \sqrt[n]{\dfrac{a}{c}}$
4. $\dfrac{1}{\sqrt[n]{c}} = \sqrt[n]{\dfrac{1}{c}}$
5. $\sqrt[nl]{a^{ml}} = \sqrt[n]{a^m}$
6. $\sqrt[n]{\sqrt[l]{a}} = \sqrt[nl]{a}$

$(a, b, c \in \mathbb{Q}_0^+,\ c \neq 0,\ m \in \mathbb{N},\ l, n \in \mathbb{N}^*)$

Das 1. Wurzelgesetz gilt, weil $\sqrt[n]{a} = a^{1/n}$ ist.
Beispiele
1. $125^{1/3} = \sqrt[3]{125} = 5$ 2. $1024^{1/10} = \sqrt[10]{1024} = 2$

Das 2. Wurzelgesetz ist wegen $a^{1/n} \cdot b^{1/n} = (ab)^{1/n}$ gültig.
Beispiele
1. $\sqrt{3} \cdot \sqrt{12} = \sqrt{3 \cdot 12} = \sqrt{36} = 6$

2. $\sqrt[3]{0,4} \cdot \sqrt[3]{67,5} = \sqrt[3]{27} = 3$
3. $\sqrt{50} = \sqrt{25 \cdot 2} = \sqrt{25} \cdot \sqrt{2} = 5\sqrt{2}$

Das 3. Wurzelgesetz gilt, weil $\dfrac{a^{1/n}}{c^{1/n}} = \left(\dfrac{a}{c}\right)^{1/n}$ ist.

Beispiele

1. $\dfrac{\sqrt{12}}{\sqrt{3}} = \sqrt{\dfrac{12}{3}} = \sqrt{4} = 2$
2. $\sqrt[3]{\dfrac{2}{27}} = \dfrac{\sqrt[3]{2}}{\sqrt[3]{27}} = \dfrac{3\sqrt{2}}{3}$

Das 4. Wurzelgesetz gilt wegen $a^{-1/n} = (a^{-1})^{1/n}$.

Beispiel

$\sqrt{\dfrac{1}{2}} = \dfrac{1}{\sqrt{2}}$

Das 5. Wurzelgesetz ist wegen $a^{ml/nl} = a^{m/n}$ gültig.

Beispiel

$\sqrt[12]{a^8} = \sqrt[3 \cdot 4]{a^{2 \cdot 4}} = \sqrt[3]{a^2}$

Und das 6. Wurzelgesetz gilt, weil $\left(a^{1/l}\right)^{1/n} = a^{1/(ln)}$ ist.

Beispiel

$\sqrt[4]{\sqrt[3]{\sqrt{x}}} = \sqrt[24]{x}$

5.4 Wurzeln aus negativen Zahlen

Wenn der Radikand negativ ist, ist das Wurzelziehen im Gegensatz zu nichtnegativen Radikanden nicht mehr uneingeschränkt durchführbar. Durch Beachtung der Vorzeichenregeln erkennt man, dass Wurzeln mit geradzahligem Wurzelexponenten nie und Wurzeln mit ungeradzahligem Wurzelexponenten immer gezogen werden können, wobei hier das Ergebnis negativ ist.

$$\sqrt[n]{-a} = \begin{cases} -x & \text{falls } n \text{ ungerade ist} \\ \text{existiert nicht} & \text{falls } n \text{ gerade ist} \end{cases}$$

$(a, x > 0)$

Die Wurzelgesetze sind auch für negative Radikanden gültig, wenn sämtliche auftretenden Wurzelexponenten ungerade sind. In der Praxis jedoch werden sie für negative Radikanden kaum angewendet; das Vorzeichen wird meist gesondert behandelt.

5.5 Irrationale und reelle Zahlen

Nicht alle Wurzelausdrücke sind im Bereich der rationalen Zahlen lösbar. Dies ist sogar schon bei so einfachen Ausdrücken wie $\sqrt{2}$ oder $\sqrt{3}$ der Fall. Das heißt, es existiert kein gewöhnlicher Bruch bzw. kein endlicher oder periodischer Dezimalbruch, der mit sich multipliziert 2 ergibt. Es muss also außer den rationalen Zahlen noch weitere Zahlen geben. Diese Zahlen heißen **irrationale Zahlen**.

Wenn man auch die irrationalen Zahlen nicht durch Brüche darstellen kann, so ist dennoch ohne weiteres möglich, Dezimalbrüche zu finden, die beliebig nahe an jede irrationale Zahl herankommen. Dem Wert von $\sqrt{2}$ beispielsweise kann man sich auf folgende Weise nähern:

$$1^2 < 2 < 2^2 \quad \Leftrightarrow \quad 1 < \sqrt{2} < 2$$

$$1{,}4^2 < 2 < 1{,}5^2 \quad \Leftrightarrow \quad 1{,}4 < \sqrt{2} < 1{,}5$$

$$1{,}41^2 < 2 < 1{,}42^2 \quad \Leftrightarrow \quad 1{,}41 < \sqrt{2} < 1{,}42$$

$$1{,}414^2 < 2 < 1{,}415^2 \quad \Leftrightarrow \quad 1{,}414 < \sqrt{2} < 1{,}415$$

$$1{,}4142^2 < 2 < 1{,}4143^2 \quad \Leftrightarrow \quad 1{,}4142 < \sqrt{2} < 1{,}4143$$

Dieses Verfahren, das **Intervallschachtelung** genannt wird, lässt sich beliebig weit fortsetzen. Man nähert sich dadurch dem tatsächlichen Wert von $\sqrt{2}$ immer mehr, ohne ihn jedoch jemals zu erreichen. Das heißt, $\sqrt{2}$ entspricht einem unendlichen, nichtperiodischen Dezimalbruch.

Auch alle anderen irrationalen Zahlen kann man durch unendliche, nichtperiodische Dezimalbrüche darstellen. Zusammen mit den rationalen Zahlen $\mathbb{Q}$ bilden die irrationalen Zahlen die Menge $\mathbb{R}$ der **reellen Zahlen**. Für die Menge der irrationalen Zahlen ist kein eigenes Symbol üblich. Man schreibt sie deshalb als $\mathbb{R} \setminus \mathbb{Q}$.

Alle rationalen Zahlen lassen sich entweder als endlicher Dezimalbruch oder als unendlicher periodischer Dezimalbruch darstellen. Jeder endliche Dezimalbruch wiederum kann in einen unendlichen periodischen Dezimalbruch umgewandelt werden, indem man die Periode 0 an die letzte Dezimale hängt. So entspricht beispielsweise 1,24 gerade $1{,}24\overline{0}$. Es gibt aber noch eine zweite, weniger offensichtliche Möglichkeit,

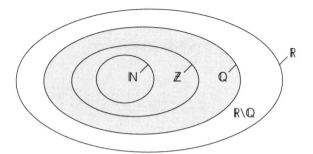

> Alle Rechengesetze, die für die rationalen Zahlen gelten, sind auch für die reellen Zahlen gültig.

Abb. 15: Mengen der natürlichen Zahlen $\mathbb{N}$, ganzen Zahlen $\mathbb{Z}$, rationalen Zahlen $\mathbb{Q}$, irrationalen Zahlen $\mathbb{R} \setminus \mathbb{Q}$ und reellen Zahlen $\mathbb{R}$.

einen endlichen Dezimalbruch in einen unendlichen periodischen Dezimalbruch umzuwandeln. Dazu stellt man sich vor, man dividiert 0,1 durch 3 und erhält $0,0\overline{3}$. Nun multipliziert man wieder mit 3 und bekommt $0,0\overline{9}$. Also muss $0,1 = 0,0\overline{9}$ sein. Die Methode besteht nun darin, die letzte Dezimale um 1 zu verringern und dann die Periode 9 anzufügen. So wird zum Beispiel aus 1,24 gerade $1,23\overline{9}$. Beide Darstellungen sind völlig gleichwertig.

Damit lassen sich alle rationalen Zahlen als unendliche periodische Dezimalbrüche schreiben. Die irrationalen Zahlen hingegen werden durch unendliche nichtperiodische Dezimalbrüche geschrieben. Das bedeutet nun:

> Jede reelle Zahl kann eindeutig durch einen unendlichen Dezimalbruch, der nicht die Periode 9 hat, dargestellt werden. Umgekehrt entspricht jedem unendlichen Dezimalbruch eindeutig eine reelle Zahl.

Die reellen Zahlen lassen sich, wie die ganzen Zahlen und die rationalen Zahlen, durch eine Zahlengerade darstellen. Sie haben dort eine eindeutige Position und Reihenfolge. Die reellen Zahlen decken die Zahlengerade vollständig ab, es gibt keine weiteren Zahlen mehr auf der Zahlengeraden.

Die **Potenzgesetze** lassen sich nun auch auf die reellen Zahlen erweitern. Sie bleiben gültig für alle Potenzen, deren Exponenten reelle Zahlen und deren Basen nichtnegative reelle Zahlen sind. Als einzige Ausnahme bleibt 0^0 undefiniert.

Da sich alle Wurzeln auf Potenzen zurückführen lassen, gelten auch die Wurzelgesetze für nichtnegative reelle Radikanden. Im Gegensatz zu den rationalen Zahlen sind im Bereich der nichtnegativen reellen Zahlen alle Wurzeln lösbar.

5.6 Logarithmen

Kennt man in der Gleichung $c = b^a$ die Basis b und den Exponenten a, so kann man c durch Potenzieren errechnen. Sind hingegen der Wert c und der Exponent a bekannt, erhält man die Basis durch Radizieren: $b = \sqrt[a]{c}$. Wie aber kommt man zu dem Exponenten a, wenn die Zahl c und die Basis b gegeben sind? Die Rechenoperation, die man hierfür anwenden muss, heißt **Logarithmieren** und wird als $\log_b c$ geschrieben. Der Ausdruck wird als »Logarithmus zur Basis b von c« gelesen. Er steht für die Zahl, mit der man b potenzieren muss, damit man c erhält. Die Zahl c, von der der Logarithmus gebildet wird, heißt **Numerus**.

Für jede positive Basis b, die ungleich 1 ist, und für jede beliebige positive Zahl c kann man immer einen Exponenten a finden, der die Beziehung $c = b^a$ erfüllt. Das bedeutet, der Logarithmus zu einer positiven Basis $b \neq 1$ von einer positiven Zahl c existiert immer.

Beispiele
1. $\log_2 8 = 3$ denn $2^3 = 8$
2. $\log_4 1 = 0$ denn $4^0 = 1$
3. $\log_3 27 = 3$ denn $3^3 = 27$
4. $\log_{1,5} 5{,}0625 = 4$ denn $1{,}5^4 = 5{,}0625$

Obwohl alle Basen bei der Logarithmenrechnung gleichwertig sind, werden drei besonders häufig benutzt. Dies sind die beiden natürlichen Zahlen 2 und 10 und die irrationale Zahl 2,718281828459... Sie wird nach dem Schweizer Mathematiker Leonhard Euler (1707–1783) auch **Eulersche Zahl** genannt und mit e abgekürzt. Diese drei speziellen Logarithmen werden als **binärer Logarithmus** (Basis 2), **dekadischer Logarithmus** (Basis 10) und **natürlicher Logarithmus** (Basis e) bezeichnet und haben eigene Formelzeichen.

Spezielle Logarithmen	
binärer Logarithmus:	$\operatorname{ld} x = \log_2 x$
dekadischer Logarithmus:	$\lg x = \log_{10} x$
natürlicher Logarithmus:	$\ln x = \log_e x$

Beispiele
1. lg 1000 = 3 denn $10^3 = 1000$
2. lg 0,01 = −2 denn $10^{-2} = 0{,}01$
3. ld 1024 = 10 denn $2^{10} = 1024$
4. ln e = 1 denn $e^1 = e$

Für das Rechnen mit Logarithmen gelten eine Reihe von Gesetzen, die sich alle aus den Potenzgesetzen herleiten lassen.
Wenn $x = \log_b(a \cdot c)$, $y = \log_b a$ und $z = \log_b c$ ist, so bedeutet dies $b^x = ac$, $b^y = a$ und $b^z = c$. Daraus folgt nach den Potenzgesetzen $b^x = ac = b^y \cdot b^z = b^{y+z}$. Folglich ist $x = y + z$ und somit

$$\log_b(a \cdot c) = \log_b a + \log_b c.$$

Beispiele
1. lg 4 + lg 25 = lg (4 · 25) = lg 100 = 2
2. $\log_7 98 = \log_7(49 \cdot 2) = \log_7 49 + \log_7 2 = 2 + \log_7 2$

Ein zweites Gesetz erhält man auf ganz analoge Weise. Wenn $x = \log_b(a/c)$, $y = \log_b a$ und $z = \log_b c$ ist, so bedeutet dies $b^x = a/c$, $b^y = a$ und $b^z = c$. Daraus ergibt sich $b^x = a/c = b^y : b^z = b^{y-z}$ und hieraus wiederum $x = y - z$. Folglich ist

$$\log_b\left(\frac{a}{c}\right) = \log_b a - \log_b c\,.$$

Beispiel
ld 12 − ld 3 = ld (12/3) = ld 4 = 2

Ist $x = \log_b(a^c)$ und $y = \log_b a$, so heißt dies, dass $b^x = a^c$ und $b^y = a$ gilt. Somit ist $b^x = a^c = (b^y)^c = b^{cy}$ und folglich

$$\log_b(a^c) = c \cdot \log_b a\,.$$

Beispiele
1. lg $(100^5) = 5 \cdot$ lg $100 = 5 \cdot 2 = 10$
2. $\log_3(81^5) = 5 \cdot \log_3 81 = 5 \cdot 4 = 20$

Schreibt man die Wurzel $\sqrt[c]{a}$ als Potenz, so folgt daraus direkt

$$\log_b \sqrt[c]{a} = \log_b\left(a^{1/c}\right) = \frac{1}{c} \cdot \log_b a\,.$$

Beispiel

$$\mathrm{ld}\sqrt[5]{512} = \frac{1}{5} \cdot \mathrm{ld}\, 512 = \frac{8}{5} = \frac{16}{10} = 1{,}6$$

Sind zwei positive reelle Zahlen a und c durch eine Rechenoperation zweiter oder dritter Stufe miteinander verknüpft und wird von diesem Ausdruck der Logarithmus gebildet, so kann man ihn anschließend so umformen, dass zwei Terme entstehen, die durch eine um eine Stufe geringere Rechenoperation verbunden sind.

Logarithmengesetze

$\log_b(a \cdot c) = \log_b a + \log_b c$

$\log_b(a : c) = \log_b a - \log_b c$

$\log_b(a^c) = c \cdot \log_b a$

$\log_b \sqrt[c]{a} = \frac{1}{c} \cdot \log_b a$

Aus einer Multiplikation wird eine Addition, aus einer Division eine Subtraktion, aus einer Potenzierung eine Multiplikation und aus einem Wurzelziehen eine Division. Der Rechenaufwand ist bei einer Multiplikation oder Division zweier beispielsweise zehnstelliger Zahlen viel größer als bei einer Addition oder Subtraktion dieser Zahlen. Potenziert man sogar die eine dieser Zahlen mit der anderen, so steigt der Rechenaufwand noch weiter. Ähnlich verhält es sich mit dem Wurzelziehen. Darum hat man sich früher die Herabsetzung der Rechenstufen durch das Logarithmieren zu Nutze gemacht, um den Rechenaufwand zu verkleinern. Die Hilfsmittel dafür waren Logarithmentafeln und Rechenschieber, die beide auf der Basis der Zehnerlogarithmen funktionierten. Seit der weiten Verbreitung der elektronischen Taschenrechner und der Computer haben sie ihre Bedeutung als Rechenhilfen jedoch völlig verloren.

Manchmal ist es notwendig, von einem Logarithmensystem mit der Basis a in eines mit der Basis b zu wechseln. Wie verändert sich dadurch der Logarithmus eines Numerus c?

Angenommen, $\log_a c$ sei bekannt und gesucht würde $\log_b c$. Nun kann man noch den Logarithmus $\log_a b$ zur alten Basis a von der neuen Basis b nehmen. Mit $x = \log_a c$, $y = \log_b c$ und $z = \log_a b$, bedeuten die drei Logarithmen in Potenzschreibweise $c = a^x$, $c = b^y$ und $b = a^z$. Potenziert man den dritten Ausdruck mit y, erhält man $a^{zy} = b^y = c = a^x$. Folglich ist $zy = x$ und

Kettenregel

$\log_a b \cdot \log_b c = \log_a c$

damit $\log_a b \cdot \log_b c = \log_a c$. Diese Beziehung wird als **Kettenregel** bezeichnet.

Zum Wechseln des Logarithmensystems benötigt man die Kettenregel jedoch in folgender Form:

Basiswechsel
$$\log_b c = \frac{\log_a c}{\log_a b}$$

Beispiel
Mit Hilfe eines Taschenrechners soll $\log_7 93$ berechnet werden. Nun hat aber ein gewöhnlicher Taschenrechner keine Taste für den Siebenerlogarithmus, sondern meistens nur eine für den dekadischen und eine für den natürlichen Logarithmus. Darum muss man die Aufgabe mit der Kettenregel lösen.

$$\log_7 93 = \frac{\lg 93}{\lg 7}$$
$$\approx \frac{1{,}96848}{0{,}84510}$$
$$\approx 2{,}32930$$

Auf Taschenrechnern ist normalerweise die Taste für den natürlichen Logarithmus mit LN und die für den dekadischen Logarithmus mit LOG beschriftet. Beim dekadischen Logarithmus gibt es also eine Abweichung zu der in der Mathematik üblichen Schreibweise.

5.7 Umkehroperationen

Wendet man auf einen Term eine Rechenoperation an, so gibt es in der Regel eine Umkehroperation, die man auf das Ergebnis anwenden kann, um den ursprünglichen Term wieder zu erhalten.

So ist die Umkehroperation zur Addition die Subtraktion, denn addiert man zu a den Term b und subtrahiert anschließend vom Ergebnis b, so erhält man wieder a.

$$(a + b) - b = a$$

Umgekehrt ist die Addition die Umkehroperation von der Subtraktion.

$$(a - b) + b = a$$

Die Umkehroperation zur Multiplikation ist die Division und die zur Division die Multiplikation. (Ausgenommen ist dabei die Multiplikation mit 0, die bei der Umkehroperation zur Division durch 0 würde, was aber nicht definiert ist.)

$$(a \cdot b) : b = a$$
$$(a : b) \cdot b = a$$

Die Potenzierung hat nicht nur eine Umkehroperation, sondern zwei. Ist der ursprüngliche Term die Basis a und die Rechenoperation das Potenzieren mit b, so ist die Umkehroperation das Radizieren bzw. das Potenzieren mit dem Kehrwert $1/b$.

$$\sqrt[b]{a^b} = a$$
$$\left(a^b\right)^{1/b} = a$$

Ist bei der Potenzierung der ursprüngliche Term jedoch der Exponent a, mit dem eine Basis b potenziert wird, so ist die Umkehroperation das Logarithmieren.

$$\log_b(b^a) = a$$

Die Umkehroperation zum Wurzelziehen und zum Logarithmieren ist das Potenzieren.

$$\left(\sqrt[b]{a}\right)^b = a$$
$$b^{\log_b a} = a$$

6 Rechnen mit komplexen Zahlen

Im Bereich der reellen Zahlen sind alle Rechenoperation erster und zweiter Stufe, außer der Division durch 0, uneingeschränkt ausführbar. Das gilt jedoch nicht mehr für die Rechenoperationen dritter Stufe. So hat beispielsweise $\sqrt{-4}$ im Bereich der reellen Zahlen keine Lösung. Um diese Einschränkung zu beseitigen, wird der Bereich der reellen Zahlen zu den komplexen Zahlen erweitert.

6.1 Komplexe Zahlen

Man definiert die Quadratwurzel aus -1 als **imaginäre Einheit** und bezeichnet sie mit i. (In der Elektrotechnik stellt man die imaginäre Einheit grundsätzlich durch j dar, da der Buchstabe i schon für den nichtkonstanten Strom reserviert ist.)

> **Imaginäre Einheit i**
> $i = \sqrt{-1}$

Mit Hilfe der imaginären Einheit lässt sich die Menge der **komplexen Zahlen** $\mathbb{C}$ bilden.

$$\mathbb{C} = \{a + bi \mid a,b \in \mathbb{R}\}$$

Komplexe Zahlen z bestehen also immer aus zwei Summanden a und bi. Dabei nennt man a den **Realteil** und b den **Imaginärteil** der komplexen Zahl z, wobei a und b reelle Zahlen sind. Möchte man ausdrücken, dass von einer komplexen Zahl z nur der Realteil oder nur der Imaginärteil zu nehmen ist, so schreibt man dies als Re(z) bzw. Im(z).

> **Komplexe Zahl**
> $z = a + bi$
> Re(z) = a
> Im(z) = b

Beispiele
1. $z_1 = 3 + 2{,}1i$
2. $z_2 = 5{,}11 - 6i$

Beim Rechnen darf i wie eine Variable behandelt werden, und jedes Mal, wenn i^2 auftritt, kann stattdessen -1 gesetzt werden.

Ist der Imaginärteil $b = 0$, dann ist die Zahl $z = a$ reell. Folglich sind die reellen Zahlen eine echte Teilmenge der komplexen Zahlen.

$$\mathbb{R} \subset \mathbb{C}$$

Ist hingegen der Realteil $a = 0$, dann bezeichnet man $z = bi$ als **imaginäre Zahl**. Für die Menge der imaginären Zahlen ist kein eigenes Symbol üblich. Die 0 gehört zur Menge der reellen Zahlen, aber auch zu der der imaginären Zahlen, denn man kann sie als reelle Zahl 0 und als imaginäre Zahl $0 \cdot i$ auffassen.

Konjugiert komplexe Zahl $\bar{z}$
$z = a + ib$
$\bar{z} = a - ib$

Zu jeder komplexen Zahl $z = a + bi$ gibt es eine zweite komplexe Zahl, die man die **konjugiert komplexe** Zahl $\bar{z}$ nennt und die sich von z nur dadurch unterscheidet, dass der Imaginärteil b mit -1 multipliziert wurde.

Beispiele
1. $z_1 = 2 + 3i$ $\quad \bar{z}_1 = 2 - 3i$
2. $z_2 = 1 - 5i$ $\quad \bar{z}_2 = 1 + 5i$
3. $z_3 = 3$ $\quad \bar{z}_3 = 3$
4. $z_4 = -2i$ $\quad \bar{z}_4 = 2i$

Zwischen komplexen Zahlen und den dazugehörigen konjugiert komplexen Zahlen gibt es die folgenden Zusammenhänge:

Zusammenhänge zwischen z und $\bar{z}$	
$\text{Im}(z + \bar{z}) = 0$	$\text{Re}(z - \bar{z}) = 0$
$\overline{z_1 + z_2} = \bar{z}_1 + \bar{z}_2$	$\overline{z_1 - z_2} = \bar{z}_1 - \bar{z}_2$
$\overline{z_1 \cdot z_2} = \bar{z}_1 \cdot \bar{z}_2$	$\overline{z_1 : z_2} = \bar{z}_1 : \bar{z}_2$

Da $i^2 = -1$ ist, erhält man für $i^3 = i^2 \cdot i = -1 \cdot i = -i$ und für $i^4 = i^2 \cdot i^2 = (-1)^2 = 1$. Für höhere Potenzen wiederholt sich ab hier das Muster, und man kann es auch für negative ganzzahlige Exponenten fortsetzen.

Beispiele

1. $i^7 = -i$
2. $i^{56} = 1$
3. $\dfrac{1}{i} = i^{-1} = -i$

Potenzen von i
$i^{4k} = 1$
$i^{4k+1} = i$
$i^{4k+2} = -1$
$i^{4k+3} = -i$
$(k \in \mathbb{Z})$

Man addiert bzw. subtrahiert zwei komplexe Zahlen, indem man von beiden Zahlen jeweils die Realteile und auch jeweils die Imaginärteile addiert bzw. subtrahiert.

Addition und Subtraktion von komplexen Zahlen
$$z_1 + z_2 = (a_1 + b_1 i) + (a_2 + b_2 i) = (a_1 + a_2) + (b_1 + b_2)i$$
$$z_1 - z_2 = (a_1 + b_1 i) - (a_2 + b_2 i) = (a_1 - a_2) + (b_1 - b_2)i$$

Beispiele

1. $(2 + 4i) + (1 + 7i) = 3 + 11i$
2. $(5 + 2i) - (4 + 4i) = 1 - 2i$

Auch die Multiplikation zweier komplexer Zahlen ist recht einfach, indem man die Klammern auflöst.

$$\begin{aligned} z_1 \cdot z_2 &= (a_1 + b_1 i) \cdot (a_2 + b_2 i) \\ &= a_1 a_2 + a_1 b_2 i + b_1 a_2 i + b_1 b_2 i^2 \\ &= (a_1 a_2 - b_1 b_2) + (a_1 b_2 + b_1 a_2)i \end{aligned}$$

Multiplikation von komplexen Zahlen
$$z_1 \cdot z_2 = (a_1 + b_1 i) \cdot (a_2 + b_2 i) = (a_1 a_2 - b_1 b_2) + (a_1 b_2 + b_1 a_2)i$$

Beispiele

1. $(4 + 3i) \cdot (2 + i) = (4 \cdot 2 - 3 \cdot 1) + (4 \cdot 1 + 3 \cdot 2)i = 5 + 10i$
2. $(-1 + 3i) \cdot 4i = (-1 \cdot 0 - 3 \cdot 4) + (-1 \cdot 4 + 3 \cdot 0)i = -12 - 4i$

Um zwei komplexe Zahlen zu dividieren, schreibt man die Division als einen Bruch und erweitert ihn dann mit der zum Nenner konjugiert komplexen Zahl. Anschließend multipliziert man die Klammern aus und fasst die Terme zusammen.

$$\frac{z_1}{z_2} = \frac{a_1 + b_1 i}{a_2 + b_2 i}$$

$$= \frac{(a_1 + b_1 i)(a_2 - b_2 i)}{(a_2 + b_2 i)(a_2 - b_2 i)}$$

$$= \frac{a_1 a_2 + b_1 b_2}{a_2^2 + b_2^2} + \frac{b_1 a_2 - b_2 a_1}{a_2^2 + b_2^2} \cdot i$$

Division von komplexen Zahlen

$$z_1 : z_2 = (a_1 + b_1 i) : (a_2 + b_2 i) = \frac{a_1 a_2 + b_1 b_2}{a_2^2 + b_2^2} + \frac{b_1 a_2 - b_2 a_1}{a_2^2 + b_2^2} \cdot i$$

$$(a_2^2 + b_2^2 \neq 0)$$

Beispiele

1. $(1 + 2i) : (3 + 4i) = \dfrac{1 \cdot 3 + 2 \cdot 4}{3^2 + 4^2} + \dfrac{2 \cdot 3 - 4 \cdot 1}{3^2 + 4^2} \cdot i = \dfrac{11}{25} + \dfrac{2}{25} \cdot i$

2. $(2 + i) : i = \dfrac{2 \cdot 0 + 1 \cdot 1}{0^2 + 1^2} + \dfrac{1 \cdot 0 - 1 \cdot 2}{0^2 + 1^2} \cdot i = 1 - 2i$

6.2 Gaußsche Zahlenebene

Die natürlichen Zahlen kann man auf einem Zahlenstrahl und die ganzen, die rationalen und die reellen Zahlen auf einer Zahlengeraden darstellen. Auch die imaginären Zahlen lassen sich durch eine Gerade beschreiben, die jedoch bis auf die Zahl $0 \cdot i = 0$ keinen Punkt mit der Geraden der reellen Zahlen gemeinsam hat. Für die Darstellung der komplexen Zahlen reicht eine Gerade aber nicht mehr aus. Es ist eine Ebene notwendig, von der jeder Punkt einer komplexen Zahl entspricht. Diese Ebene wird als **Gaußsche Zahlenebene** bezeichnet. Innerhalb der Gaußschen Zahlenebene verlaufen die Gerade der reellen Zahlen und die der imaginären Zahlen. Beide Geraden stehen senkrecht aufeinander und schneiden sich in ihren Nullpunkten (→ Abb. 17).

Zur Veranschaulichung der Grundrechenarten für die komplexen Zahlen ist die Pfeildarstellung besonders geeignet. Zu einer komplexen Zahl $z = a + bi$ wird ein Pfeil gezeichnet, der im Nullpunkt beginnt und

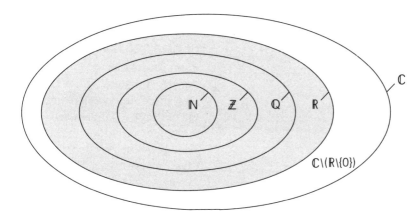

Abb. 16: Mengen der natürlichen Zahlen ℕ, ganzen Zahlen ℤ, rationalen Zahlen ℚ, reellen Zahlen ℝ, der imaginären Zahlen ℂ\(ℝ \{0\}) und der komplexen Zahlen ℂ.

mit seiner Spitze auf z zeigt. Der Einfachheit halber wird dieser Pfeil auch gleich mit z bezeichnet, wenn keine Verwechslungsgefahr besteht.

Die Addition $z_1 + z_2$ zweier komplexer Zahlen kann man sich so vorstellen, dass man den Pfeil der Zahl z_2 so in der Gaußschen Zahlenebene parallel verschiebt, bis sein Ende auf der Spitze des Pfeils von z_1 liegt. Der Summe $z_1 + z_2$ entspricht dann einem Pfeil, der vom Nullpunkt bis zur Spitze von z_2 reicht. Das gleiche Ergebnis erhält man auch, wenn man statt des Pfeils z_2 den Pfeil z_1 parallel verschiebt.

Mit Hilfe dieser Vorstellung der komplexen Zahl $z = a + bi$ als einen Pfeil in der Gaußschen Zahlenebene kann man sie auch durch einen **Betrag** r und ein **Argument** φ darstellen. Der Betrag von z wird auch mit $|z|$ bezeichnet und ist eine Erweiterung des Begriffs des Absolutbetrages

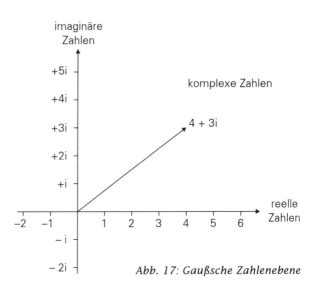

Abb. 17: Gaußsche Zahlenebene

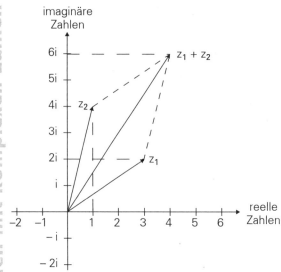

Abb. 18: Addition der beiden komplexen Zahlen $z_1 = 3 + 2i$ und $z_2 = 1 + 4i$.

einer reellen Zahl. Der Betrag einer komplexen Zahl ist die Länge des ihr entsprechenden Pfeils, und das Argument ist der Winkel, den der Pfeil mit der positiven reellen Achse einschließt. Dabei wird der Winkel gegen den Uhrzeigersinn gezählt. Der Zahl 0 kann man allerdings nur einen Betrag, aber kein Argument zuordnen. Aus elementaren trigonometrischen Überlegungen ergeben sich nun folgende Zusammenhänge zwischen dem Real- und dem Imaginärteil der komplexen Zahl und ihrem Betrag und ihrem Argument (→ Kap. 12):

Betrag r und Argument φ einer komplexen Zahl $z = (a + bi)$

Umrechnung: $a, b \to r, \varphi$:

$$r = \sqrt{a^2 + b^2}$$

$$\tan \varphi = \frac{b}{a} \quad (a \neq 0)$$

$$\sin \varphi = \frac{b}{\sqrt{a^2 + b^2}} \quad (a^2 + b^2 \neq 0)$$

$$\cos \varphi = \frac{a}{\sqrt{a^2 + b^2}} \quad (a^2 + b^2 \neq 0)$$

Umrechnung: $r, \varphi \to a, b$:

$$a = r \cos \varphi$$
$$b = r \sin \varphi$$

Die Darstellung einer komplexen Zahl durch a und b oder r und φ sind völlig gleichwertig. Je nach Aufgabenstellung ist einmal die eine und dann die andere von Vorteil.

Beispiele

1. Die komplexe Zahl $z = (3 + 4i)$ hat den Betrag $r = \sqrt{3^2 + 4^2} = 5$ und das Argument $\varphi = \arctan(4/3) \approx 53°$.

2. Die imaginäre Zahl $z = 3i$ hat den Betrag $r = 3$ und das Argument $\varphi = \arcsin(3/3) = 90°$.

Jede komplexe Zahl z lässt sich also durch ihren Betrag und ihr Argument auch als

$$z = r(\cos\varphi + i\sin\varphi)$$

schreiben.
In dieser Darstellung kann man das Produkt zweier komplexer Zahlen

$$z_1 z_2 = r_1(\cos\varphi_1 + i\sin\varphi_1) \cdot r_2(\cos\varphi_2 + i\sin\varphi_2)$$

mit Hilfe der Additionstheoreme der Winkelfunktionen (s. Kap. 12.4) noch weiter vereinfachen.

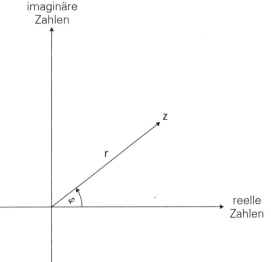

Abb. 19: Betrag r und Argument φ einer komplexen Zahl z.

Multiplikation von komplexen Zahlen
$$z_1 z_2 = r_1 r_2 (\cos(\varphi_1 + \varphi_2) + i\sin(\varphi_1 + \varphi_2))$$

6.3 Potenzen und Wurzeln von komplexen Zahlen

Ist der Exponent n einer komplexen Basis z eine natürliche Zahl, so ist $z^n = z \cdot z \cdot \ldots \cdot z$ als das n-fache Produkt mit sich selbst definiert. Drückt man die komplexe Zahl z durch ihren Betrag und ihr Argument aus und wendet darauf die Additionstheoreme der Trigonometrie an, erhält man die nach dem französischen Mathematiker Abraham de Moivre (1667–1754) benannte **Moivresche Formel**.

Moivresche Formel
$$z^n = r^n(\cos(n\varphi) + i\sin(n\varphi))$$

Analog zu den Wurzeln aus reellen Zahlen ist die n-te Wurzel aus einer komplexen Zahl z die komplexe Zahl x, die mit n potenziert gerade z ergibt. Da statt φ auch $\varphi + 2\pi$, $\varphi + 4\pi$ usw. gesetzt werden kann, ohne dass z seinen Wert verändert, müssen diese Möglichkeiten beim Wurzelziehen alle berücksichtigt werden.

Mit $z = r(\cos\varphi + i\sin\varphi)$ bekommt man nach der Moivreschen Formel:

Wurzeln aus komplexen Zahlen

$$\sqrt[n]{z} = z^{1/n} = \sqrt[n]{r}\left[\cos\left(\frac{\varphi + 2\pi \cdot k}{n}\right) + i\sin\left(\frac{\varphi + 2\pi \cdot k}{n}\right)\right]$$

$$z \in \mathbb{C} \qquad n \in \mathbb{N}^* \qquad k = 0, 1, 2, \ldots, n-1$$

Mit $k = 0, 1, 2, \ldots, n-1$ erhält man immer genau n verschiedene Werte für die n-te Wurzel. In dem Spezialfall, dass z eine positive reelle Zahl ist, bezeichnet man die eindeutige positive reelle Wurzel aus z als Hauptwert.

Im Bereich der komplexen Zahlen ist das Wurzelziehen immer ohne Einschränkungen ausführbar.

Beispiele

1. Für $z = \sqrt[3]{8}$ erhält man als Hauptwert 2. Da z eine reelle Zahl ist, ist $\varphi = 0$, und die beiden anderen Werte der Wurzel sind $2[\cos(2\pi/3) + i\sin(2\pi/3)] = -1 + i\sqrt{3}$ und $2[\cos(4\pi/3) + i\sin(4\pi/3)] = -1 - i\sqrt{3}$.

2. Die komplexe Zahl $3 + 4i$ hat den Betrag $\sqrt{3^2 + 4^2} = 5$ und das Argument $\arccos 3/5 \approx 0{,}9273$. Das Argument ist allerdings nur bis auf das Vielfache von 2π bestimmt. Damit gilt:

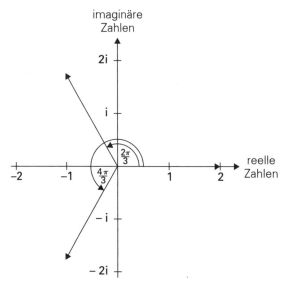

Abb. 20: Komplexe Kubikwurzeln der reellen Zahl 8.

$$x_k = \sqrt[4]{3+4i}$$

$$x_k = \sqrt[4]{5}\left[\cos\left(\frac{\arccos(3/5)+2\pi k}{4}\right) + i\sin\left(\frac{\arccos(3/5)+2\pi k}{4}\right)\right]$$

$x_0 \approx +1{,}455 + 0{,}344 \cdot i$
$x_1 \approx -0{,}344 + 1{,}455 \cdot i$
$x_2 \approx -1{,}455 - 0{,}344 \cdot i$
$x_3 \approx +0{,}344 - 1{,}455 \cdot i$

Die komplexen n-ten Wurzeln aus der reellen Zahl 1 bezeichnet man als n-te **Einheitswurzeln** w_0 bis w_{n-1}. Sie liegen auf dem Umfang eines Einheitskreises, der seinen Mittelpunkt im Ursprung der Gaußschen Zahlenebene hat. Die Werte der Wurzel teilen den Umfang in n gleiche Teile. Die Wurzel w_0 hat dabei immer den Wert $w_0 = 1$.

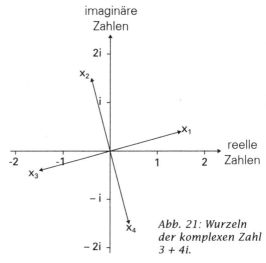

Abb. 21: Wurzeln der komplexen Zahl $3 + 4i$.

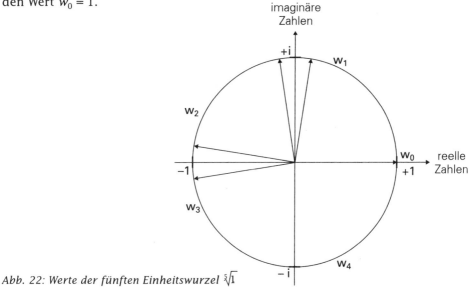

Abb. 22: Werte der fünften Einheitswurzel $\sqrt[5]{1}$

7 Prozent-, Zins- und Rentenrechnung

7.1 Prozentrechnung

Prozentangaben sind immer Vergleiche zwischen zwei Zahlen. Wenn beispielsweise gesagt wird, 51 Prozent der Aachener Bevölkerung sind weiblich, so wird die weibliche Bevölkerung Aachens mit der Gesamtbevölkerung Aachens verglichen. Die Zahl, mit der etwas verglichen wird, heißt **Bezugszahl** oder **Grundwert** a. In dem Beispiel ist also die Größe der Gesamtbevölkerung Aachens die Bezugszahl. Die Zahl hingegen, die verglichen wird, nennt man **Prozentwert** b. In dem Beispiel ist die Größe der weiblichen Bevölkerung Aachens der Prozentwert. Der Vergleich selbst kann als Bruch »Prozentwert / Grundwert« angegeben werden. Wird dieser Bruch auf den Nenner »100« erweitert, so heißt der dazugehörige Zähler **Prozentsatz** p.

$$\frac{\text{Prozentwert}}{\text{Grundwert}} = \frac{\text{Prozentsatz}}{100}$$

$$\frac{b}{a} = \frac{p}{100} = p\,\%$$

$$\frac{\text{Promillewert}}{\text{Grundwert}} = \frac{\text{Promillesatz}}{1000}$$

$$\frac{b}{a} = \frac{p}{1000} = p\,‰$$

Anstelle von Hundertstel kann man auch Prozent sagen und % schreiben. Das Symbol % ist also nichts anderes als eine Abkürzung für den Bruch 1/100. Statt zu sagen, dass 51/100 der Bevölkerung Aachens weiblich ist, kann man also auch sagen, dass es 51 Prozent sind.

Manchmal wird nicht mit Prozenten, sondern mit Promille gerechnet. Der einzige Unterschied liegt darin, dass man den Bruch Promillewert / Grundwert nicht auf Hundertstel, sondern auf Tausendstel erweitert. Das Symbol für Tausendstel oder Promille ist ‰.

Beispiel
Ein Erwachsener hat etwa 5,5 Liter Blut im Körper. Hat er 0,5 ‰ Alkohol im Blut, so entspricht dies einer Alkoholmenge von 5,5 l · 0,5 / 1000 = 0,00275 l.

7.2 Zinsen

Wer Geld verleiht oder leiht, bekommt bzw. bezahlt dafür Zinsen. Diese sind nicht ein konstanter Betrag, sondern richten sich nach der Menge des geliehenen Geldes und nach der Leihdauer.
Der Prozentsatz p, auch **Zinssatz** oder **Zinsfuß** genannt, gibt an, dass man für je 100 Euro gerade p Euro pro Jahr Zinsen bekommt. Ein Betrag von k Euro bringt also bei einem Zinssatz p in j Jahren gerade $z = k \cdot p \cdot j / 100$ Euro Zinsen.

Zinsformel

$$\text{Zinsen} = \frac{\text{Betrag} \cdot \text{Zinssatz} \cdot \text{Anzahl der Jahre}}{100}$$

$$z = \frac{k \cdot p \cdot j}{100}$$

Beispiel
Wie viel Zinsen bringen 3000 Euro, die auf einem Sparbuch mit einem Zinssatz von 2,5 % angelegt sind, in 5 Jahren? Die Zinsen betragen 3000 EUR · 2,5 · 5 / 100 = 375 EUR.

Nimmt man die Zinsen am Ende eines Jahres zum Sparbetrag hinzu, so werden im darauf folgenden Jahr nicht nur Zinsen auf den ursprünglichen Betrag gezahlt, sondern auch auf die Zinsen des Vorjahres. Diese Zinsen nennt man **Zinseszinsen**.

Ein anfänglicher Betrag erbringt im ersten Jahr $k_0 \cdot p/100$ Zinsen. Nach Ablauf des ersten Jahres ist der Betrag also auf $k_1 = k_0(1 + p/100)$ angewachsen. Den Klammerausdruck nennt man den **Aufzinsungsfaktor** r.

$$r = 1 + \frac{p}{100}$$

Somit ist $k_1 = k_0 r$. Am Ende des zweiten Jahres ist der Betrag auf $k_2 = k_1 r = k_0 r^2$ angewachsen und nach n Jahren auf $k_n = k_0 r^n$.

Zinseszins

$$k_n = k_0 \left(1 + \frac{p}{100}\right)^n$$

Beispiel
Ein anfänglicher Betrag von 1000 EUR erhöht sich bei einem Zinssatz von 5 % durch Zins und Zinseszins innerhalb von 20 Jahren auf 1000 EUR $\cdot (1 + 5/100)^{20}$ = 2653,30 EUR. Möchte man die Anzahl n_2 der Jahre wissen, nach denen sich ein anfänglicher Betrag durch Zins und Zinseszins verdoppelt hat, muss man die Gleichung

$$2k_0 = k_0\left(1+\frac{p}{100}\right)^{n_2}$$

nach n_2 auflösen und erhält

$$n_2 = \frac{\ln 2}{\ln(1+p/100)}.$$

Beispiel
Bei einem Zinssatz von 4 % verdoppelt sich der anfängliche Betrag alle $\ln 2/\ln(1 - 4/100) \approx 18$ Jahre.

Sind das Anfangskapital k_0, das Endkapital k_n und der Zinssatz p bekannt, so lässt sich daraus die Laufzeit n berechnen. Dazu muss die Zinseszinsformel nach n aufgelöst werden.

$$n = \frac{\ln(k_n/k_0)}{\ln(1+p/100)}$$

Ist der Endbetrag k_n bekannt, der bei einem Zinssatz von p Prozent nach n Jahren erreicht werden soll, so kann man daraus den Anfangsbetrag k_0 errechnen. Dies nennt man **Diskontierung**.

$$k_0 = \frac{k_n}{(1+p/100)^n}$$

Der Ausdruck $1/(1 + p/100)$ wird auch als **Abzinsungsfaktor** v bezeichnet.

Beispiel
Herr Meier hat Geld geerbt und möchte sich davon in fünf Jahren ein Auto zum Preis von 20000 EUR kaufen. Wie viel Geld muss er zu einem Zinssatz von 5 % anlegen, damit er nach fünf Jahren genau diesen Betrag auf dem Konto hat? Er muss $k_n/(1 + p/100)^n$ = 20 000 EUR/$(1 + 5/100)^5$ = 15 670,52 EUR anlegen.

7.3 Renten

Es gibt verschiedene Formen der Rente. Die wichtigste ist die **Zeitrente**, bei der eine Reihe von Zahlungen zu fest vereinbarten Zeitpunkten über eine bestimmte Anzahl von Jahren, der **Laufzeit**, erfolgt. Die einzelnen Zahlungen heißen **Raten**. Sie werden in der Regel **nachschüssig** oder **postnumerando** gezahlt, d. h. am Ende eines betrachteten Zeitraums. Seltener kommt auch die **vorschüssige** oder **pränumerando** Zahlung vor. Der **Endwert** einer Zeitrente ist der Betrag, auf den die gezahlten Raten am Ende der Laufzeit angewachsen wären, wenn man sie nicht ausgegeben, sondern zu p Prozent angelegt hätte. Der **Barwert** hingegen ist der Betrag, der am Anfang der Laufzeit zu zahlen wäre, wenn der Endwert der Rente durch eine einmalige Zahlung abgelöst werden soll.

Gibt man sein Geld nicht aus, so wachsen die am Ende jedes Jahres gezahlten Raten b einer nachschüssigen Rente nach der Zinseszinsformel während der Laufzeit von n Jahren immer weiter an. Die erste Rate hat am Ende der Laufzeit den Wert br^{n-1}, die zweite Rate den Wert br^{n-2}, die dritte br^{n-3} usw. Die letzte Rate ist am Ende der Laufzeit gerade erst gezahlt worden und hat deshalb den Wert b. Dabei steht r für den Aufzinsungsfaktor. Der Endwert s_n der Rente ist die Summe aller verzinsten Ratenwerte.

$$s_n = b + br + br^2 + \ldots + br^{n-1} = b \cdot \sum_{i=0}^{n-1} r^i$$

Dies ist eine geometrische Reihe (→ Kap. 14.11) und kann zusammengefasst werden zu

$$s_n = \frac{b(r^n - 1)}{r - 1}.$$

Der Barwert a_n der Rente ist der Betrag, der zu Anfang der Laufzeit von n Jahren zu zahlen wäre, wenn der Endwert s_n der Rente durch eine einmalige Zahlung abgelöst werden soll. Da sich natürlich auch der Barwert verzinsen würde, gilt $s_n = a_n r^n$ und damit

$$a_n = \frac{b(r^n - 1)}{r^n (r - 1)}.$$

Der Unterschied der vorschüssigen Rente zur nachschüssigen ist, dass jede Rate b ein Jahr länger verzinst wird. Folglich ist ihr Endwert $\bar{s}_n$ das

> **Endwert s_n und Barwert a_n einer nachschüssig gezahlten Rente**
>
> $$s_n = \frac{b(r^n - 1)}{r - 1}$$
>
> $$a_n = \frac{b(r^n - 1)}{r^n(r - 1)}$$
>
> $$r = 1 + \frac{p}{100}$$
>
> r-fache des Endwerts der nachschüssigen Rente.
>
> $$\bar{s}_n = rs_n = \frac{rb(r^n - 1)}{r - 1}$$
>
> Ihren Barwert $\bar{a}_n$ erhält man wieder durch die Diskontierung des Endwerts.
>
> $$\bar{a}_n = \frac{b(r^n - 1)}{r^{n-1}(r - 1)}$$

Beispiel
Eine nachschüssige Rente von 500 EUR pro Jahr hat bei 5 % Zinsen nach 10 Jahren einen Endwert von 500 EUR · $(1{,}05^{10} - 1)/(1{,}05 - 1)$ = 6288,95 EUR. Ihr Barwert beträgt 500 EUR · $(1{,}05^{10} - 1)/(1{,}05^{10}(1{,}05 - 1))$ = 3860,87 EUR.

7.4 Tilgung von Anleihen

Kredite werden häufig so zurückgezahlt, dass während der gesamten Tilgungsdauer jährlich der gleiche Betrag, die **Annuität** A, an den Kreditgeber gezahlt wird. Diese Annuität setzt sich aus zwei Teilen zusammen, dem Zinsteil Z und dem Tilgungsteil T. Es ist also $A = Z + T$. Das Verhältnis von Zinsteil zu Tilgungsteil bleibt nicht während der gesamten Tilgungsdauer gleich, sondern der Tilgungsteil wird umso größer, je mehr schon vom Kredit getilgt ist.

Am Ende des ersten Jahres sind für die **Schuldsumme** S, für die ein Zinswert von p Prozent vereinbart ist, $S \cdot p/100$ Zinsen fällig. Von der gezahlten Annuität A ist darum ein Anteil von $T_1 = A - S \cdot p/100$ von der Schuldsumme getilgt worden. Am Ende des ersten Jahres beträgt die Schuld somit nur noch $S_1 = S - T_1$. Am Ende des zweiten Jahres müssen für die kleinere Schuld nur noch Zinsen von $S_1 \cdot p/100$ gezahlt werden, und von der Annuität bleibt ein Anteil von

$$T_2 = A - S_1 \frac{p}{100}$$

$$= A - (S - T_1)\frac{p}{100}$$

$$= A - S\frac{p}{100} + T_1\frac{p}{100}$$

$$= T_1 + T_1\frac{p}{100}$$

$$= T_1 r$$

für die Tilgung, wobei mit r der Aufzinsungsfaktor $r = 1 + p/100$ gemeint ist. Am Ende des n-ten Jahres beträgt die Tilgungssumme $T_n = T_1 r^{n-1}$. Addiert man alle Tilgungssummen von n Jahren auf, erhält man $T = T_1(r^n - 1)/(r - 1)$. Die Schuld ist abbezahlt, wenn die gesamte Tilgung T gleich der Schuld S ist.

Setzt man die Gesamttilgung T gleich der Schuld S und löst die Gleichung nach n auf, erhält man die Anzahl n der Jahre, die man zum Tilgen der Schuld benötigt.

Tilgungsformel

$$T = T_1 \cdot \frac{r^n - 1}{r - 1}$$

$$n = \frac{\ln((r-1) \cdot S / T_1 + 1)}{\ln r}$$

In der Regel wird nicht die Tilgung des ersten Jahres angegeben, sondern der **Tilgungssatz** des ersten Jahres t_1. Wenn t_1 in Prozent angegeben wird, gilt $T_1 = S \cdot t_1/100$ und damit

$$n = \frac{\ln(p/t_1 + 1)}{\ln r}.$$

Beispiel

Das Ehepaar Meier nimmt für den Bau eines Hauses ein Darlehen von 200000 EUR auf. Bei einem Zinssatz von 6 % und einer anfänglichen Tilgung von 1 % dauert es 33,4 Jahre, bis sie das Darlehen zurückgezahlt haben.

8 Planimetrie

Neben dem Zählen und den vier Grundrechenarten gehört die Geometrie zu den ältesten mathematischen Disziplinen. Schon vor Jahrtausenden mussten die Menschen Fragen beantworten wie »Wie groß ist mein Acker?« oder »Wie viel Zaun brauche ich, um meine Weide zu umfrieden?« oder »Wie kann ich mein Land gerecht unter meinen Erben verteilen?«. Fragen dieser Art werden durch die Planimetrie (griech., Flächenmessung) beantwortet. Sie ist das Teilgebiet der Geometrie (griech., Erdmessung), das sich mit maximal zweidimensionalen Gebilden befasst, die alle in einer Ebene liegen.

8.1 Punkt, Gerade, Strahl und Strecke

Ein **Punkt** A ist ein nulldimensionales Gebilde. Er hat eine bestimmte Position in der Ebene, aber keine Ausdehnung. Sein Durchmesser ist 0. Geraden, Strahlen und Strecken sind eindimensionale Gebilde. Sie haben in einer Dimension eine Ausdehnung, aber in der zweiten Dimension, senkrecht zur ersten, keine Ausdehnung. Das heißt, sie haben eine von 0 verschiedene Länge, aber die Breite 0.

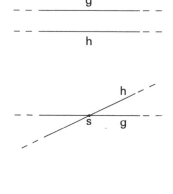

Abb. 23: Parallele Geraden g und h (oben), sich scheidende Geraden g und h mit dem Schnittpunkt S (Mitte) und zusammenfallende Geraden g und h (unten).

Eine **Gerade** g ist unendlich lang und hat keinen Anfang und kein Ende. Sie ist durch zwei verschiedene Punkte, die auf ihr liegen, eindeutig festgelegt.

Zwei Geraden g und h einer Ebene haben entweder keinen Punkt, einen Punkt oder alle Punkte gemeinsam. Haben sie keinen Punkt gemeinsam, so nennt man sie parallele Geraden oder kurz **Parallelen**. Haben sie genau einen Punkt gemeinsam, so heißt dieser gemeinsame Punkt **Schnittpunkt** S. Wenn sie alle Punkte gemeinsam haben, so fallen die beiden Geraden zusammen.

Ein **Strahl** enthält genau die Punkte einer Geraden, die auf derselben Seite von einem Punkt A dieses Strahls liegen. Der Punkt A selbst gehört auch zum

Strahl. Ein Strahl ist also ein eindimensionales Gebilde, das in einem Punkt A beginnt und unendlich lang ist.

Eine **Strecke** enthält alle die Punkte einer durch die Punkte A und B laufenden Geraden, die zwischen diesen beiden Punkten liegen. Die Punkte A und B selbst gehören auch zur Strecke. Eine Strecke ist also ein eindimensionales Gebilde, das einen Anfangspunkt und einen Endpunkt hat und endlich lang ist. Eine Strecke wird durch ihre Endpunkte als AB geschrieben. Alternativ nimmt man auch kleine lateinische Buchstaben zur Bezeichnung einer Strecke. Die Länge der Strecke AB wird als |AB| geschrieben. Stellt man die Strecke durch einen Kleinbuchstaben dar, so steht dieser gleichzeitig auch für die Länge der Strecke.

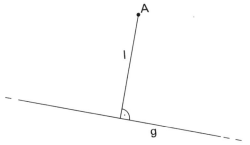

Abb. 24: Lot l vom Punkt A auf die Gerade g.

Die kürzeste Verbindung eines Punkt A zu einer Geraden g, die A nicht enthält, heißt das **Lot** l von A auf g. Das Lot l ist eine Strecke und steht immer senkrecht auf g.

8.2 Abstände und geometrische Örter

Der Abstand zwischen zwei Punkten P und Q ist genau gleich der Länge der Strecke PQ. Fallen die beiden Punkte P und Q zusammen, so haben sie den Abstand 0. Ein Punkt P hat von einer Geraden g einen Abstand, der der Länge des Lotes von P auf g entspricht. Der Abstand zwischen zwei parallelen Geraden g und h entspricht dem Abstand eines beliebigen Punktes von g zur Geraden h. Fallen die beiden Geraden g und h zusammen, so haben sie den Abstand 0. Zwischen zwei einander schneidenden Geraden ist der Abstand nicht definiert.

Ein **geometrischer Ort** ist eine Menge aller Punkte, die eine bestimmte Eigenschaft besitzen. Alle anderen Punkte gehören nicht dazu.

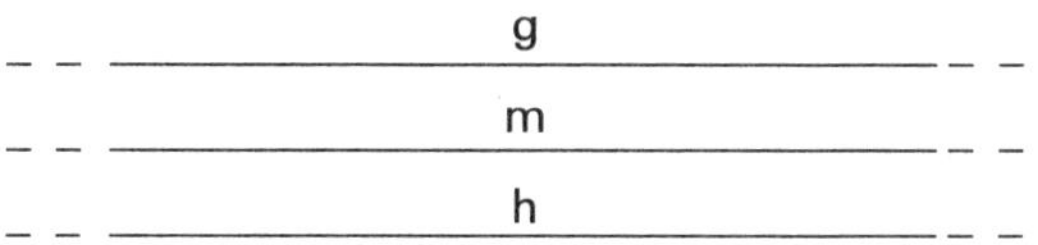

So ist beispielsweise der geometrische Ort aller Punkte, die von

Abb. 25: Der geometrische Ort aller Punkte, die von einem Parallelenpaar g und h den gleichen Abstand haben, ist die Mittelparallele m.

einem Parallelenpaar *g* und *h* den gleichen Abstand haben, die Mittelparallele *m*.

8.3 Winkel

Von zwei Strahlen *a* und *b*, die beide vom Punkt S ausgehen, kann der eine Strahl *a* durch eine Drehung um den Punkt S mit dem anderen zur Deckung gebracht werden. Die Größe der erforderlichen Drehung nennt man Winkel zwischen *a* und *b* und schreibt ihn kurz als ∡(*a*,*b*). Dabei gilt als positiver Drehsinn der Gegenuhrzeigersinn. Es ist also zu unterscheiden zwischen ∡(*a*,*b*) und ∡(*b*,*a*).

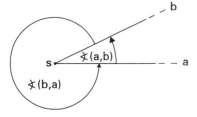

Abb. 26: Definition eines Winkels.

Den Punkt S nennt man den **Scheitel** und die beiden Strahlen die **Schenkel** des Winkels. Liegen auf den beiden Strahlen *a* und *b* die Punkte *A* bzw. *B*, so kann man den Winkel ∡(*a*,*b*) auch als ∡*ASB* schreiben. Der mittlere der drei Buchstaben gibt immer den Scheitel an. Häufig werden Winkel auch einfach mit kleinen griechischen Buchstaben bezeichnet.

Winkel werden nach ihrer Größe in mehrere Klassen eingeteilt. Entspricht ein Winkel weniger als einem Viertelkreis, nennt man ihn spitz. Ist er hingegen genau einen Viertelkreis groß, so spricht man von einem rechten Winkel. Winkel, die größer als ein Viertelkreis, aber kleiner als ein Halbkreis sind, heißen stumpfe Winkel, und Winkel, die genau einem Halbkreis entsprechen, gestreckte Winkel. Ein Vollwinkel entspricht einem Kreis. Winkel, die größer sind als ein

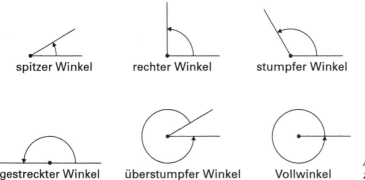

Abb. 27: Klassifizierung der Winkel.

gestreckter, aber kleiner als ein Vollwinkel, werden als überstumpfe Winkel bezeichnet.

Um die Größe eines Winkels ∡(a,b) angeben zu können, schlägt man um den Scheitel einen Kreisbogen, der vom Strahl a zum Strahl b verläuft. Der Quotient aus der Bogenlänge l und des Radius r des Kreises ist die Größe des Winkels α.

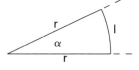

Abb. 28: Größe $\alpha = l/r$ eines Winkels.

Da der Kreisumfang $2\pi r$ beträgt (s. Kap. 8.11), hat ein Vollwinkel eine Größe von $2\pi r$. Somit beträgt ein gestreckter Winkel π und ein rechter Winkel $\pi/2$. Diese Art, die Größe eines Winkels anzugeben, nennt man Bogenmaß. Manchmal fügt man der Winkelangabe die Maßeinheit »Radiant«, abgekürzt »rad« hinzu. Dies ist eigentlich völlig überflüssig und sollte möglichst vermieden werden.

Die Zahl $\pi/180 = 0{,}01745$ wird häufig durch das Symbol ° abgekürzt. Damit hat dann ein Vollwinkel einen Wert von 360°, ein gestreckter Winkel von 180° und ein rechter Winkel von 90°. Der Faktor ° wird Grad genannt, und wenn man Winkel durch Vielfache dieses Faktors Grad ausdrückt, spricht man auch vom Gradmaß.

Umrechnung vom Gradmaß in das Bogenmaß

$$° = \frac{\pi}{180} \approx 0{,}01745$$

Um einen Winkel vom Gradmaß in das Bogenmaß umzurechnen, braucht man also nur den Faktor ° durch $\pi/180$ zu ersetzen.

Beispiel
$30° = 30 \cdot \pi/180 = \pi/6$

Um umgekehrt einen Winkel vom Bogenmaß ins Gradmaß umzurechnen, schreibt man die Gleichung $° = \pi/180$ zu $1 = 180°/\pi$ um und multipliziert den Winkel damit.

Beispiel
$\pi/4 = (\pi/4) \cdot 1 = (\pi/4) \cdot (180°/\pi) = 45°$

Die Bruchteile eines Grades werden manchmal nicht als Dezimalbrüche geschrieben, sondern durch Minuten (') und Sekunden (") ausgedrückt.

Dabei ist eine Minute der sechzigste Teil eines Grades und eine Sekunde der sechzigste Teil einer Minute. Ein Grad hat folglich 3600 Sekunden.

$$1° = 60' = 3600''$$

In der Vermessungstechnik werden Winkel auch in Vielfache von Gon (Neugrad) angegeben. Das Zeichen hierfür ist gon. Dabei ist gon die Abkürzung für den Faktor $\pi/200 \approx 0{,}01571$. Ein rechter Winkel hat folglich gerade 100 gon.

Berechnet man mit einem Taschenrechner Winkel und Winkelfunktionen, muss man ihn vorher auf das richtige Winkelmaß stellen. Dabei wird auf Taschenrechnern das Bogenmaß meistens mit RAD, das Gradmaß mit DEG oder DGR und das Gonmaß mit GRAD abgekürzt.

Zu jedem Winkel gibt es einen **Komplementwinkel** α_K und einen **Supplementwinkel** α_S, so dass $\alpha + \alpha_K = 90°$ und $\alpha + \alpha_S = 180°$ sind.

8.4 Winkel an sich schneidenden Geraden

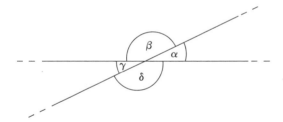

Abb. 29: Winkel an sich schneidenden Geraden.

Schneiden sich in einer Ebene zwei Geraden, so entstehen vier Winkel. Der dabei einem Winkel gegenüberliegeÓde Winkel heißt **Scheitelwinkel** und ein Winkel, der neben einem anderen Winkel liegt, heißt **Nebenwinkel**.

In der Abbildung 29 sind also α und γ ein Paar von Scheitelwinkeln. Das zweite Paar von Scheitelwinkeln bilden β und δ. Die beiden Scheitelwinkel eines Paares sind immer gleich groß. Nebenwinkelpaare gibt es vier: α und β, β und γ, γ und δ, δ und α. Jedes Nebenwinkelpaar hat zusammen eine Größe von 180°. Der Nebenwinkel ist also immer der Supplementwinkel eines Winkels. Sind die beiden Winkel eines Nebenwinkelpaares je 90° groß, so nennt man die beiden Geraden orthogonal, normal oder senkrecht zueinander.

Werden zwei parallele Geraden von einer dritten Gerade geschnitten, so entstehen acht Winkel, von denen jeweils vier die gleiche Größe haben.

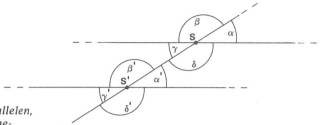

Abb. 30: Winkel an Parallelen, die von einer Geraden geschnitten werden.

Die vier Winkel am Scheitel S bilden Paare von Scheitelwinkeln und Nebenwinkeln. Das Gleiche gilt auch für den Scheitel S'. Winkel, die verschiedene Scheitel S und S' haben, aber deren Schenkel paarweise gleichgerichtet sind, nennt man **Stufenwinkel**. Winkel hingegen, die verschiedene Scheitel S und S' haben, deren Schenkel jedoch paarweise entgegengesetzt gerichtet sind, heißen **Wechselwinkel**, und Winkel mit verschiedenen Scheiteln, bei denen ein Schenkelpaar gleichgerichtet und das andere entgegengesetzt gerichtet ist, **entgegengesetzte Winkel**. Alle Stufenwinkel sind untereinander gleich und auch alle Wechselwinkel sind einander gleich. Jedes Paar entgegengesetzter Winkel ergänzt sich zu 180°.

In der Abbildung 30 gibt es vier Paare von Stufenwinkeln, nämlich α und α', β und β', γ und γ', δ und δ'. Außerdem findet man in der Zeichnung vier Paare von Wechselwinkeln: α und γ', β und δ', γ und α', δ und β'. Paare von entgegengesetzten Winkeln gibt es acht. Eines davon ist α und β'.

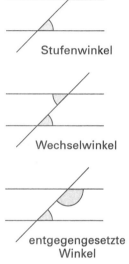

Abb. 31: Klassifizierung der Winkel an geschnittenen Parallelen.

8.5 Dreiecke

Drei nicht auf einer Geraden liegende Punkte lassen sich durch drei Strecken miteinander verbinden. Die dabei entstehende Figur heißt **Dreieck**. Die drei Punkte werden **Ecken** genannt und im Gegenuhrzeigersinn mit A, B und C bezeichnet. Die drei Strecken heißen **Seiten** des Dreiecks. Man bezeichnet sie üblicherweise mit den Kleinbuchstaben a, b und c, und zwar so, dass eine Ecke und die ihr gegenüberliegende Seite den gleichen Buchstaben erhalten. Das heißt also, dass beispielsweise der Ecke A die Seite a gegenüberliegt. Die Winkel, die die Seiten im Inneren des Dreiecks bilden, heißen **Innenwinkel** und werden so mit kleinen griechischen Buchstaben bezeichnet, dass der Winkel α den Scheitel A hat, der Winkel β den Scheitel B und der Winkel γ den Scheitel C. Das Dreieck selbst wird nach seinen Ecken $\triangle ABC$ genannt.

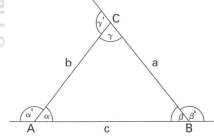

Verlängert man die Seiten eines Dreieck zu Geraden, so entstehen an jeder Ecke noch drei weitere Winkel, die jeweils Neben- und Scheitelwinkel der Innenwinkel sind. Die Nebenwinkel der Innenwinkel des Dreiecks heißen **Außenwinkel** α', β' und γ'.

Abb. 32: Bezeichnungen am Dreieck.

Ein Dreieck ist **gleichschenklig**, wenn zwei seiner Seiten gleich lang sind. Diese Seiten heißen **Schenkel**. Die dritte Seite wird dabei als **Basis** bezeichnet. Sind alle drei Seiten eines Dreiecks gleich lang, so nennt man das Dreieck **gleichseitig**.

Ein Dreieck wird spitzwinklig genannt, wenn alle Innenwinkel spitz sind. Beträgt einer der Winkel 90°, spricht man von einem rechtwinkligen Dreieck, und ist einer der Winkel stumpf, von einem stumpfwinkligen Dreieck. In einem rechtwinkligen Dreieck wird die Seite, die dem rechten Winkel gegenüberliegt, **Hypotenuse** genannt und die anderen beiden Seiten werden als **Katheten** bezeichnet (→ Abb. 33)

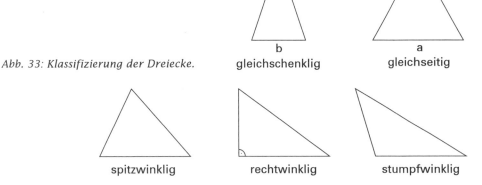

Abb. 33: Klassifizierung der Dreiecke.

Man kann von einem beliebigen Eckpunkt eines Dreiecks zu einem anderen Eckpunkt entlang seiner Seiten immer auf zwei verschiedenen Wegen gelangen: entweder direkt entlang der die beiden Punkte verbindenden Seite oder entlang der beiden anderen Seiten über den dritten Eckpunkt. Weil die kürzeste Verbindung zweier Punkte immer die Strecke zwischen den beiden Punkten ist, ist der direkte Weg auf jeden Fall kürzer. Das heißt, $a < b + c$, $b < a + c$ und $c < b + a$. Diese Ungleichungen lassen sich umformen zu $a > |b - c|$, $b > |a - c|$ und $c > |a - b|$. Die Betragstriche sind notwendig, weil die Seiten positive Zahlen sind.

Dreiecksungleichungen
Im Dreieck ist die Summe zweier Seiten stets größer als die dritte Seite.
Im Dreieck ist die Differenz zweier Seiten stets kleiner als die dritte Seite.

Wird in einem Dreieck eine Parallele g zur Seite c durch den Punkt C gezogen, so entsteht an der Parallelen bei C ein gestreckter Winkel, der durch die beiden Dreiecksseiten b und c in die drei Teilwinkel $\bar{\alpha}$, γ und $\bar{\beta}$ zerlegt wird. Es gilt also $\bar{\alpha} + \gamma + \bar{\beta} = 180°$.
Die beiden Parallelen c und g werden von a und b geschnitten. Darum sind α und $\bar{\alpha}$ Wechselwinkel und folglich gleich groß. Auch β und $\bar{\beta}$ sind Wechselwinkel und gleich groß. Somit ist in jedem Dreieck $\alpha + \beta + \gamma = 180°$. Da jeder Außenwinkel ein Nebenwinkel eines Innenwinkels ist, gilt $\alpha + \bar{\alpha} = 180°$, $\beta + \bar{\beta} = 180°$ und $\gamma + \bar{\gamma} = 180°$.
Addiert man die drei Gleichungen, so erhält man $(\alpha + \beta + \gamma) + (\alpha' + \beta' + \gamma') = 540°$. Da $\alpha + \beta + \gamma = 180°$ beträgt, so

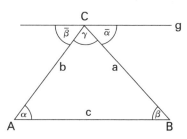

Abb. 34: Winkel an einem Dreieck mit einer Parallelen zur Seite c durch die Ecke C.

Im Dreieck beträgt die Summe der Innenwinkel stets 180°.

kann man dies von beiden Seiten der Gleichung abziehen und es bleibt $\alpha' + \beta' + \gamma' = 360°$.

Da sich ein Innenwinkel und der dazugehörige Außenwinkel zu 180° ergänzen, aber auch dieser Innenwinkel

Im Dreieck beträgt die Summe der Außenwinkel stets 360°

> Im Dreieck ist jeder Außenwinkel stets so groß wie die Summe der beiden nicht anliegenden Innenwinkel.

zusammen mit den beiden anderen Innenwinkeln 180° ergibt, ist jeder Außenwinkel stets so groß wie die Summe der beiden nicht anliegenden Innenwinkel.

In jedem Dreieck liegt der längeren von zwei Seiten auch stets der größere Winkel gegenüber. Außerdem liegen gleich langen Seiten auch gleich große Winkel gegenüber. Dies bedeutet beispielsweise, dass beim gleichschenkligen Dreieck die beiden Winkel an der Basis gleich groß sind, und dass beim gleichseitigen Dreieck alle Winkel gleich groß sind und somit 180°/3 = 60° betragen.

Unter der **Kongruenz** oder der **Deckungsgleichheit** von geometrischen Figuren versteht man die völlige Übereinstimmung von ihrer Größe und ihrer Form. Zwei kongruente Figuren können also durch Drehung, Verschiebung und Spiegelung ineinander überführt werden. Ist die Spiegelung nicht notwendig, um die Figuren ineinander zu überführen, so spricht man von einer **gleichsinnigen Kongruenz**, ist sie hingegen notwendig, von einer **gegensinnigen Kongruenz**.

Beispiel

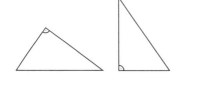

Abb. 35: Gleichsinnig kongruente Dreiecke (oben) und gegensinnig kongruente Dreiecke (unten).

In der Abbildung 35 sind die beiden oberen Dreiecke gleichsinnig kongruent und die beiden unteren Dreiecke gegensinnig kongruent.

Um zu zeigen, dass zwei Dreiecke kongruent sind, braucht man nicht sämtliche Winkel und Seiten auf Gleichheit zu überprüfen. Man kommt schon mit weniger Größen aus. Es gibt vier Kongruenzsätze, die meistens mit einer Kombination von drei Buchstaben bezeichnet werden (W = Winkel, S = Seite).

Kongruenzsätze für Dreiecke

WSW: Dreiecke sind kongruent, wenn sie in der Länge einer Seite und der Größe der beiden anliegenden Innenwinkel übereinstimmen. (→ Seite 97)

> **Kongruenzsätze für Dreiecke** (*Fortsetzung*)
> SWS: Dreiecke sind kongruent, wenn sie in zwei Seiten und dem dazwischenliegenden Innenwinkel übereinstimmen.
> SSS: Dreiecke sind kongruent, wenn sie in den Längen der drei Seiten übereinstimmen.
> SsW: Dreiecke sind kongruent, wenn sie in zwei Seiten und dem Innenwinkel übereinstimmen, der der größeren dieser beiden Seiten gegenüberliegt.

Eine **Transversale** eines Dreiecks ist eine Gerade, die das Dreieck schneidet. Eine **Mittelsenkrechte** ist eine Transversale, die eine Seite des Dreiecks in ihrem Mittelpunkt senkrecht schneidet.

Jeder Punkt auf der Mittelsenkrechten einer Seite ist von ihren beiden Eckpunkten immer gleich weit entfernt. Der Schnittpunkt M der Mittelsenkrechten von zwei Dreiecksseiten ist folglich von allen drei Eckpunkten gleich weit entfernt. Deshalb muss auch die Mittelsenkrechte der dritten Seite durch diesen Schnittpunkt M laufen. Man bezeichnet M als den **Mittelpunkt** des Dreiecks.

> Die Mittelsenkrechten aller drei Seiten schneiden sich in einem Punkt, den man als den Mittelpunkt M des Dreiecks bezeichnet.

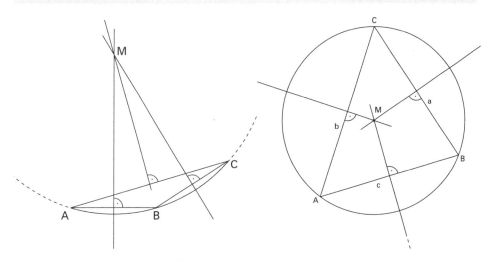

Abb. 36: Mittelsenkrechten der Dreiecksseiten und Mittelpunkt und Umkreis eines spitzwinkligen und eines stumpfwinkligen Dreiecks.

Da M von allen drei Ecken gleich weit entfernt liegt, kann man einen Kreis mit dem Radius $r = |MA| = |MB| = |MC|$ schlagen, der durch die drei Eckpunkte des Dreiecks läuft, aber ansonsten vollständig außerhalb des Dreiecks liegt. Dieser Kreis heißt **Umkreis** des Dreiecks.

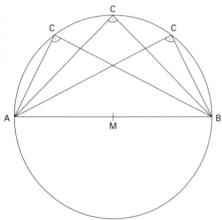

Abb. 37: Rechtwinklige Dreiecke im Thaleskreis.

Bei spitzwinkligen Dreiecken liegt der Mittelpunkt innerhalb des Dreiecks und bei stumpfwinkligen Dreiecken außerhalb. Bei rechtwinkligen Dreiecken liegt der Mittelpunkt des Dreiecks auf der Mitte der Hypotenuse. Da also der Umkreis eines rechtwinkligen Dreiecks die Hypotenuse zum Durchmesser hat, müssen die rechtwinkligen Ecken aller rechtwinkligen Dreiecke mit derselben Hypotenuse auf demselben Umkreis liegen. Diese Entdeckung wird dem griechischen Mathematiker Thales von Milet (um 624–548/545 v. Chr.) zugeschrieben, und deshalb heißt der Umkreis des rechtwinkligen Dreiecks auch **Thaleskreis**.

> **Satz des Thales**
>
> Der Scheitel des rechten Winkels aller rechtwinkligen Dreiecke, die eine feste Strecke AB als Hypotenuse haben, liegt auf einem Kreis, der die Strecke AB zum Durchmesser hat.

Die Transversale, die durch eine Ecke A des Dreiecks läuft und die die Gerade, die durch die beiden anderen Ecken B und C läuft, senkrecht schneidet, heißt **Höhe** h_a des Dreiecks. Die drei Höhen h_a, h_b und h_c eines Dreiecks schneiden einander stets in einem Punkt H, der Höhenschnittpunkt genannt wird.

Der **Höhenschnittpunkt** H liegt bei spitzwinkligen Dreiecken immer innerhalb und bei stumpfwinkligen immer außerhalb der Figur. Bei rechtwinkligen Dreiecken ist die rechtwinklige Ecke gleichzeitig der Höhenschnittpunkt und die Katheten sind zwei der Höhen. Beim gleichschenkligen Dreieck ist die Mittelsenkrechte der Basis gleichzeitig auch die Höhe auf die Basis. Beim gleichseitigen Dreieck fallen alle drei Mittelsenkrechten mit den Höhen zusammen und damit ist auch der Mittelpunkt gleich dem Höhenschnittpunkt.

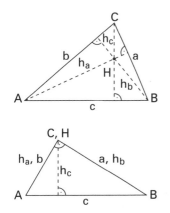
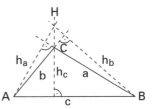

Abb. 38: Spitzwinkliges, rechtwinkliges und stumpfwinkliges Dreieck mit den Höhen.

Die **Seitenhalbierenden** s_a, s_b und s_c verbinden die Seitenmittelpunkte eines Dreiecks mit den gegenüberliegenden Ecken.

> Die drei Seitenhalbierenden schneiden einander stets in einem Punkt, der Schwerpunkt S genannt wird. Dieser Punkt teilt jede Seitenhalbierende im - Verhältnis 2:1.

Um dies zu beweisen, werden die Strahlensätze (s. Kap. 8.8) angewandt. Da der Punkt E die Seite AC und der Punkt D die Seite BC halbiert, muss die Strecke ED parallel zur Seite AB verlaufen und halb so lang sein. Folglich gilt auch |SA| : |SD| = |SB| : |SE| = |AB| : |ED| = 2 : 1. Das Gleiche

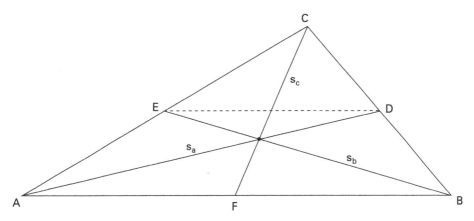

Abb. 39: Dreieck mit den Seitenhalbierenden s_a, s_b und s_c.

lässt sich auch für die beiden Seitenhalbierenden CF und BE beweisen. Diese müssen sich im selben Punkt S schneiden, denn es kann nur einen Punkt geben, der BE von B aus im Verhältnis 2:1 teilt.

Die Strecken, die von einer Ecke eines Dreiecks zur gegenüberliegenden Seite verlaufen und dabei den Winkel an der Ecke halbieren, heißen **Winkelhalbierende**. Jeder Punkt auf einer Winkelhalbierenden hat von den beiden Schenkeln des Winkels, den sie teilt, immer den gleichen Abstand. Der Schnittpunkt von *zwei* Winkelhalbierenden eines Dreiecks hat also von allen *drei* Seiten den gleichen Abstand. Folglich muss auch die dritte Winkelhalbierende durch diesen Punkt laufen.

Die drei **Winkelhalbierenden** w_α, w_β und w_γ der Innenwinkel eines Dreiecks schneiden sich in einem Punkt O.
Zeichnet man das Lot vom Schnittpunkt O der Winkelhalbierenden auf die drei Seiten, erhält man die Punkte D, E und F. Um den Punkt O lässt sich ein Kreis mit dem Radius $\rho = |SD| = |SE| = |SF|$ schlagen, der **Inkreis** des Dreiecks genannt wird, und die drei Dreiecksseiten in den Punkten D, E und F berührt. Der Inkreis verläuft, abgesehen von den drei Berührpunkten mit den Seiten, vollständig im Inneren des Dreiecks.

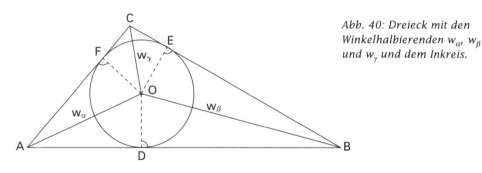

Abb. 40: Dreieck mit den Winkelhalbierenden w_α, w_β und w_γ und dem Inkreis.

Verlängert man die Winkelhalbierenden w_α, w_β und w_γ eines Dreiecks und zeichnet man Geraden $w_{\alpha'}$, $w_{\beta'}$ und $w_{\gamma'}$, die die Außenwinkel halbieren, so gibt es drei Schnittpunkte M_a, M_b und M_c, in denen sich je eine Innenwinkelhalbierende und zwei Außenwinkelhalbierende treffen. Diese Punkte sind die Mittelpunkte der **Ankreise**, die jeweils eine Seite des Dreiecks und die Verlängerungen der beiden anderen Dreiecksseiten berühren.

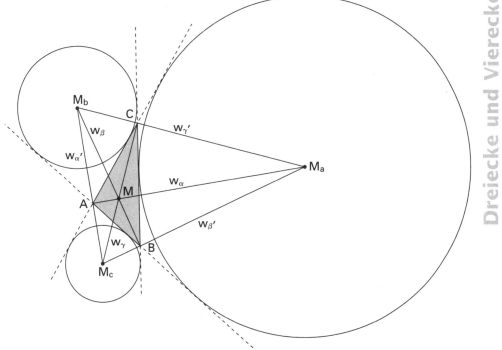

Abb. 41: Dreieck mit den Innenwinkelhalbierenden w_α, w_β und w_γ und den Außenwinkelhalbierenden $w_{\alpha'}$, $w_{\beta'}$ und $w_{\gamma'}$ und den Ankreisen.

8.6 Vierecke

Ein Viereck besteht aus vier Punkten, von denen keine drei auf einer Geraden liegen, und sechs Strecken, die diese Punkte untereinander verbinden. Durch die Lage der vier Punkte allein ist das Viereck noch nicht eindeutig definiert. Zusätzlich muss noch festgelegt werden, welche vier Strecken die Seiten des Vierecks bilden. Die beiden übrigen Strecken, die keine Seiten sind, werden **Diagonalen** genannt.
Meistens setzt man voraus, dass als Seiten gerade die Strecken gewählt werden, die ein **konvexes Viereck** ergeben, d. h. ein Viereck, bei dem keine der sechs Strecken außerhalb des Vierecks verläuft. Dies muss aber nicht so sein und ist manchmal auch gar nicht möglich. Ein Viereck kann auch konkav sein, also eine einspringende Ecke besitzen, oder seine Seiten können sich überschlagen.

Abb. 42: Konvexes Viereck (links) und konkave Vierecke (rechts und unten).

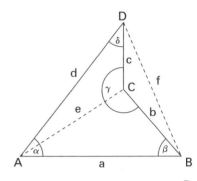

In der Regel bezeichnet man die Ecken eines Vierecks gegen den Uhrzeigersinn laufend mit A, B, C und D und die dazugehörigen Innenwinkel mit α, β, γ und δ. Außerdem setzt man die Seiten AB = a, BC = b, CD = c und DA = d und die Diagonalen AC = e und BD = f.

Ein konvexes Viereck und ein Viereck mit einer einspringenden Ecke A oder C werden durch die Diagonale e in zwei Dreiecke zerlegt. Die Summe der Innenwinkel

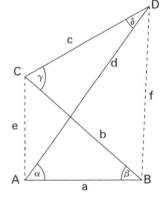

eines Vierecks entspricht der Summe der Innenwinkel dieser beiden Dreiecke. Folglich beträgt die Summe der Innenwinkel dieser Dreieck 2 · 180° = 360°. Beim überschlagenen Viereck kann die Summe der Innenwinkel beliebig klein werden.

Für die konvexen Vierecke sind je nach den Beziehungen ihrer Seiten und Innenwinkel zueinander eine Reihe spezieller Namen gebräuchlich.

> Bei allen nichtüberschlagenen Vierecken beträgt die Summe der Innenwinkel stets 360°.

Trapezoid:	Keine besonderen Eigenschaften
Trapez:	Ein Paar paralleler Seiten
Gleichschenkliges Trapez:	Ein Paar paralleler Seiten, ein Paar gleich langer gegenüberliegender Seiten und zwei Paare von benachbarten gleich großen Innenwinkeln

Drachenviereck (Deltoid): Zwei Paare gleich langer benachbarter Seiten
Parallelogramm (Rhomboid): Zwei Paare paralleler Seiten
Rhombus (Raute): Alle Seiten sind gleich lang
Rechteck: Alle Innenwinkel betragen 90°
Quadrat: Alle Seiten sind gleich lang und alle Innenwinkel betragen 90°

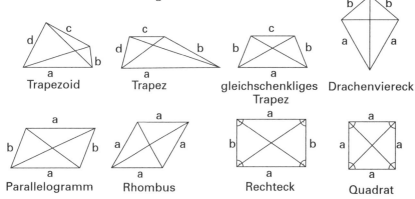

Abb. 43: Klassifizierung der Vierecke.

Ein Viereck kann durchaus mehreren Gruppen angehören. So ist beispielsweise jeder Rhombus auch ein Parallelogramm, ein Trapez, ein Drachenviereck und ein Trapezoid. Die Umkehrung gilt jedoch nicht: Nicht jedes Trapezoid ist auch ein Rhombus (→ Abb. 44, S. 104).

Es gibt eine Reihe von besonderen Eigenschaften, die die speziellen Vierecke aufweisen. Sie sind im Folgenden immer für die allgemeinste Form beschrieben, gelten aber auch natürlich für seine speziellen Formen. So sind alle Sätze, die beispielsweise für Parallelogramme gelten, auch für Rhomben, Rechtecke und Quadrate gültig.

Im **Parallelogramm** halbieren sich die Diagonalen. Benachbarte Winkel ergänzen sich zu 180° und gegenüberliegende Winkel sind gleich groß. Die Lote von den Ecken auf die jeweils gegenüberliegenden Seiten oder ihre Verlängerungen heißen Höhen. Es gibt acht Höhen h_1 bis h_8, die aber insgesamt nur maximal zwei verschiedene Längen haben.

Im **Rhombus** stehen die Diagonalen senkrecht aufeinander und hal-

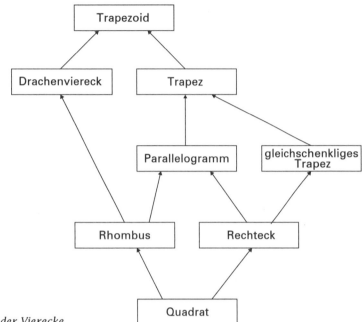

Abb. 44: Hierarchie der Vierecke.

bieren die Innenwinkel, so dass dadurch vier kongruente Dreiecke entstehen. Alle acht Höhen sind gleich lang (→ Abb. 46).
Im **Drachenviereck** stehen die Diagonalen senkrecht aufeinander (→ Abb. 47).

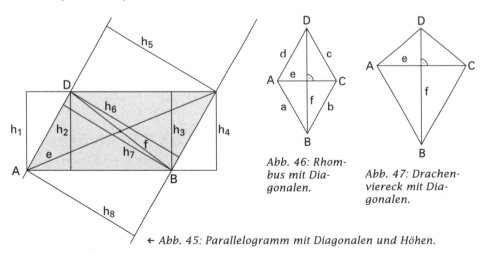

Abb. 46: Rhombus mit Diagonalen.

Abb. 47: Drachenviereck mit Diagonalen.

← Abb. 45: Parallelogramm mit Diagonalen und Höhen.

Im **gleichschenkligen Trapez** sind die Diagonalen gleich lang (→ Abb. 48).

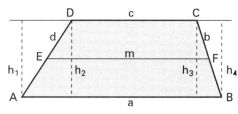

Abb. 48: Gleichschenkliges Trapez mit Diagonalen.

Die beiden parallelen Seiten eines **Trapezes** heißen Grundlinien und die beiden nichtparallelen Schenkel. Die Lote der Ecken auf die Grundseiten oder ihre Verlängerungen heißen Höhen. Es gibt vier Höhen h_1, h_2, h_3 und h_4, die alle die gleiche Länge haben. Die Linie im Trapez, die die Mittelpunkte E und F der beiden Schenkel miteinander verbindet, wird **Mittellinie** m genannt. Sie verläuft parallel zu den Grundseiten a und c und ist halb so lang wie die beiden Grundseiten zusammen.

Abb. 49: Trapez mit Mittellinie m und Höhen.

$$m = \frac{a+c}{2}$$

Die Innenwinkel, die am gleichen Schenkel des Trapezes liegen, ergänzen sich jeweils zu 180°.

8.7 Polygone

Ebene Figuren, die aus einem geschlossenen Zug von Strecken bestehen, heißen Vielecke oder Polygone (griech., Vieleck). Sie werden in der Regel nach der Anzahl n ihrer Ecken als n-Ecke bezeichnet. Die einfachsten Polygone sind die Dreiecke und Vierecke.

 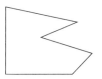

Abb. 50: Konvexes Polygon (links) und konkave Polygone (Mitte und rechts).

Verläuft jede Verbindungsstrecke von zwei Punkten des Polygons vollständig in seinem Inneren, nennt man das Polygon konvex, andernfalls ist es konkav. Konkave Polygone können einspringende Ecken haben oder, wenn sich der Streckenzug selbst schneidet, überschlagen sein.

Die Strecken des geschlossenen Streckenzuges heißen Seiten des Polygons. Strecken, die nichtbenachbarte Ecken verbinden, werden Diagonalen genannt. Jedes Polygon hat genau so viele Seiten wie Ecken. Von jeder der n Ecken eines Polygons kann man zu $(n-3)$ anderen Ecken eine Diagonale ziehen. Folglich gibt es in einem n-Eck gerade $n(n-3)/2$ Diagonalen. (Die Division durch 2 in der Gleichung ist notwendig, weil sonst jede Diagonale doppelt gezählt würde: Einmal von Ecke X zu Ecke Y und einmal von Y zu X.)

Ein n-Eck hat $\dfrac{n(n-3)}{2}$ Diagonalen.

Ein konvexes n-Eck wird durch die von einer Ecke ausgehenden Diagonalen in $(n-2)$ Dreiecke unterteilt. Daraus folgt, dass die Summe der Innenwinkel des n-Ecks gleich der Summe der Innenwinkel dieser $(n-2)$ Dreiecke ist. Folglich gilt:

Im konvexen n-Eck beträgt die Summe der Innenwinkel stets $(n-2) \cdot 180°$.

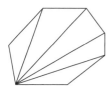

Abb. 51: Konvexes Polygon mit allen Diagonalen, die von einer Ecke ausgehen.

Regelmäßige Polygone haben lauter gleiche Seiten und lauter gleiche Innenwinkel. Die einfachsten regelmäßigen Polygone sind das gleichseitige Dreieck und das Quadrat. Die Innenwinkel eines regelmäßigen n-Ecks betragen $(n-2) \cdot 180°/n$.

Abb. 52: Regelmäßige n-Ecke mit Inkreisen und Umkreisen.

Jedes regelmäßige konvexe n-Eck hat einen Umkreis, der durch alle n Ecken läuft und ansonsten vollständig außerhalb des n-Ecks liegt. Verbindet man den Mittelpunkt M des Kreises mit den n Ecken, entstehen am Mittelpunkt n Winkel, die **Zentriwinkel** genannt werden und eine Größe von $360°/n$ haben. Neben dem Umkreis hat jedes regelmäßige n-Eck auch einen Inkreis, der alle n Seiten in ihren Mittelpunkten berührt und ansonsten vollständig innerhalb des n-Ecks liegt. Umkreis und Inkreis haben einen gemeinsamen Mittelpunkt.

Regelmäßige konvexe n-Ecke

Innenwinkel: $\dfrac{n-2}{n} \cdot 180°$

Zentriwinkel: $\dfrac{360°}{n}$

8.8 Ähnlichkeit

Zwei Figuren sind ähnlich, wenn sie die völlig gleiche oder spiegelbildlich gleiche Gestalt haben, aber nicht unbedingt die gleiche Größe. Einander entsprechende Strecken in ähnlichen Figuren nennt man **homologe Strecken**.

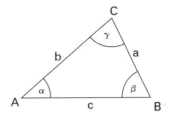
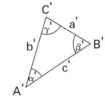

Abb. 53: Zwei ähnliche Dreiecke.

Das bedeutet, in ähnlichen Figuren sind die Längen von homologen Strecken alle um den gleichen Faktor vergrößert bzw. verkleinert. Alle einander entsprechenden Winkel sind gleich (→ Abb. 53). Sind beispielsweise bei den beiden Dreiecken $\triangle ABC$ und $\triangle A'B'C'$ die einander entsprechenden Winkel gleich, also: $\alpha' = \alpha$, $\beta' = \beta$ und $\gamma' = \gamma$, und für die Verhältnisse der homologen Seiten gilt $a'/a = b'/b = c'/c = k$, so sind die beiden Dreiecke ähnlich. Dies schreibt man kurz als $\triangle A'B'C'$ ~ $\triangle ABC$. Die für alle Streckenverhältnisse gleiche positive Konstante k wird **Ähnlichkeitsfaktor** genannt. Ist der Ähnlichkeitsfaktor $k > 1$, so ist das Dreieck $\triangle A'B'C'$ eine Vergrößerung des Dreiecks $\triangle ABC$, ist $k < 1$, ist es eine Verkleinerung, und ist $k = 1$, so sind die beiden Dreiecke kongruent.

Zwei ähnliche Figuren können immer so gedreht und gespiegelt werden, dass die homologen Strecken parallel zueinander verlaufen. Eine solche Lage der Figuren heißt **Ähnlichkeitslage**. Zieht man nun Geraden durch die einander entsprechenden Punkte zweier ähnlicher Figuren in Ähnlichkeitslage, so laufen alle diese Geraden durch einen gemeinsamen Punkt, der **Ähnlichkeitszentrum** S genannt wird. Zeichnet man anstelle von Geraden. Strahlen, die im Punkt S beginnen, so erhält man ein **Büschel** von Strahlen, die durch einander entsprechende Punkte laufen. Betrachtet man von ähnlichen Figuren in Ähnlichkeitslage nur einzelne homologe Strecken und das dazugehörige Strahlenbüschel, so gelangt man zu den drei Strahlensätzen.

Abb. 54: Zwei Fünfecke in Ähnlichkeitslage und ihr Ähnlichkeitszentrum S.

1. Strahlensatz

Werden Strahlen eines Büschels von Parallelen geschnitten, so stehen die ineinander entsprechenden Strahlenabschnitte im gleichen Verhältnis zueinander.

$$\frac{|SA_1|}{|SB_1|} = \frac{|SA_2|}{|SB_2|}$$

$$\frac{|A_1B_1|}{|SA_1|} = \frac{|A_2B_2|}{|SA_2|}$$

$$\frac{|A_1B_1|}{|SB_1|} = \frac{|A_2B_2|}{|SB_2|}$$

2. Strahlensatz

Werden Strahlen eines Büschels von Parallelen geschnitten, so stehen die ineinander entsprechenden Parallelenabschnitte im selben Verhältnis zueinander, wie die Strahlenabschnitte, die vom Ähnlichkeitszentrum zu den entsprechenden Parallelen verlaufen.

$$\frac{|SA_1|}{|SB_1|} = \frac{|A_1A_2|}{|B_1B_2|}$$

3. Strahlensatz

Werden Strahlen eines Büschels von Parallelen geschnitten, so stehen die Parallelenabschnitte zwischen zwei Strahlen im gleichen Verhältnis wie die entsprechenden Abschnitte derselben Parallelen zwischen zwei anderen Strahlen.

$$\frac{|A_1A_2|}{|B_1B_2|} = \frac{|A_2A_3|}{|B_2B_3|}$$

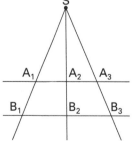

Abb. 55: Strahlenbüschel, das von zwei Parallelen geschnitten wird.

In der Definition der Ähnlichkeit wird die Gleichheit aller entsprechenden Winkel oder aller Verhältnisse einander entsprechender Strecken von zwei Figuren gefordert. In der Praxis braucht man aber nicht alle zu überprüfen, da bei bestimmten Figuren aus der Über-

einstimmung weniger Größen schon die Übereinstimmung der restlichen folgt.
Beispielsweise sind zwei Dreiecke ähnlich, wenn sie in zwei Winkeln übereinstimmen,

$$\alpha = \alpha' \quad \wedge \quad \beta = \beta'$$

oder wenn sie im Verhältnis zweier Seiten und dem von diesen Seiten eingeschlossenen Innenwinkel übereinstimmen,

$$\frac{a}{b} = \frac{a'}{b'} \quad \wedge \quad \gamma = \gamma',$$

oder wenn sie im Verhältnis zweier Seitenlängen und dem der größeren Seite gegenüberliegenden Winkel übereinstimmen,

$$\frac{a}{b} = \frac{a'}{b'} \quad \wedge \quad \alpha = \alpha' \text{ falls } a \geq b,$$

oder wenn sie in zwei Verhältnissen zweier Seitenlängen übereinstimmen,

$$\frac{a}{c} = \frac{a'}{c'} \quad \wedge \quad \frac{b}{c} = \frac{b'}{c'}.$$

8.9 Flächenberechnungen

Ein Quadrat der Seitenlänge 1 heißt Einheitsquadrat und hat den Flächeninhalt $A = 1$. Quadrate der Seitenlänge n kann man in n Streifen aus je n Einheitsquadraten zerlegen. Es hat folglich den Flächeninhalt von n^2 Einheitsquadraten, d. h. $A = n^2$.

Ein Rechteck der Seitenlängen m und n kann in m Streifen mit je n Einheitsquadraten unterteilt werden und hat deshalb einen Flächeninhalt von $A = mn$. Auch wenn die Seitenlängen der Quadrate und Rechtecke keine natürlichen Zahlen sind, so bleiben diese Gleichungen dennoch gültig.

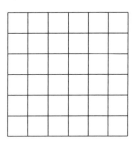

Abb. 56: Zerlegung eines Quadrates des Seitenlänge n in n^2 Einheitsquadrate.

Ein Parallelogramm lässt sich stets in ein flächengleiches Rechteck umwandeln, indem man ein rechtwinkli-

Flächeninhalt eines Quadrates der Seitenlänge a	Flächeninhalt eines Rechtecks der Seitenlängen a und b
$A = a^2$	$A = ab$

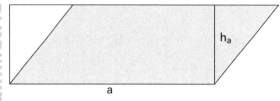

Abb. 57: Umwandlung eines Parallelogramms in eine flächengleiches Rechteck.

Flächeninhalt eines Parallelogramms

$$A = a \cdot h_a$$

ges Dreieck an einem Ende abtrennt und am gegenüberliegenden wieder anfügt. Die Schnittlinie ist eine Höhe. Der Flächeninhalt eines Parallelogramms ist somit das Produkt aus einer Seite und der dazugehörigen Höhe.

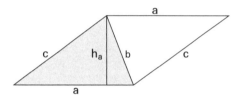

Abb. 58: Umwandlung von zwei kongruenten Dreiecken in ein flächengleiches Parallelogramm.

Stellt man von zwei kongruenten Dreiecken eines auf den Kopf und fügt beide mit den einander entsprechenden Seiten zusammen, entsteht ein Parallelogramm. Seine Fläche ist gleich dem Produkt aus einer der Dreiecksseiten und der dazugehörigen Höhe. Die Fläche eines Dreiecks ist somit gerade die Hälfte davon.

Flächeninhalt eines Dreiecks

$$A = \frac{a \cdot h_a}{2}$$

Bei rechtwinkligen Dreiecken ist die eine Kathete die Höhe auf die andere Kathete. Deshalb ist der Flächeninhalt eines rechtwinkligen Dreiecks das halbe Produkt seiner beiden Katheten.

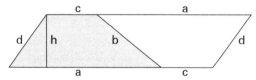

Abb. 59: Umwandlung von zwei kongruenten Trapezen in ein flächengleiches Parallelogramm.

Auch wenn man von zwei kongruenten Trapezen eines auf den Kopf stellt und mit den beiden einander entsprechenden Schenkeln zusammenfügt, entsteht ein Parallelogramm mit dem doppelten Flächeninhalt eines einzelnen Trapezes.

Flächeninhalt eines Trapezes

$$A = \frac{(a+c)h}{2}$$

Für allgemeine Polygone gibt es keine speziellen Formeln. Um ihre Fläche zu bestimmen, unterteilt man sie in Dreiecke, deren Flächen man einzeln berechnet und anschließend zur Polygonfläche addiert.

8.10 Flächensätze des rechtwinkligen Dreiecks

Der wohl berühmteste Satz der Mathematik, ein Sinnbild für die Mathematik schlechthin, ist der **Satz des Pythagoras**. Ob er tatsächlich von dem griechischen Mathematiker Pythagoras von Samos (um 570– um 509 v. Chr.) stammt, ist unbekannt (→ Abb. 60).

> **Satz des Pythagoras**
> Im rechtwinkligen Dreieck ist die Summe der Quadrate über den Katheten a und b gleich dem Quadrat über der Hypotenuse c.
> $$a^2 + b^2 = c^2$$

Der Satz ist leicht zu beweisen. Legt man an die drei freien Seiten des Hypotenusenquadrates noch drei zum ursprünglichen Dreieck kongruente Dreiecke, erhält man ein Quadrat der Seitenlänge $a + b$ (→ Abb. 61, Seite 112).

Sein Flächeninhalt beträgt folglich $(a + b)^2$. Man kann sich seine Fläche allerdings auch aus dem Inhalt c^2 des Hypotenusenquadrats und den Inhalten $ab/2$ der vier rechtwinkligen Dreiecke zusammengesetzt denken. Es gilt folglich:

$$(a+b)^2 = c^2 + 4 \cdot \frac{ab}{2}$$
$$a^2 + 2ab + b^2 = c^2 + 2ab$$
$$a^2 + b^2 = c^2$$

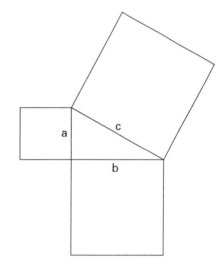

Abb. 60: Satz des Pythagoras.

Damit ist der Satz bewiesen.
Ein weiterer Satz über rechtwinklige Dreiecke ist der **Kathetensatz**. Seine Entdeckung wird dem griechischen Mathematiker Euklid (um 365–

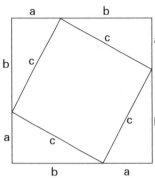

Abb. 61: Beweis des Satzes von Pythagoras.

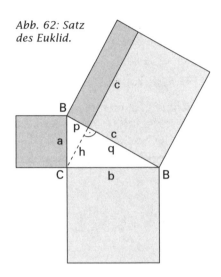

Abb. 62: Satz des Euklid.

Satz des Euklid

Im rechtwinkligen Dreieck ist das Quadrat über einer Kathete flächengleich mit dem Rechteck aus der Hypotenuse und dem zur Kathete gehörenden Hypotenusenabschnitt.

$$a^2 = pc$$
$$b^2 = qc$$

um 300 v. Chr.) zugeschrieben. Er wird deshalb auch als Satz des Euklid bezeichnet. Die Höhe auf der Hypotenuse teilt die Hypotenuse in zwei Strecken, die man die Hypotenusenabschnitte p und q nennt.

Mit Hilfe der Ähnlichkeitsbeziehungen ist der Kathetensatz leicht zu beweisen. Die beiden Dreiecke $\triangle ABC$ und $\triangle BCD$ sind ähnlich, denn sie stimmen in zwei Winkeln überein und daher auch in allen dreien. Folglich stehen entsprechenden homologen Strecken zueinander im selben Verhältnis. Es gilt $|AB| : |BC| = |BC| : |BD|$ oder $c : a = a : p$ oder $a^2 = pc$.

Hieraus folgt auch direkt $b^2 = qc$, womit der Kathetensatz bewiesen wäre.

Höhensatz

Im rechtwinkligen Dreieck ist das Quadrat über der Höhe auf der Hypotenuse flächengleich mit dem Rechteck aus den Hypotenusenabschnitten.

$$h^2 = pq$$

Ein dritter wichtiger Satz über die Beziehungen im rechtwinkligen Dreieck ist der **Höhensatz**.
Auch der Höhensatz lässt sich leicht beweisen. (→ Abb. 62) In dem Dreieck $\triangle BDC$ gilt $a^2 = p^2 + h^2$. Setzt man dies in

den Kathetensatz ein, erhält man $p^2 + h^2 = p(p + q)$ und nach dem Vereinfachen $h^2 = pq$.

8.11 Kreis

Im antiken Griechenland untersuchte man die Schnittflächen, die entstehen, wenn man einen geraden Kreiskegel mit einer Ebene durchtrennt. Je nachdem, wie man den Schnitt ausführt, ergibt der Rand dieser Schnittflächen Figuren, die Kreis, Ellipse, Parabel oder Hyperbel heißen.

Der einfachste Kegelschnitt ist der Kreis. Er ist der geometrische Ort aller Punkte, die von einem festen Punkt M einen konstanten Abstand r haben. Der Punkt M heißt **Mittelpunkt** und der Abstand r **Radius** des Kreises. Die Fläche, die der Kreis umschließt, wird **Kreisfläche** genannt und die Linie, die die Fläche begrenzt, **Kreisumfang** (→ Abb. 63).

Strecken, die zwei beliebige Punkte des Kreisumfangs miteinander verbinden, heißen **Sehnen**. Die längsten Sehnen eines Kreises laufen durch seinen Mittelpunkt und werden **Durchmesser** genannt. Die Durchmesser sind doppelt so lang wie die Radien. Da jede denkbare Sehne ausschließlich im Inneren des Kreises verläuft, ist der Kreis eine konvexe Figur.

Geraden, die den Kreis in zwei Punkten seines Umfanges schneiden, heißen **Sekanten**. Berührt eine Gerade den Kreisumfang nur in einem Punkt, spricht man von einer **Tangente**.

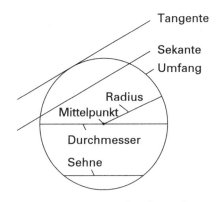

Abb. 63: Kreis mit Mittelpunkt, Radius, Durchmesser, Sehne, Sekante, Tangente und Umfang.

Winkel, deren Scheitelpunkt der Kreismittelpunkt ist und deren Schenkel Radien sind, nennt man **Zentri- oder Mittelpunktswinkel**. Liegt der Scheitel auf dem Umfang und sind die beiden Schenkel Sehnen, so spricht man von einem **Peripherie- oder Umfangswinkel** (→ Abb. 64).

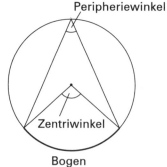

← Abb. 64: Kreis mit Peripheriewinkel, Zentriwinkel und Bogen.

Der von zwei Radien ausgeschnittene Teil des Umfangs heißt **Kreisbogen** und der von ihnen ausgeschnittene Teil der Fläche **Kreissektor** oder **Kreisausschnitt**. Der von einer Sehne abgeschnittene Teil der Fläche wird **Kreissegment** oder **Kreisabschnitt** genannt.

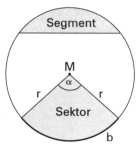

Abb. 65: Kreis mit Kreissegment und Kreissektor.

Alle Kreise sind ähnlich. Darum stehen Umfang U und Durchmesser d bei allen Kreisen in einem festen Verhältnis zueinander. Dieses Verhältnis ist irrational und sogar transzendent. Es kann also weder durch einen Bruch noch durch irgendeinen anderen algebraischen Ausdruck dargestellt werden. Das Verhältnis wird mit dem kleinen griechischen Buchstaben π abgekürzt und ist ein nichtperiodischer Dezimalbruch mit unendlich vielen Stellen. Bis 2003 hatte man mit Hilfe von Computern die ersten 1,241 Billionen Dezimalstellen von π berechnet. Die ersten 50 lauten: 3, 14159 26535 89793 23846 26433 83279 50288 41971 69399 37510

Kreisumfang U

$$U = 2\pi r = \pi d$$

Kreisbogen b

$$b = \alpha r$$

Kreisfläche A

$$A = \pi r^2 = \pi \left(\frac{d}{2}\right)^2$$

Kreissektorfläche A

$$A = \frac{\alpha r^2}{2} = \frac{br}{2}$$

Der Bogen b und der Umfang $2\pi r$ eines Kreises stehen im gleichen Verhältnis wie der dazugehörige Zentriwinkel α und der Vollwinkel $2\pi r$. Das bedeutet $b = \alpha r$.

Der Umfang eines Kreises ist proportional zu seinem Radius. Entsprechend ist der Flächeninhalt proportional zum Quadrat des Radius. Die Proportionalitätskonstante ist auch hier wieder π.

Bei einem Kreissektor stehen der Zentriwinkel α und der Vollwinkel 2π im

gleichen Verhältnis wie die Sektorfläche A zur Kreisfläche πr^2. Daraus folgt:
$$A = \frac{\alpha r^2}{2}$$

Die Fläche eines Kreisabschnittes bekommt man, indem man von der dazugehörigen Kreissektorfläche den Inhalt des Dreiecks abzieht, das von den Radien und der Sehne s gebildet wird.

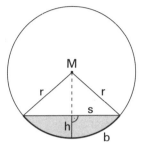

Kreissegmentfläche A
$$A = \frac{br - s(r - h)}{2}$$

Abb. 66: Kreissegment mit seiner Sehne, seinem Bogen, seiner Höhe und seinen Radien.

Dabei ist h die Höhe des Kreissegments.
Zeichnet man eine Tangente im Punkt A an den Kreis, so heißt der Radius zum Punkt A **Berührradius**. Tangente und Berührradius stehen senkrecht aufeinander.

Wenn man von einem Punkt P, der außerhalb des Kreises liegt, die beiden möglichen Tangenten an den Kreis zeichnet, entsteht eine spiegelsymmetrische Figur. Ihre Symmetrieachse ist die Strecke PM. Sie wird **Zentrale** genannt. Aus der Symmetrie ergeben sich unmittelbar folgende Sätze:

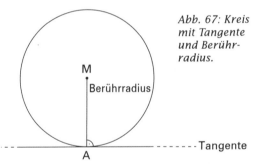

Abb. 67: Kreis mit Tangente und Berührradius.

Werden von einem Punkt P außerhalb des Kreises die beiden Tangenten an den Kreis gelegt,
1. halbiert die Zentrale den von den Tangenten eingeschlossene Winkel.
2. halbiert die Zentrale die Sehne zwischen den Berührpunkten.
3. sind die Tangentenabschnitte zwischen P und den Berührpunkten gleich lang.

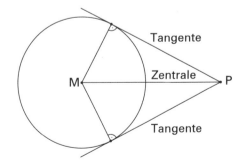

Abb. 68: Tangenten und Zentrale von einem außerhalb liegenden Punkt P an einen Kreis.

> Jeder Peripheriewinkel ist halb so groß wie der zum gleichen Bogen gehörige Zentriwinkel.

Um dies zu beweisen, muss man drei Fälle unterscheiden. Dabei soll jeweils angenommen werden, dass der Kreismittelpunkt M ist, der Scheitel des Peripheriewinkels im Punkt S liegt und der beiden Winkeln gemeinsame Bogen von den Punkten A und B begrenzt wird (→ Abb. 69).

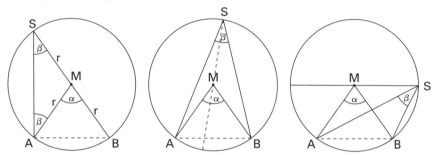

Abb. 69: *Zusammenhang zwischen Zentriwinkel und Peripheriewinkel über dem gleichen Bogen.*

1. Der Kreismittelpunkt liegt auf einem Schenkel des Peripheriewinkels.
Das Dreieck $\triangle AMS$ ist gleichschenklig, da $|MA| = |MS| = r$ ist. Somit sind auch die Winkel $\sphericalangle MSA = \sphericalangle MAS = \beta$. Daraus folgt, dass $\sphericalangle AMS = 180° - 2\beta$ und somit der Zentriwinkel $\alpha = 2\beta$ ist.
2. Der Kreismittelpunkt liegt zwischen den Schenkeln des Peripheriewinkels.
Durch einen Durchmesser, der durch den Punkt S läuft, werden der Peripherie- und der Zentriwinkel in je zwei Teilwinkel zerlegt, auf die jeweils der Fall 1 zutrifft. Damit gilt auch für die Gesamtwinkel, dass $\alpha = 2\beta$ ist.
3. Der Kreismittelpunkt liegt außerhalb der Schenkel des Peripheriewinkels.
Auch hier zeichnet man einen Durchmesser ein, der durch den Punkt S läuft. Er bildet mit den Schenkeln des Peripherie- und des Zentriwinkels je zwei neue Peripherie- und Zentriwinkel, auf die Fall 1 zutrifft. Da ihre Differenzen gleich den ursprünglichen Winkeln sind, gilt auch hier wieder $\alpha = 2\beta$.

Zu jedem Kreisbogen gibt es nur einen Zentriwinkel, aber beliebig viele Peripheriewinkel. Aus dem Satz über Zentri- und Peripheriewinkel folgt somit unmittelbar:

> Alle Peripheriewinkel über dem gleichen Bogen sind gleich.

Ist der Bogen ein Halbkreis, ergibt sich daraus als Spezialfall, dass alle Peripheriewinkel darüber rechte Winkel sind. Dies ist der Satz des Thales.
Lässt man den Scheitel S eines Peripheriewinkels so weit über den Kreisumfang wandern, bis er mit dem Bogenendpunkt B zusammenfällt, so ist aus dem Schenkel SA die Sehne BA und aus dem Schenkel SB die Tangente im Punkt B geworden. Der Winkel, den die Sehne und die Tangente einschließen, heißt **Sehnentangentenwinkel** und ist genauso groß wie alle dazugehörigen Peripheriewinkel.

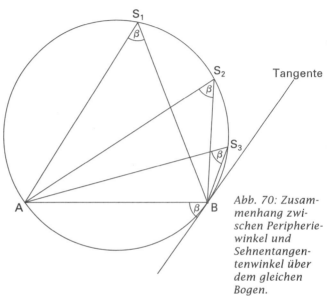

Abb. 70: Zusammenhang zwischen Peripheriewinkel und Sehnentangentenwinkel über dem gleichen Bogen.

8.12 Ellipse

Die zweite Kegelschnittfigur ist die Ellipse (→ Abb. 71).

Die beiden festen Punkte F_1 und F_2 heißen **Brennpunkte**. Strahlen, die von den Brennpunkten ausgehen, werden **Brennstrahlen** genannt. Die beiden Strecken, die die Brennpunkte mit Ellipsenpunkten P verbinden, heißen Radien r_1 und r_2. Jeder Radius für sich hat keine feste Länge, aber ihre Summe ist laut Definition konstant.

> Eine Ellipse ist der geometrische Ort aller Punkte einer Ebene, für die die Summe der Abstände von zwei festen Punkten F_1 und F_2 konstant $2a$ ist.
>
> $$r_1 + r_2 = 2a$$

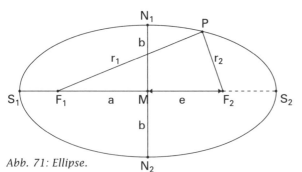

Abb. 71: Ellipse.

Die Ellipse hat zwei Spiegelachsen: Die Gerade, die durch die beiden Brennpunkte läuft, und die Mittelsenkrechte der Strecke F_1F_2. Der Schnittpunkt M der beiden Spiegelachsen heißt **Mittelpunkt** der Ellipse.

Jede Strecke, die durch den Mittelpunkt M läuft und zwei Punkte auf der Ellipse miteinander verbindet, wird **Durchmesser** genannt. Der Durchmesser einer Ellipse ist nicht konstant. Auf ihrem größten Durchmesser liegen die beiden Brennpunkte. Er heißt **große Achse,** hat die Länge $2a$ und verbindet die beiden **Scheitel** S_1 und S_2 miteinander. Der kleinste Durchmesser steht senkrecht zur großen Achse und wird als **kleine Achse** bezeichnet. Sie verbindet die beiden Nebenscheitel N_1 und N_2 miteinander. Die Strecken vom Mittelpunkt zu den Scheiteln und Nebenscheiteln werden als große Halbachsen a bzw. kleine Halbachsen b bezeichnet.

Der Abstand jedes der beiden Brennpunkte vom Mittelpunkt heißt **lineare Exzentrizität** e oder **Brennweite** und der Quotient aus der linearen Exzentrizität und der großen Halbachse heißt **numerische Exzentrizität** $\varepsilon = e/a$.

Halbachsen a und b und Exzentrizität e einer Ellipse
$a^2 - b^2 = e^2$
Halbachsen a und b und numerische Exzentrizität ε einer Ellipse
$1 - \left(\dfrac{b}{a}\right)^2 = \varepsilon^2$

Die Längen der beiden Halbachsen sind über die lineare Exzentrizität miteinander verknüpft. Mit Hilfe des Satzes von Pythagoras erhält man $a^2 - b^2 = e^2$.
Dieser Zusammenhang kann auch durch die numerische Exzentrizität ausgedrückt werden.
Die Form der Ellipse hängt nur von dem Verhältnis von kleiner zu großer Halbachse und damit nur von der numerischen Exzentrizität ab. Ist $\varepsilon = 0$, so sind die beiden Halbachsen gleich und die Ellipse ist ein Kreis. Je größer ε ist, umso flacher ist die Ellipse. Im Grenzfall, in dem $b = 0$ und

damit $\varepsilon = 1$ ist, ist die Ellipse zur Strecke $S_1 S_2$ entartet, die zweimal durchlaufen wird.

Den Flächeninhalt einer Ellipse erhält man aus dem Produkt seiner beiden Halbachsen mit der Kreiszahl π.

Flächeninhalt einer Ellipse
$$A = \pi a b$$

Umfang einer Ellipse
$$U \approx \pi \left[\frac{3}{2}(a+b) - \sqrt{ab} \right]$$

Die Berechnung des Ellipsenumfangs führt auf das sogenannte elliptische Integral zweiter Art. Es kann durch eine Reihenentwicklung angegeben werden. Als geschlossenen Ausdruck kann man nur eine Näherungslösung angeben.

8.13 Hyperbel

Neben dem Kreis und der Ellipse ist die Hyperbel eine weitere Kegelschnittfigur.

Die beiden festen Punkte F_1 und F_2 heißen **Brennpunkte**. Strahlen, die von den Brennpunkten ausgehen, werden als **Brennstrahlen** bezeichnet, die beiden Strecken, die die Brennpunkte mit einem Hyperbelpunkt P verbinden,

Eine Hyperbel ist der geometrische Ort aller Punkte einer Ebene, für die die Differenz der Abstände von zwei festen Punkten F_1 und F_2 konstant $2a$ ist.

$$|r_1 - r_2| = 2a$$

werden Radien r_1 und r_2 genannt. Jeder Radius für sich hat keine feste Länge, aber ihre Differenz ist laut Definition konstant.

Die Hyperbel besteht aus zwei Ästen. Sie hat zwei Spiegelachsen: die Gerade, die durch die beiden Brennpunkte F_1 und F_2 läuft, und die Mittelsenkrechte der Strecke $F_1 F_2$. Der Schnittpunkt M der beiden Spiegelachsen heißt **Mittelpunkt**.
Die Schnittpunkte der Hyperbel mit der Strecke $F_1 F_2$ werden **Scheitel** S_1 und S_2 genannt, und die Strecke, die sie verbindet, heißt **Hauptachse**. Sie hat die Länge $2a$.

Der Abstand jedes der beiden Brennpunkte vom Mittelpunkt wird als **lineare Exzentrizität** e oder als **Brennweite** bezeichnet und der Quotient aus der linearen Exzentrizität und der halben Hauptachse als **numerische Exzentrizität** $\varepsilon = e/a$.

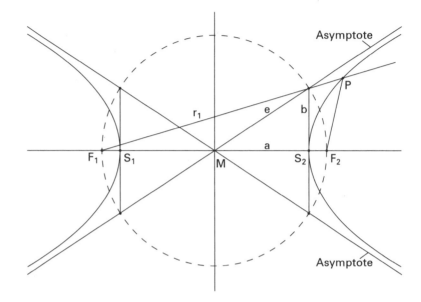

Abb. 72:
Hyperbel.

In großer Entfernung von den Brennpunkten kommen die Hyperbeläste beliebig nahe an zwei Geraden heran, ohne sie jedoch jemals ganz zu erreichen oder gar zu schneiden. Diese beiden Geraden nennt man **Asymptoten**. Sie schneiden sich im Mittelpunkt M. Schlägt man einen Kreis um den Mittelpunkt mit der linearen Exzentrizität als Radius, so schneidet dieser Kreis beide Asymptoten in je zwei Punkten. Die senkrechten Strecken, die jeweils zwei dieser Punkte verbinden, laufen durch einen Scheitel und haben die Länge $2b$.

Halbachsen a und b und Exzentrizität e einer Hyperbel $$a^2 + b^2 = e^2$$	Die Strecken a und b sind über die lineare Exzentrizität e miteinander verknüpft. Mit Hilfe des Satzes von Pythagoras erhält man $a^2 + b^2 = e^2$.

8.14 Parabel

Es gibt noch eine vierte Kegelschnittfigur: die Parabel.

> Eine Parabel ist der geometrische Ort aller Punkte einer Ebene, die von einem festen Punkt und einer festen Geraden dieser Ebene den gleichen Abstand d haben.

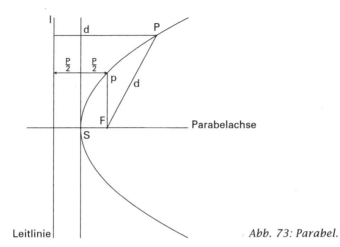

Abb. 73: Parabel.

Der feste Punkt F heißt **Brennpunkt** und die feste Gerade **Leitlinie** l. Strahlen, die vom Brennpunkt ausgehen, werden **Brennstrahlen** genannt. Der Abstand des Brennpunktes von der Leitlinie wird als **Parameter** p bezeichnet. Die Senkrechte vom Brennpunkt auf die Leitlinie ist Spiegelachse der Parabel und wird **Parabelachse** genannt. Ihr Schnittpunkt mit der Parabel heißt **Scheitel** S. Der Scheitel hat sowohl von der Leitlinie als auch vom Brennpunkt den Abstand $p/2$. Die Senkrechte auf die Parabelachse im Brennpunkt schneidet die Parabel in zwei Punkten, die den Abstand $2p$ voneinander haben.

9 Stereometrie

Der älteste Teil der Geometrie ist, gerade auch wegen seiner Bedeutung für die Landvermessung, sicherlich die Planimetrie. Dennoch begannen die Menschen schon vor Jahrtausenden, vor allem in Mesopotamien, Ägypten und Griechenland, die Geometrie von zwei auf drei Dimensionen zu erweitern. Man bezeichnet heute diese Erweiterung der Planimetrie auf den dreidimensionalen Raum als Stereometrie (griech. Körpermessung).

9.1 Geraden und Ebenen

Die Gesamtheit aller Geraden, die eine Gerade g schneiden und die durch einen Punkt P laufen, der nicht auf g liegt, und außerdem noch die Parallele zu g durch P bilden eine **Ebene** E im Raum (→ Abb. 74).

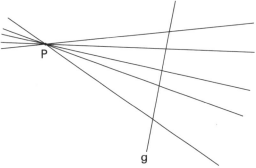

Abb. 74: Die Gesamtheit aller Geraden, die eine Gerade g schneiden und durch einen Punkt P laufen, bilden eine Ebene E.

Diese Ebene im Raum ist eindeutig bestimmt, wenn man von ihr
a) zwei nicht zusammenfallende Geraden kennt oder
b) eine Gerade und einen nicht auf dieser Geraden liegenden Punkt kennt oder
c) drei nicht auf einer Geraden liegende Punkte kennt.

Eine Gerade g liegt in einer Ebene E, wenn sie mindestens zwei Punkte mit ihr gemeinsam hat. Sie schneidet die Ebene, wenn sie genau einen Punkt, den Schnittpunkt S, mit ihr gemeinsam hat, und sie liegt parallel zu ihr, wenn sie keinen Punkt mit ihr gemeinsam hat. Eine Gerade g steht senkrecht im Punkt S auf der Ebene, wenn es mindestens zwei nicht zusammenfallende Geraden der Ebene gibt, die durch S laufen und mit g einen rechten Winkel einschließen. Projiziert man eine Gerade g, die die Ebene im Punkt S schneidet, auf die Ebene, erhält man die Gerade g', die in der Ebene E liegt. Dabei ist mit dem Projezieren das Fällen der Lote von allen Punkten von g auf die Ebene gmeint. Den Winkel α, den g und g' ein-

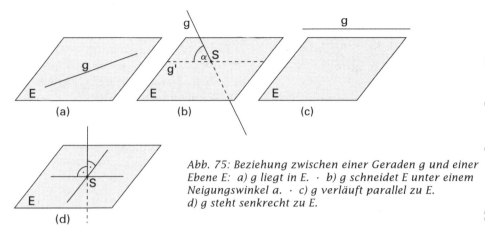

Abb. 75: Beziehung zwischen einer Geraden g und einer Ebene E: a) g liegt in E. · b) g schneidet E unter einem Neigungswinkel a. · c) g verläuft parallel zu E. d) g steht senkrecht zu E.

schließen, nennt man den **Neigungswinkel** von g zur Ebene E.
Wenn zwei Geraden g und h parallel zueinander verlaufen oder sich in einem Punkt schneiden, so liegen sie immer in einer Ebene und schließen einen bestimmten Winkel ein. Sind sie allerdings weder parallel noch schneidend, so bezeichnet man sie als **windschiefe Geraden**. Bei windschiefen Geraden kann man immer eine Parallele g' zur Geraden g finden, die die Gerade h schneidet. Den Winkel, den g' und h einschließen, nennt man den **Kreuzungswinkel** der windschiefen Geraden. Den gleichen Kreuzungswinkel erhält man auch zwischen der Geraden g und der Parallelen h' zu h, die g schneidet.

Die Strecke, die sowohl auf g als auch auf h senkrecht steht, nennt man das gemeinsame Lot d der windschiefen Geraden. Es ist die kürzeste Verbindung, die es zwischen zwei Punkten der beiden Geraden gibt.

Die Gesamtheit der Geraden, die durch einen Punkt laufen, bezeichnet man als **Geradenbüschel**. Eine Gesamtheit von Geraden, die alle parallel zueinander verlaufen, heißt **Parallelenbüschel**.

Wenn zwei Ebenen E und F entweder keinen gemeinsamen Punkt haben oder in allen Punkten zusammenfallen, dann liegen sie parallel zueinander. Ansonsten schneiden sich die Ebenen in einer Geraden, die **Schnittgerade** s heißt. Wählt man aus beiden Ebenen je eine Gerade g und h, die senkrecht auf s stehen und beide durch den Punkt S von s laufen, so bezeichnet man den von g und h eingeschlossenen Winkel als **Schnittwinkel** oder **Flächenwinkel** α.

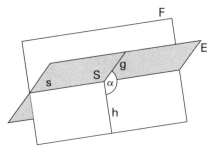

Abb. 76: Zwei sich unter dem Schnittwinkel a schneidende Ebenen E und F mit der Schnittgeraden s.

Die Gesamtheit aller Ebenen, die sich in einer Schnittgeraden s schneiden, nennt man **Ebenenbüschel** und die Gesamtheit aller Ebenen, die einen Punkt S gemeinsam haben, **Ebenenbündel**. Folglich ist jedes Ebenenbüschel auch ein Ebenenbündel, aber nicht umgekehrt. Eine Gesamtheit von lauter parallelen Ebenen heißt **Parallelebenenbüschel**.

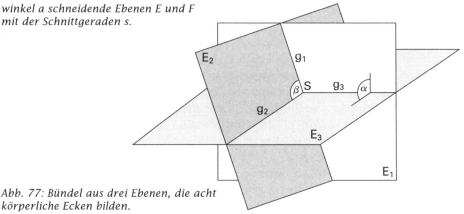

Abb. 77: Bündel aus drei Ebenen, die acht körperliche Ecken bilden.

Drei Ebenen, die genau einen Punkt S gemeinsam haben, unterteilen den Raum in acht Bereiche. Die drei Schnittgeraden g_1, g_2 und g_3 zwischen den Ebenen schneiden sich im Punkt S und bilden acht dreikantige oder dreiseitige **körperliche Ecken**. Der gemeinsame Scheitel der Ecken ist der Punkt S. Die drei Halbgeraden, die jeweils eine Ecke bilden, nennt man **Kanten**. Der Winkel zwischen zwei Kanten heißt **Kantenwinkel** und wird in der Ebene gemessen, der beide Kanten angehören. Im Allgemeinen sind alle Kantenwinkel und Flächenwinkel verschieden groß. Es gibt aber Ausnahmen, wie beispielsweise beim Würfel. Hier sind alle Kanten- und alle Flächenwinkel jeweils 90° groß. Für die Winkel an einer körperlichen Ecke gelten folgende Sätze:

An einer *n*–kantigen Ecke
1. ist die Summe der Kantenwinkel kleiner als 360°,
2. liegt die Summe der Flächenwinkel zwischen $(n-2) \cdot 180°$ und $n \cdot 180°$.

9.2 Körper

Ein Körper ist ein vollständig durch Begrenzungsflächen abgeschlossener Teil des Raumes. Die Summe der Begrenzungsflächeninhalte heißt **Oberfläche** A und die Größe des von ihnen umschlossenen Raumgebietes **Volumen** V oder **Rauminhalt** des Körpers.

Ist ein Körper nur von ebenen Flächen begrenzt, nennt man ihn **Vielflächner** oder **Polyeder** (griech.,Vielflächner). Die begrenzenden Flächen werden Seitenflächen oder kurz **Seiten** genannt. Die Strecken, an denen zwei Seitenflächen zusammenstoßen, heißen **Kanten** und ihre Endpunkte **Ecken** des Körpers. Strecken, die Ecken verbinden, aber keine Kanten sind, werden **Diagonalen** genannt. Man unterschiedet hierbei zwei Arten von Diagonalen. Gehören die beiden Endpunkte der Diagonalen zur selben Seitenfläche des Körpers, spricht man von einer **Flächendiagonalen**, ansonsten von einer **Raumdiagonalen**.

9.3 Quader und Würfel

Eines der einfachsten Polyeder ist der Quader. Er hat sechs rechteckige Seiten, die paarweise kongruent sind und parallel liegen. Ein Quader hat acht Ecken und zwölf Kanten, die sich in drei Gruppen mit je vier gleich langen Kanten a, b und c unterteilen. Ein Spezialfall des Quaders ist der Würfel, dessen sechs Flächen kongruente Quadrate sind und dessen Kanten alle gleich lang sind.

Stellt man sich die Seiten eines Quaders aus dünnem Karton hergestellt vor, so kann man ihn so entlang einiger Kanten aufschneiden und auseinanderfalten, dass er sich flach ausbreiten lässt. Die ebene Figur, die dadurch entsteht, ist ein Oberflächenmodell des Quaders und wird

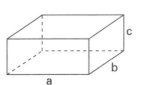
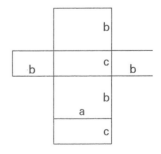

Abb. 78: Quader und Quadernetz.

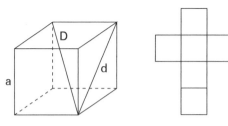

Abb. 79: Würfel und Würfelnetz.

als **Netz** bezeichnet. Es ist nicht eindeutig, denn jeder Quader hat eine ganze Reihe verschiedener Netze.

Die Oberfläche eines Quaders besteht aus je zwei Rechtecken mit den Flächeninhalten ab, ac und bc. Sie hat somit die Größe $A = 2(ab + ac + bc)$. Die Oberfläche eines Würfels der Kantenlänge a beträgt $A = 6a^2$.

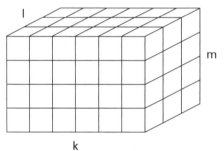

Abb. 80: Zerlegung eines Quaders der Kantenlängen k, l und m in lauter Einheitswürfel.

Einen Würfel mit der Kantenlänge 1 bezeichnet man als Einheitswürfel. Er hat das Volumen $V = 1$. Einen Quader der Kantenlängen k, l und m kann man sich aus m Schichten von Einheitswürfeln aufgebaut denken und jede Schicht wiederum aus l Stangen mit je k Würfeln. Das heißt, der Quader besteht aus $k \cdot l \cdot m$ Einheitswürfeln und hat deshalb ein Volumen von $V = klm$. Man kann dieses Verfahren auf nichtganzzahlige Kantenlängen a, b und c erweitern und erhält somit für das Volumen eines Quaders $V = abc$. Der Würfel als Spezialfall des Quaders hat das Volumen $V = a^3$.

Jede Fläche des Quaders hat zwei Diagonalen, das heißt, es gibt zwölf Flächendiagonalen. Außerdem hat der Quader vier Raumdiagonalen, die alle die Länge $D = \sqrt{a^2 + b^2 + c^2}$ haben. Dies ist mit dem Satz des Pythagoras leicht zu überprüfen. Beim Würfel haben alle Flächendiagonalen die Länge $d = a\sqrt{2}$ und alle Raumdiagonalen die Länge $D = a\sqrt{3}$.

Die Raumdiagonalen des Quaders und des Würfels treffen sich in einem Punkt und halbieren einander. Dieser Punkt wird Mittelpunkt M genannt.

Beispiel
Ein Milchkarton hat eine Länge von 90 mm, eine Breite von 58 mm und eine

Würfel	
Oberfläche:	$A = 6a^2$
Volumen:	$V = a^3$
Flächendiagonalen:	$d = a\sqrt{2}$
Raumdiagonalen:	$D = a\sqrt{3}$

Höhe von 192 mm. Wie viel Milch fasst er, und wie groß ist seine Oberfläche? Das Fassungsvermögen beträgt $V = abc$ = 90 mm · 58 mm · 192 mm = 1002240 mm³ ≈ 1 Liter. Die Oberfläche des Kartons beträgt $A = 2(ab + ac + bc)$ = 67272 mm².

	Quader
Oberfläche:	$A = 2(ab + ac + bc)$
Volumen:	$V = abc$
Flächendiagonalen:	$d_1 = \sqrt{a^2 + b^2}$, $d_2 = \sqrt{a^2 + c^2}$, $d_3 = \sqrt{b^2 + c^2}$
Raumdiagonalen:	$D = \sqrt{a^2 + b^2 + c^2}$

9.4 Prisma und Zylinder

Liegen zwei kongruente ebene n-Ecke so im Raum, dass die einander entsprechenden Seiten Parallelen sind, und verbindet man die einander entsprechenden Ecken durch Strecken, entsteht ein Prisma (griech., das Gesägte). Die beiden n-Ecke heißen **Grundflächen** des Prismas. Die n parallelen und gleichlangen Kanten, die die beiden Grundflächen miteinander verbinden, werden **Seitenkanten** genannt. Die Seitenflächen, die die beiden Grundflächen miteinander verbinden, sind Parallelogramme und werden als **Mantelflächen** bezeichnet. Der Begriff »Mantelfläche« wird aber auch für die Gesamtheit aller Mantelflächen gebraucht.

Ein n-seitiges Prisma hat $2n$ Grundkanten und n Seitenkanten, also insgesamt $3n$ Kanten. Außerdem besitzt es $2n$ Ecken und $n+2$ Seiten.

Unter der Höhe eines Prismas versteht man den Abstand der beiden Grundflächen, d. h. die Länge des Lotes von einem Punkt der einen Grundfläche auf die andere Grundfläche.
Stehen die Seitenkanten senkrecht auf den Grundflächen, spricht man von einem **geraden Prisma**, ansonsten nennt man es ein **schiefes Prisma**. Würfel und Quader sind zwei spezielle gerade Prismen. Sind die Grundflächen eines geraden Prismas regelmäßige n-

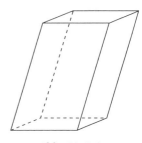

Abb. 81: Prisma.

Ecke, so heißt auch das Prisma regelmäßig. Die Strecke, die die Mittelpunkte der beiden regelmäßigen *n*-Ecke verbindet, wird **Prismenachse** genannt. Der Würfel ist also ein regelmäßiges vierseitiges Prisma. Prismen, deren Grundflächen Parallelogramme sind, werden als **Parallelepipede** oder **Spate** bezeichnet.

Ein Körper, der genau wie ein Prisma zwei kongruente und parallele ebene Grundflächen hat, die gleich orientiert sind, d. h. nicht gegeneinander verdreht sind, und die von einer Kurve begrenzt werden, nennt man **Zylinder**. Die beiden Grundflächen sind durch die **Mantelfläche** miteinander verbunden. Sie entsteht dadurch, dass man alle einander entsprechenden Punkte der beiden Grundflächen durch Strecken miteinander verbindet. Diese Strecken werden **Mantellinien** genannt und sind alle gleich lang und verlaufen parallel zueinander. Der Abstand der beiden Grundflächen heißt auch hier Höhe. Stehen die Mantellinien senkrecht auf den Grundflächen, nennt man den Zylinder gerade, ansonsten schief.

Die beiden Kurven, an denen die Grundflächen mit der Mantelfläche zusammenstoßen, heißen Kanten.

Zylindernetze erhält man, indem man den Zylinder entlang seiner beiden Kanten und entlang einer beliebigen Mantellinie aufschneidet.
Ein spezieller Zylinder ist der **gerade Kreiszylinder**, dessen Grundflächen Kreise sind. An seinem Netz erkennt man, dass die Mantelfläche ein Rechteck ist, dessen eine Seite die Höhe des Zylinders und dessen andere der Umfang der Grundkreise ist.
Die Oberfläche A von Prismen und Zylindern berechnet sich aus der Summe der beiden Grundflächeninhalte G und der Mantelflächengröße M, d. h. $A = 2G + M$.

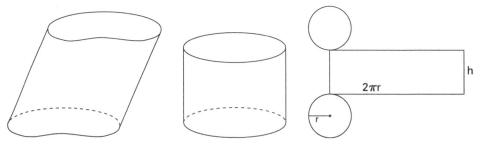

Abb. 82: Zylinder.   *Abb. 83: Gerader Kreiszylinder und Zylindernetz.*

Im Jahre 1629 veröffentliche der italienische Mathematiker Bonaventura Cavalieri (1598–1647) das nach ihm benannte Prinzip.

Das Prinzip lässt sich mit elementaren Mitteln plausibel machen. Schneidet man einen Körper ähnlich wie eine Wurst in hauchdünne Scheiben, so kann man anschließend die Scheiben gegeneinander verschieben. Dadurch ändert sich zwar die Form des Körpers, nicht aber sein Volumen.

Für Prisma und Zylinder folgt aus dem Cavalierischen Prinzip, dass ihr Volumen gleich dem Produkt aus Grundfläche und Höhe des Körpers ist.

Cavalierisches Prinzip
Körper, die in gleichen Höhen den gleichen Querschnitt haben, haben auch das gleiche Volumen.

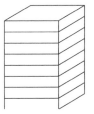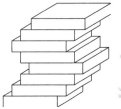

Abb. 84: Cavalierisches Prinzip: Das Volumen des Stapels ändert sich nicht, wenn die Schichten gegeneinander verschoben werden.

Prisma und Zylinder
Oberfläche: $A = 2G + M$
Volumen: $V = Gh$

Beispiel
Eine Konservenbüchse hat die Form eines geraden Kreiszylinders mit einem Grundflächendurchmesser von 10 cm und einer Höhe von 10,8 cm. Wie groß ist ihr Fassungsvermögen und wie groß ist ihre Blechfläche? Die Grundfläche der Büchse beträgt $G = \pi r^2 = \pi \cdot (5\text{ cm})^2 \approx 78{,}54\text{ cm}^2$. Mit der Höhe von 10,8 cm erhält man damit ein Volumen von rund 850 cm³ oder 850 ml. Ihre Oberfläche hat die Größe $A = 2G + M = 2\pi r^2 + 2\pi r h = 2\pi r(r + h) \approx 496\text{ cm}^2$.

9.5 Pyramide und Kegel

Verbindet man die Ecken eines ebenen n-Ecks mit einem Punkt S außerhalb der n-Eck-Ebene, so entsteht ein Körper, der **Pyramide** genannt wird. Dabei heißt das n-Eck **Grundfläche** und der Punkt S **Spitze** der Pyramide. Die n Kanten, die zur Grundfläche gehören, werden **Grundkanten**, die n Kanten, die zur Spitze laufen, **Seitenkanten** genannt. Die Dreiecke, die von einer Grundkante und zwei Seitenkanten begrenzt werden, nennt man **Seitenflächen**. Eine n-seitige Pyramide hat also $2n$ Kanten, $n+1$ Seiten und $n+1$ Ecken.

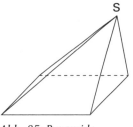

Abb. 85: Pyramide.

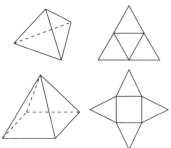

Abb. 86: Gerade regelmäßige dreieckige Pyramide (Tetraeder) und gerade regelmäßige quadratische Pyramide und ihre Netze.

Der Abstand der Spitze von der Grundflächenebene wird als **Höhe** der Pyramide bezeichnet. Ist die Grundfläche ein regelmäßiges n-Eck, spricht man von einer **regelmäßigen Pyramide**. Trifft das Lot einer regelmäßigen Pyramide auf den Mittelpunkt des n-Ecks, heißt die Pyramide gerade, ansonsten schief. Die Seitenflächen einer geraden regelmäßigen Pyramide sind kongruente gleichschenklige Dreiecke.

Zwei spezielle Pyramiden sind das regelmäßige Tetraeder, dessen Grundfläche und Seitenflächen kongruente gleichseitige Dreiecke sind, und die gerade regelmäßige quadratische Pyramide, deren Form der der ägyptischen Pharaonengräber entspricht.

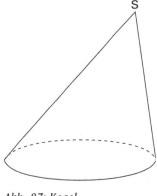

Abb. 87: Kegel.

Einen Körper, der **Kegel** genannt wird, erhält man, wenn man eine ebene Grundfläche hat, die von einer gekrümmten Kurve begrenzt wird, einen Punkt S außerhalb der Grundflächenebene und eine gekrümmte Fläche, die von dem Büschel von Strecken erzeugt wird, die von S zu allen Punkten des Grundflächenumfangs verlaufen. Diese gekrümmte Fläche heißt **Mantelfläche**. Den Abstand der Spitze S von der Grundflächenebene nennt man Höhe. Hat die Grundfläche einen Mittelpunkt und trifft das Lot von S auf den Mittelpunkt der Grundfläche, nennt man den Kegel gerade. In allen anderen Fällen heißt er schief.

Die Oberflächengröße einer Pyramide erhält man aus der Summe des Grundflächeninhalts und des Inhalts seiner Seitenflächen, und beim Kegel ist sie ganz analog die Summe aus Grund- und Mantelflächeninhalt.

Ein spezieller Kegel ist der **gerade Kreiskegel**, der als Grundfläche einen Kreis hat. Schneidet man ihn entlang seiner Kante und einer beliebigen Mantellinie auf, erhält man sein Netz. Es besteht aus dem Grundflächenkreis mit dem Radius r und einem Kreissektor, dessen Radius die Mantellinie s ist und dessen Bogen dem Grundkreisumfang entspricht. Die Mantelfläche hat somit einen Inhalt von $M = \pi r s$.

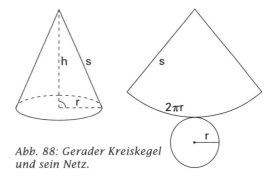

Abb. 88: Gerader Kreiskegel und sein Netz.

Die Länge der Mantellinie s kann man mit dem Satz des Pythagoras aus der Höhe und dem Grundflächenradius zu $s = \sqrt{h^2 + r^2}$ berechnen.

Schneidet man eine Pyramide mit einer Ebene parallel zur Grundfläche in zwei Teile, so sind die Grundfläche A und die Schnittfläche A' ähnlich. Bezeichnet man mit h die Höhe der Pyramide und mit h' den Abstand der Schnittfläche von der Spitze, so stehen auf Grund des Strahlensatzes einander entsprechende Strecken a und a' im Verhältnis $a' : a = h' : h$ und damit die Schnittfläche und die Grundfläche im Verhältnis $A' : A = (h' : h)^2$. Nach dem Prinzip von Cavalieri folgt daraus,

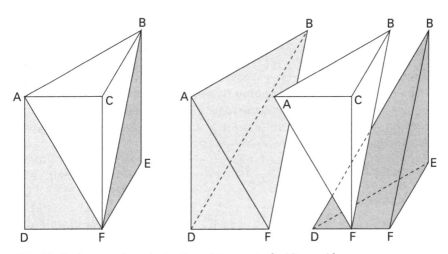

Abb. 89: Zerlegung eines dreiseitigen Prismas in drei Pyramiden.

dass Pyramiden mit inhaltsgleicher Grundfläche und gleicher Höhe auch das gleiche Volumen haben.

Ein dreiseitiges Prisma kann durch zwei ebene Schnitte in drei Pyramiden zerlegt werden (→ Abb. 89). Zwei dieser Pyramiden haben je eines der beiden kongruenten Dreiecke $\triangle ABC$ und $\triangle DEF$ als Grundfläche und eine der beiden gleich langen Strecken $|BE| = |CF|$ als Höhen. Sie haben folglich auch das gleiche Volumen. Man kann bei der Pyramide BACF jedoch auch das Dreieck $\triangle ACF$ als Grundfläche betrachten und den Abstand der Ecke B von der Grundfläche als Höhe. Dann ist ihre Grundfläche kongruent mit der Grundfläche $\triangle ADF$ der dritten Pyramide. Da diese auch die gleiche Höhe hat, haben somit alle drei Pyramiden das gleiche Volumen. Somit hat eine Pyramide ein Drittel des Volumens des Prismas.

Aus den beiden gerade hergeleiteten Zusammenhängen folgt, dass das Volumen aller dreiseitigen Pyramiden ein Drittel des Produktes aus Grundfläche und Höhe ist. Da man sich nun aber jede beliebige Grundfläche einer Pyramide aus lauter Dreiecken zusammengesetzt denken kann, gilt diese Formel allgemein. Und da man Kegel auch als spezielle Pyramiden verstehen kann, ist sie auch für diese gültig.

Pyramide und Kegel		gerader Kreiskegel	
Oberfläche:	$A = G + M$	Oberfläche:	$A = \pi\left(r^2 + r\sqrt{r^2 + h^2}\right)$
Volumen:	$V = \dfrac{Gh}{3}$	Volumen:	$V = \dfrac{\pi}{3}r^2 h$

Beispiel
Die Cheopspyramide in Ägypten ist eine gerade quadratische Pyramide mit einer Seitenlänge von etwa $a = 230$ m und einer Höhe von ungefähr $h = 146$ m. Folglich beträgt ihr Volumen $V = a^2 h/3 = 2\,574\,467$ m^3.

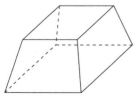

Abb. 90: Pyramidenstumpf und Kegelstumpf.

Zwei Körper, die auf Pyramiden und Kegel zurückgehen, sind der **Pyramidenstumpf** und der **Kegelstumpf**. Sie entstehen dadurch, dass man durch eine Pyramide bzw. einen Kegel einen ebenen Schnitt parallel zur Grundfläche legt und dann den oberen Teil entfernt. Der zurückbleibende Stumpf hat zwei Grundflächen verschiedener Größe, die aber ähnlich sind.

9.6 Eulerscher Polyedersatz

Ein Polyeder ist konvex, wenn jede Verbindungsstrecke von zwei beliebigen seiner Punkte stets nur Punkte aus dem Inneren des Polyeders enthält. Für alle konvexen Polyeder gilt der Eulersche Polyedersatz, der nach dem Schweizer Mathematiker Leonhard Euler (1707–1783) benannt ist, aber vermutlich schon den griechischen Mathematikern der Antike bekannt war.

> **Eulerscher Polyedersatz**
> Bei einem konvexen Polyeder ist die Summe aus Eckenzahl e und Flächenzahl f gleich der um 2 erhöhten Kantenzahl k.
> $$e + f = k + 2$$

Stellt man sich die Kanten eines Polyeders als Gummifäden vor, zwischen denen als Flächen dünne Gummihäutchen gespannt sind, so kann man, wenn man eine Fläche aus einem solchen Polyeder entfernt, die Kanten und die restlichen Flächen so weit dehnen, dass man sie flach in einer Ebene ausbreiten

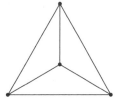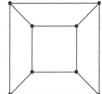

Abb. 91: Schlegeldiagramme eines Tetraeder und eines Würfels.

kann. Das Bild, das dadurch entsteht, nennt man ein **Schlegeldiagramm** (nach dem deutschen Mathematiker Victor Schlegel, 1843–1905). In einem Schlegeldiagramm eines Polyeders ist zwar seine konkrete Form verloren gegangen, aber der Zusammenhang zwischen den Ecken, Kanten und Flächen hat sich dadurch nicht verändert.
Setzt man in den Polyedersatz die Anzahl $F = f - 1$ der im Schlegeldiagramm noch vorhandenen Flächen ein, so wird daraus $e + F = k + 1$. Nun kann man solange zusätzliche Diagonalen in das Diagramm zeichnen, bis alle Flächen zu Dreiecken geworden sind. Durch jede zusätzliche Diagonale erhöht sich sowohl die Kantenzahl als auch die Flächenzahl jeweils um 1. Die Polyedergleichung bleibt somit gültig. Entfernt man anschließend vom Rand her jeweils eine Kante, die nur zu einem Dreieck gehört, so verringern sich jeweils die Kantenzahl und die Flächenzahl um 1. Auch bei diesen Operationen bleibt die Polyedergleichung gültig. Entfernt man dann die Kanten mit je einer freien Ecke, die zu keiner Fläche mehr gehören, so nimmt bei jedem dieser Schritte

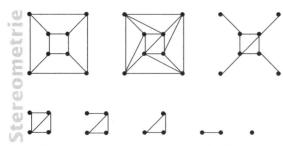

Abb. 92: Beweis des Eulerschen Polyedersatzes am Beispiel des Schlegeldiagramms eines Würfels.

sowohl die Eckenzahl als auch die Kantenzahl um 1 ab, und die Polyedergleichung bleibt gültig. Führt man die Verfahren weiter, so bleibt schließlich nur noch eine einzelne Ecke übrig, für die dennoch die Polyedergleichung $e = 1$ richtig ist. Folglich gilt der Eulersche Polyedersatz ganz allgemein.

9.7 Regelmäßige Polyeder

Ein Polyeder heißt regelmäßig oder regulär, wenn es von regelmäßigen kongruenten Polygonen begrenzt wird und an jeder Ecke gleich viele Kanten zusammentreffen.

Gleichseitige Dreiecke haben Innenwinkel von 60°, Quadrate von 90° und regelmäßige Fünfecke von 108°. Bei allen anderen regelmäßigen Polygonen ist der Innenwinkel gleich oder größer als 120°. Da an einer Polyederecke die Summe der Flächenwinkel kleiner als 360° sein muss, können bei einem regelmäßigen Polyeder entweder nur drei, vier oder fünf Dreiecke, drei Quadrate oder drei Fünfecke zusammenstoßen. Andere Möglichkeiten gibt es nicht. Zu allen diesen Eckformen gibt es auch tatsächlich genau ein regelmäßiges Polyeder.
(→ Abb. 93)

Diese fünf regelmäßigen Polyeder werden nach ihrer Flächenzahl als regelmäßiges Tetraeder, Hexaeder (Würfel), Oktaeder, Dodekaeder und Ikosaeder bezeichnet. Sie werden auch häufig **Platonische Körper** genannt – nach dem griechischen Philosophen Platon (427–348/347 v. Chr.), der sie in seinen Werken beschrieb.

Reguläre Polyeder der Kantenlänge a haben folgende Oberflächen A und Volumina V (→ Kasten, Seite 136).

Man kann ein reguläres Oktaeder so in das Innere eines Würfels setzen, dass die Oktaederecken mit den Mittelpunkten der Würfelseitenflächen zusammenfallen. Umgekehrt kann man auch einen Würfel in das Innere eines Oktaeders stecken, so dass die Würfelecken mit den Seitenflächenmittelpunkten des Oktaeders zusammenfallen.

Abb. 93: Die regelmäßigen Polyeder und ihre Netze

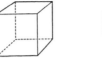

a) Tetraeder   b) Würfel

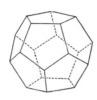
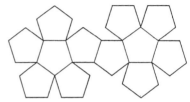

c) Oktaeder   d) Dodekaeder

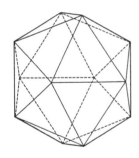
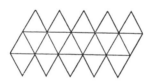

e) Ikosaeder

Reguläres Polyeder	Seitenflächen	Anzahl der		
		Flächen	Flächen an einer Ecke	Ecken	Kanten
Tetraeder	Dreiecke	4	3	4	6
Hexaeder	Quadrate	6	3	8	12
Oktaeder	Dreiecke	8	4	6	12
Dodekaeder	Fünfecke	12	3	20	30
Ikosaeder	Dreiecke	20	5	12	30

reguläres Polyeder	Oberfläche A	Volumen V
Tetraeder	$\sqrt{3} \cdot a^2$	$\sqrt{2}/12 \cdot a^3$
Hexaeder	$6 \cdot a^2$	a^3
Oktaeder	$2\sqrt{3} \cdot a^2$	$\sqrt{2}/3 \cdot a^3$
Dodekaeder	$3\sqrt{5(5+2\sqrt{5})} \cdot a^2$	$(15+7\sqrt{5})/4 \cdot a^3$
Ikosaeder	$5\sqrt{3} \cdot a^2$	$5(3+\sqrt{5})/12 \cdot a^3$

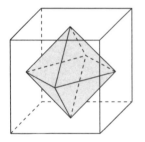 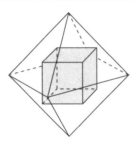

Abb. 94: Oktaeder im Würfel und Würfel im Oktaeder.

Das bedeutet, die Eckenzahl des Würfels und die Flächenzahl des Oktaeders sind gleich, und umgekehrt sind auch die Flächenzahl des Würfels und die Eckenzahl des Oktaeders gleich. Man sagt darum, der Würfel und das reguläre Oktaeder sind zueinander **duale Körper**. Auch das Dodekaeder und das Ikosaeder lassen sich so ineinander schachteln wie Würfel und Oktaeder, darum sind auch sie zueinander dual. In das Innere des regulären Tetraeders lässt sich auf diese Art und Weise ein anders reguläres Tetraeder setzen. Darum ist das Tetraeder zu sich selbst dual.

9.8 Kugel

Eine **Kugelfläche** ist der geometrische Ort aller Punkte des Raumes, die von einem festen Punkt M einen konstanten Abstand r haben. Der von der Kugelfläche umschlossene Raum heißt **Kugel**, der Punkt M Mittelpunkt und der Abstand r Radius.

Eine Gerade kann mit einer Kugelfläche keinen, einen oder zwei Punkte gemeinsam haben. Hat sie einen Punkt B gemeinsam, so heißt die Gerade auch **Tangente** und der Punkt B **Berührpunkt**. Die Gesamtheit aller Tangenten, die die Kugel in dem Punkt B berühren, bilden eine Ebene, die man **Tangentialebene** nennt. Die Verbindungsstrecke vom

Mittelpunkt zum Berührpunkt heißt **Berührradius**.
Schneidet eine Gerade eine Kugelfläche in zwei Punkten, nennt man sie **Sekante**. Strecken, die zwei Punkte der Kugelfäche miteinander verbinden, heißen **Sehnen**. Die längsten Sehnen laufen durch den Mittelpunkt der Kugel und werden auch **Durchmesser** genannt.
Schneiden Ebenen eine Kugelfläche, so ist die Schnittlinie ein Kreis. Läuft der Schnitt durch den Kugelmittelpunkt, nennt man die Schnittlinie **Großkreis**. Sein Radius entspricht dem Kugelradius. Alle anderen Schnittlinien heißen **Kleinkreise** und haben einen kleineren Radius als die Kugel.

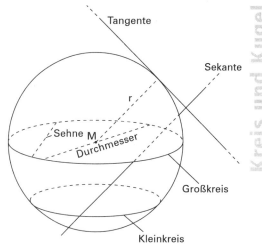

Abb. 97: Geraden, Strecken und Kreise an einer Kugel.

Die Schnittebene schneidet die Kugel in zwei Teile, die man **Kugelabschnitte** oder **Kugelsegmente** nennt, und die Kugelfläche in zwei **Kugelkappen** oder **Kalotten**.
Laufen zwei parallele Ebenen durch die Kugel, so schneiden sie aus ihr eine **Kugelschicht** und aus der Kugelfläche eine **Kugelzone** heraus. Laufen die Ebenen nicht parallel, haben aber einen Durchmesser gemeinsam, zerlegen sie die Kugel in vier **Kugelkeile** und die Kugelfläche in vier **Kugelzweiecke** (→ Abb. 98).

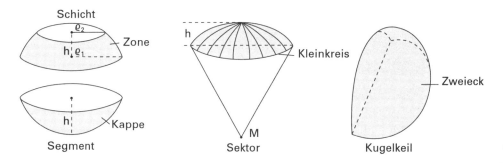

Abb. 98: Kugelteile.

Verbindet man alle Punkte eines Kleinkreises mit dem Mittelpunkt, so schneidet die dadurch entstehende Fläche aus der Kugel einen **Kugelsektor** oder **Kugelausschnitt** heraus. Ist im Grenzfall der Kleinkreis ein Großkreis, so ist der Sektor eine Halbkugel.

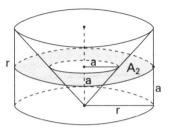
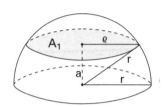

Abb. 99: Gerader Kreiszylinder mit dem Radius r und der Höhe r, der von oben kegelförmig aufgebohrt ist und eine Halbkugel mit dem Radius r.

Nach dem Cavalierischen Prinzip hat eine Halbkugel dasselbe Volumen wie eine gerader Kreiszylinder, aus dem ein gerader Kreiskegel herausgebohrt wurde, wenn alle Radien und Höhen den gleichen Wert r haben. Dies ist nicht schwer zu beweisen. Eine Ebene, die in einem beliebigen Abstand a parallel zur Grundfläche der Halbkugel und des Zylinders liegt, schneidet aus der Halbkugel einen Kleinkreis heraus. Der Kleinkreisradius ϱ lässt sich mit Hilfe des Satzes von Pythagoras zu $\varrho = \sqrt{r^2 - a^2}$ berechnen. Aus dem Zylinder mit der Kegelbohrung schneidet die Ebene hingegen einen Kreisring mit dem Außenradius r und dem Innenradius a heraus. Die beiden Schnittflächen haben somit die Inhalte $A_1 = \pi \varrho^2 = \pi(r^2 - a^2)$ und $A_2 = \pi r^2 - \pi a^2 = \pi(r^2 - a^2)$. Sie sind also flächengleich. Folglich hat die Halbkugel das gleiche Volumen V_H wie der Zylinder mit der Kegelbohrung.

$$V_H = \pi r^3 - \frac{1}{3}\pi r^3 = \frac{2}{3}\pi r^3$$

Kugelvolumen

$$V = \frac{4}{3}\pi r^3$$

Das Volumen einer Kugel beträgt somit $V = 4\pi r^3/3$.

Volumina der Kugelteile

Segment: $V = \frac{1}{3}\pi h^2 (3r - h)$

Schicht: $V = \frac{1}{6}\pi h (3\varrho_1^2 + 3\varrho_2^2 + h^2)$

Sektor: $V = \frac{2}{3}\pi r^2 h$

Aus der Formel für das Kugelvolumen lassen sich leicht die Volumenformeln für die Kugelteile herleiten. Den Kugelsektor kann man sich aus einem Kugelsegment und einem Kegel zusammengesetzt denken.

In diesen Formeln sind r der Kugelradius, ϱ_1 und ϱ_2 die Radien der Kleinkreisflächen der Kugelschicht und h die Segmenthöhe bzw. die Schichtdicke.

Im Gegensatz zum Mantel von Kegeln und Zylindern lässt sich die Kugeloberfläche nicht entlang einer Mantellinie aufschneiden und in der Ebene ausbreiten. Um ihren Flächeninhalt zu berechnen, muss man Grenzwertbetrachtungen anstellen. Dies geschieht erst in späteren Kapiteln des Buches. Darum wird an dieser Stelle die Formel ohne Herleitung angegeben: Die Kugel hat eine Oberfläche von $A = 4\pi r^2$.

Die Formeln für die Oberflächen der Kugelteile lassen sich aus der Kugeloberflächenformel leicht herleiten. Den Kugelsektor kann man sich wieder aus einem Kugelsegment und einem Kegel zusammengesetzt denken.

Kugeloberfläche

$A = 4\pi r^2$

Oberflächen der Kugelteile

Segment: $A = \pi(2rh + \varrho^2)$

Schicht: $A = \pi(2rh + \varrho_1^2 + \varrho_2^2)$

Sektor: $A = \pi r(2h + \varrho)$

In diesen Formeln sind r der Kugelradius, ϱ, ϱ_1 und ϱ_2 die Radien der Kleinkreisflächen des Kugelsegments bzw. der Kugelschicht und h die Segmenthöhe bzw. Schichtdicke.

10 Gleichungen

10.1 Variablen und Terme

Variablen sind Platzhalter für eine bestimmte Art von Größen, die aber keine konkreten Werte haben. Zahlenvariablen beispielsweise stehen für Zahlen, ohne jedoch eine bestimmte Zahl zu meinen. In der Regel stellt man Variablen durch Buchstaben dar. Der **Variablengrundbereich** ist die Menge, deren Elemente für die Variable eingesetzt werden dürfen. Bei Zahlenvariablen kann der Variablengrundbereich beispielsweise die Menge der natürlichen Zahlen $\mathbb{N}$ oder die der reellen Zahlen $\mathbb{R}$ sein. Dieses Kapitel beschränkt sich ausschließlich auf Zahlenvariablen.

Alle Zahlen und Variablen sind **Terme**. Auch Summen, Differenzen, Produkte, Quotienten, Potenzen, Wurzeln und Logarithmen von Termen sind wieder Terme.

Beispiele
93, x, $2a+1$, $\sqrt{5y}$, $\ln 1955$ und $1/z$ sind Terme.

Zwei Terme T_1 und T_2, in denen Variablen auftauchen, heißen **äquivalent**, wenn sie bei jeder beliebigen Ersetzung der Variablen durch dieselben Zahlen aus dem Variablengrundbereich denselben Wert annehmen. Beispielsweise sind die beiden Terme $4x - x$ und $3x$ äquivalent in dem Variablengrundbereich $\mathbb{R}$, denn egal, welche reelle Zahl man für x in $4x - x$ und in $3x$ einsetzt, die beiden Terme ergeben jeweils das Gleiche. Die beiden Terme $(a^2 - a)/a$ und $a - 1$ hingegen sind im Variablenbereich $\mathbb{R}$ nicht äquivalent, da der erste Term für den Wert 0 nicht definiert ist, während der zweite zu 1 wird. Für den Variablenbereich $\mathbb{R} \setminus \{0\}$ hingegen sind sie äquivalent.

Nicht immer kann man die Variable in einem Term durch alle Zahlen des Variablengrundbereichs ersetzen, so dass der Term selbst auch wieder eine Zahl des Variablengrundbereichs ergibt. Ist beispielsweise der Variablengrundbereich $\mathbb{R}$, so ist der Term $(a^2 - a)/a$ bei Ersetzung der Variablen durch die 0 keine Zahl aus $\mathbb{R}$. Der **Definitionsbereich** $\mathbb{D}$ eines Terms ist die Menge aller der Zahlen aus dem Variablengrundbereich, die man für die Variable einsetzen kann, so dass der Wert des Terms selbst auch wiederum im Variablengrundbereich liegt.

Beispiele
Der Variablengrundbereich der Beispiele ist $\mathbb{R}$.
1. $x^2 - 5$ $\quad \mathbb{D} = \mathbb{R}$
2. $\dfrac{1}{y-2}$ $\quad \mathbb{D} = \mathbb{R} \setminus \{2\}$
3. $\sqrt{a}$ $\quad \mathbb{D} = \{a | a \in \mathbb{R} \wedge a \geq 0\}$
4. $\dfrac{1}{z-z}$ $\quad \mathbb{D} = \emptyset$

10.2 Gleichungen

Eine Gleichung ist ein Ausdruck, bei dem zwei Terme durch ein Gleichheitszeichen miteinander verbunden sind. Der Definitionsbereich einer Gleichung ist der Durchschnitt aller in ihr vorkommenden Terme.

Beispiel
Der Variablengrundbereich ist $\mathbb{R}$.

$$T_1 = \frac{x^2 - 1}{x} \quad \mathbb{D}_1 = \mathbb{R} \setminus \{0\}$$

$$T_2 = \frac{2}{x-2} \quad \mathbb{D}_2 = \mathbb{R} \setminus \{2\}$$

$$\frac{x^2 - 1}{x} = \frac{2}{x-2} \quad \mathbb{D} = \mathbb{D}_1 \cap \mathbb{D}_2 = \mathbb{R} \setminus \{0, 2\}$$

Eine Gleichung, die keine Variable enthält, ist entweder eine wahre oder eine falsche Aussage. So ist zum Beispiel $5 + 2 = 7$ wahr, während $4 + 3 = 2$ falsch ist. Enthält die Gleichung Variablen, so ist sie eine Aussageform, die erst durch Einsetzung von Zahlen für die Variablen aus dem Definitionsbereich in eine wahre oder falsche Aussage übergeht.

Als **Lösung** einer Gleichung bezeichnet man alle die Zahlen aus ihrem Definitionsbereich, die beim Einsetzen für die Variable eine wahre Aussage ergeben. Man sagt auch, die Lösung **erfüllt** die Gleichung. Enthält eine Gleichung zwei verschiedene Variablen x_1 und x_2, so sind alle die

Zahlenpaare Lösungen der Gleichung, deren erste Zahl für x_1 und deren zweite für x_2 eingesetzt eine wahre Aussage ergeben. Enthält allgemein die Gleichung n verschiedene Variablen, so sind die Lösungen n-Tupel von Zahlen, von denen man die erste Zahl für die erste Variable einsetzen muss, die zweite Zahl für die zweite Variable usw., so dass dabei eine wahre Aussage entsteht.

Beispiele
Der Variablengrundbereich der Beispiele ist $\mathbb{R}$.
1. $x - 2 = 8$ $\quad\quad \mathbb{D} = \mathbb{R}$
   10 ist eine Lösung, denn $10 - 2 = 8$ ist eine wahre Aussage. Gleichzeitig ist 10 auch die einzige Lösung, denn es gibt keine weitere Zahl, die die Gleichung erfüllt.
2. $\dfrac{5}{x^2 - 4} = 1$ $\quad\quad \mathbb{D} = \mathbb{R} \setminus \{-2, 2\}$

   Die Zahlen -3 und 3 sind Lösungen, denn $\dfrac{5}{(-3)^2 - 4} = 1$ und $\dfrac{5}{(-3)^2 - 4} = 1$ sind wahre Aussagen. Sie sind die einzigen Lösungen der Gleichung.

3. $2a + 4b = 12$ $\quad\quad \mathbb{D}_a = \mathbb{R}$ und $\mathbb{D}_b = \mathbb{R}$

   Ein Lösungspaar ist $(4; 1)$, denn $2 \cdot 4 + 4 \cdot 1 = 12$ ist eine wahre Aussage. Es gibt jedoch noch unendlich viele weitere Paare, die zu wahren Aussagen führen.

Die Menge aller Lösungen einer Gleichung bezüglich ihres Definitionsbereichs wird **Lösungsmenge** $\mathbb{L}$ der Gleichung genannt. Hat die Gleichung keine Lösungen, so ist die Lösungsmenge leer.

Bei einer Gleichung mit mehreren Variablen sind zwei Sichtweisen möglich. Bei der Gleichung $2x + 3y = 15$ zum Beispiel kann man x und y als zwei gleichberechtigte Variablen ansehen, aber man kann auch die eine Größe als Variable und die andere als **Parameter** der Gleichung betrachten.

Bei der ersten Sichtweise hat die Gleichung unendlich viele Lösungspaare. Einige davon sind $(0; 5)$, $(6; 1)$, $(3; 3)$ und $(-3; 7)$.

Bei der zweiten Sichtweise ist die Lösung ein Term, der im Allgemeinen noch abhängig ist vom Parameter der Gleichung. Angenommen, im obigen Beispiel wäre x die Variable und y der Parameter, dann ist die Lösung der Gleichung der Term $½(15 - 3y)$. Konkrete Zahlen erhält man erst, wenn man auch für den Parameter Werte einsetzt.

Sind bei einer Gleichung die n Variablen auch alle Gleichungsvariablen, so sind die Lösungen n-Tupel von Zahlen. Sind jedoch von den n Variablen nur m tatsächlich Gleichungsvariablen und und die restlichen $n - m$ Parameter, so besteht die Lösung aus m-Tupeln von Zahlen, in denen im Allgemeinen noch $n - m$ Parameter auftreten.

10.3 Algebraische Gleichungen

Eine **algebraische Gleichung** ist eine Gleichung, in der als Rechenoperationen nur die Addition, die Subtraktion, die Multiplikation und die Division vorkommen. Die Potenzierung mit natürlichen Exponenten ist auch erlaubt, da sie nur als abgekürzte Schreibweise für eine mehrfache Multiplikation eines Terms mit sich selbst zu sehen ist. Andere Rechenoperationen sind nicht zugelassen. Gleichungen, die sich so umformen lassen, dass anschließend nur noch Additionen, Subtraktionen, Multiplikationen und Divisionen auftreten, heißen auch algebraisch. Alle Gleichungen mit Variablen, die nicht algebraisch sind, heißen **transzendente Gleichungen**.

Besitzt eine algebraische Gleichung nur eine Variable x, so hat sie die allgemeine Form

$$a_n x^n + a_{n-1} x^{n-1} + \ldots a_2 x^2 + a_1 x + a_0 = 0.$$

Die Terme a_0 bis a_n heißen **Koeffizienten**. Sie müssen keine festen Zahlen sein, sondern können auch Parameter der Gleichung sein. Der Term a_0 wird **absolutes Glied** genannt. Einzelne a_i können auch 0 sein. Wenn n der größte Exponent ist mit einem von 0 verschiedenen Koeffizienten a_n, so heißt n der **Grad** der Gleichung.

Beispiele
1. $5x^5 + 2x^3 + 14 = 0$
   Dies ist eine algebraische Gleichung 5. Grades mit dem absoluten Glied 14.

2. $-\frac{1}{2}x^3 + \frac{1}{3}x^2 - 3x = 0$

Diese Gleichung ist dritten Grades und hat das absolute Glied 0.

Dividiert man die allgemeine Form der algebraischen Gleichung n-ten Grades durch a_n, so erhält man ihre **Normalform**. Die Normalform des ersten Beispiels ist also
$$x^5 + \frac{2}{5}x^3 + \frac{14}{5} = 0.$$

Hat eine algebraische Gleichung mehrere Variablen, so nennt man den höchsten Exponenten, der überhaupt bei einer dieser Variablen auftritt, den Grad der Gleichung.

10.4 Äquivalenzumformungen

Zwei Gleichungen sind zueinander **äquivalent**, wenn sie den gleichen Definitionsbereich und die gleiche Lösungsmenge haben. Ansonsten sind sie nicht äquivalent.

Beispiele
1. Die beiden Gleichungen $4x - 2 = 6$ und $3y - 1 = 5$ mit dem Definitionsbereich $\mathbb{R}$ sind zueinander äquivalent, denn sie haben beide die Lösungsmenge $\{2\}$.
2. Die beiden Gleichungen $a^2 = 4$ und $b^3 = 8$, die beide den Definitionsbereich $\mathbb{Z}$ haben, sind nicht äquivalent, denn die erste hat die Lösungsmenge $\{-2, 2\}$ und die zweite $\{2\}$. Haben die beiden Gleichungen jedoch beide den Definitionsbereich $\mathbb{N}$, sind die Lösungsmengen in beiden Fällen $\{2\}$ und die Gleichungen somit auch äquivalent.

Die Äquivalenz zwischen zwei Gleichungen wird durch das Symbol $\Leftrightarrow$ ausgedrückt.

Beispiel $4x - 2 = 6 \Leftrightarrow 2x - 1 = 3$.

Formt man eine Gleichung so um, dass die dabei entstehende Gleichung zur ursprünglichen äquivalent ist, so spricht man von einer **Äquivalenzumformung**. Beide Gleichungen haben die gleiche Lösungsmenge. Bei einer nicht äquivalenten Umformung der Gleichung hingegen kann die neue Gleichung eine andere Lösungsmenge haben.

Es ist also sehr wichtig zu wissen, welche Umformungen einer Gleichung Äquivalenzumfomungen sind. Darüber geben folgende Sätze Auskunft:

1. Die beiden Gleichungen $T_1 = T_2$ und $U_1 = U_2$ sind genau dann äquivalent, wenn sowohl die Terme T_1 und U_1, als auch die Terme T_2 und U_2 äquivalent sind.
Nach diesem Satz darf man beispielsweise auf beiden Seiten der Gleichung Glieder zusammenfassen, Größen ausklammern, Klammern auflösen und Brüche kürzen oder erweitern.

2. Die beiden Gleichungen $T_1 = T_2$ und $T_2 = T_1$ sind äquivalent.
Man darf also die Terme auf den beiden Seiten einer Gleichung vertauschen.

3. Addiert oder subtrahiert man auf beiden Seiten der Gleichung $T_1 = T_2$ den gleichen Term T_3, der im gesamten Definitionsbereich der Gleichung definiert ist, so ist die dadurch entstehende Gleichung $T_1 + T_3 = T_2 + T_3$ bzw. $T_1 - T_3 = T_2 - T_3$ äquivalent zur ursprünglichen.

4. Multipliziert man beide Seiten der Gleichung $T_1 = T_2$ mit demselben Term T_3 oder dividiert man beide Seiten durch denselben Term T_3, der im gesamten Definitionsbereich der Gleichung definiert und dort ungleich 0 ist, so ist die dadurch entstehende Gleichung $T_1 \cdot T_3 = T_2 \cdot T_3$ bzw. $T_1 : T_3 = T_2 : T_3$ äquivalent zur ursprünglichen.

Beispiel

$$4x + 2 = 12x - 4 \quad | -12x - 2$$
$$\Leftrightarrow 4x + 2 - 12x - 2 = 12x - 4 - 12x - 2 \quad | \text{zusammenfassen}$$
$$\Leftrightarrow -8x = -6 \quad | : (-8)$$
$$\Leftrightarrow x = \frac{6}{8} \quad | \text{kürzen}$$
$$\Leftrightarrow x = \frac{3}{4}$$

Da die letzte Gleichung die Lösungsmenge {¾} hat, ist die Lösungsmenge der ursprünglichen Gleichung auch {¾}.

Potenzieren und Radizieren sind nicht immer Äquivalenzumformungen, wie das folgende Beispiel zeigt:

$$\sqrt{2x^2 - 1} = x \quad | \text{ quadrieren}$$
$$2x^2 - 1 = x^2 \quad | +1 - x^2$$
$$x^2 = 1$$

Die ursprüngliche Gleichung hat die Lösungsmenge {1}, die nach dem Quadrieren entstandene hingegen die Lösungsmenge {–1, 1}.

Als das Lösen von Gleichungen bezeichnet man die Angabe der vollständigen Lösungsmenge. Wie man zur Lösungsmenge kommt, ist im Grunde beliebig. Man kann dies durch ein systematisches Ausprobieren erreichen oder bei ganz einfachen Gleichungen wie zum Beispiel bei $x = 3$ durch direktes Ablesen. In der Regel jedoch gibt es ein bestimmtes Lösungsverfahren, das meistens darauf beruht, die Gleichung solange äquivalent umzuformen, bis eine Gleichung entsteht, bei der man die Lösungen direkt ablesen kann.

Beispiel
Die Gleichung $4a + 30 = 2a$ mit dem Definitionsbereich $\mathbb{D} = \mathbb{R}$ soll gelöst werden.

$$4a + 30 = 2a \quad | -2a - 30$$
$$\Leftrightarrow \quad 4a + 30 - 2a - 30 = 2a - 2a - 30 \quad | \text{ zusammenfassen}$$
$$\Leftrightarrow \quad 2a = -30 \quad | :2$$
$$\Leftrightarrow \quad a = -15$$

Aus der letzten Gleichung kann man die Lösung direkt ablesen. Die Lösungsmenge ist also $\mathbb{L} = \{-15\}$.

Praktischer Hinweis: Man versuche alle Terme mit der Variablen nach links zu bringen und alle anderen Terme nach rechts. Die Terme mit den Variablen sind so weit zusammenzufassen, dass die Variable nur mehr ein einziges Mal auftritt und letztlich allein auf der linken Seite übrig bleibt.
Faustregel: Variable nach links, alles andere nach rechts.

10.5 Bruchgleichungen

Bruchgleichungen sind Gleichungen, bei denen mindestens eine Variable im Nenner eines Bruches vorkommt. Sie lassen sich stets durch Äquivalenzumformungen in die allgemeine Form der algebraischen Gleichung umwandeln.

Beispiel
$$\frac{5}{x+1} - \frac{3}{x-1} = \frac{2}{x} \qquad \mathbb{D} = \mathbb{R}\setminus\{-1;0;1\}$$

Der Hauptnenner ist das Produkt der drei einzelnen Nenner.

$$\frac{5}{x+1} - \frac{3}{x-1} = \frac{2}{x} \qquad \text{auf Hauptnenner erweitern}$$

$$\Leftrightarrow \frac{5x(x-1)}{x(x-1)(x+1)} - \frac{3x(x+1)}{x(x-1)(x+1)} = \frac{2(x-1)(x+1)}{x(x-1)(x+1)} \qquad \cdot x(x-1)(x+1)$$

$$\Leftrightarrow 5x(x-1) - 3x(x+1) = 2(x-1)(x+1) \qquad \text{Klammern auflösen}$$

$$\Leftrightarrow 5x^2 - 5x - 3x^2 - 3x = 2x^2 - 2x + 2x - 2 \qquad \text{zusammenfassen}$$

$$\Leftrightarrow 2x^2 - 8x = 2x^2 - 2 \qquad +2 -2x^2$$

$$\Leftrightarrow -8x + 2 = 0$$

10.6 Wurzelgleichungen

Gleichungen, bei denen wenigstens eine der Variablen mindestens einmal im Radikanden einer Wurzel auftritt, heißen Wurzelgleichungen. In einfachen Fällen kann man sie durch Potenzieren lösen. Man muss jedoch darauf achten, dass das Potenzieren eine nichtäquivalente Umformung sein kann, durch die zusätzliche Lösungen auftreten können, die man anschließend durch eine Probe wieder ausschließen muss.

Beispiele
1. $\sqrt{x+3} = 2 \qquad \mathbb{D} = \{x \mid x \in \mathbb{R} \land x \geq 3\}$

$$\sqrt{x+3} = 2 \qquad \text{quadrieren}$$
$$\Leftrightarrow x+3 = 4 \qquad -3$$
$$\Leftrightarrow x = 1$$

Diese Wurzelgleichung ist also äquivalent zu einer algebraischen Gleichung, und ihre Lösungsmenge ist $\mathbb{L} = \{1\}$.

2. $\quad \sqrt{2x} = -2 \quad \mathbb{D} = \{x \mid x \in \mathbb{R} \land x \geq 3\}$

$$\begin{aligned}\sqrt{2x} &= -2 &&\mid \text{quadrieren} \\ 2x &= 4 &&\mid : 2 \\ \Leftrightarrow x &= 2\end{aligned}$$

In diesem Fall ist das Quadrieren keine Äquivalenzumformung und $x = 2$ keine Lösung der Gleichung. Tatsächlich ist die Lösungsmenge sogar leer, denn der Wert der Wurzel ist für jedes beliebige x immer gleich oder größer 0 und niemals -2.

10.7 Lineare Gleichungen

Algebraische Gleichungen 1. Grades werden auch **lineare Gleichungen** genannt. Wenn sie nur eine Variable x haben, ist ihre allgemeine Form:

$$ax + b = 0 \quad \mathbb{D} = \mathbb{R}, \quad a, b \in \mathbb{R}, \quad a \neq 0$$

Der Term b heißt das **absolute Glied** und der Term ax das **lineare Glied**. Bei einer linearen Gleichung muss $a \neq 0$ sein.
Eine lineare Gleichung ist stets eindeutig lösbar.

$$\begin{aligned} & & ax + b &= 0 &&\mid -b \\ \Leftrightarrow & & ax + b - b &= 0 - b &&\mid \text{zusammenfassen} \\ \Leftrightarrow & & ax &= b &&\mid : a \\ \Leftrightarrow & & x &= -\frac{b}{a} \end{aligned}$$

Die Lösungsmenge der linearen Gleichung ist also $\mathbb{L} = \{-b/a\}$.

Beispiel

$$4x - 12 = 0$$
$$\mathbb{L} = \left\{-\frac{-12}{4}\right\} = \{3\}$$

Ändert man jedoch den Variablengrundbereich, so ist es durchaus möglich, dass eine lineare Gleichung nicht lösbar ist.

Beispiel
Der Variablengrundbereich und damit auch der Definitionsbereich sind $\mathbb{N}$.
$$3x + 7 = 0$$
$$\mathbb{L} = \emptyset$$

Wäre der Definitionsbereich die Menge der reellen Zahlen oder die der rationalen Zahlen, so enthielte die Lösungsmenge das Element $-7/3$.

10.8 Lineare Gleichungen mit zwei Variablen

Hat eine lineare Gleichung mit dem Definitionsbereich $\mathbb{R}$ zwei Variablen, so existieren unendlich viele Zahlenpaare, die die Gleichung lösen.

Gibt es m Gleichungen mit n Variablen, so spricht man von einem **Gleichungssystem**. Die lineare Algebra stellt Verfahren zur Verfügung, mit denen solche allgemeinen Systeme gelöst werden können. In diesem Abschnitt sollen jedoch nur Systeme untersucht werden, die aus zwei Gleichungen mit zwei Variablen bestehen.

Ein solches Gleichungssystem hat folgende allgemeine Form:

$$a_1 x + b_1 y = c_1$$
$$a_2 x + b_2 y = c_2$$

Jede Lösung dieses Systems ist ein geordnetes Zahlenpaar (x, y), das beide Gleichungen erfüllt.

Ein System von zwei linearen Gleichungen zu lösen heißt, alle geordneten Zahlenpaare zu finden, die sowohl die erste als auch die zweite Gleichung erfüllen. Bezeichnet $\mathbb{L}_1$ die Lösungsmenge der ersten Gleichung und $\mathbb{L}_2$ die der zweiten, so ist also der Durchschnitt $\mathbb{L}$ der beiden Lösungsmengen $\mathbb{L}_1$ und $\mathbb{L}_2$ gesucht. Dabei sind insgesamt drei verschiedene Fälle möglich.

1. $\mathbb{L} = \mathbb{L}_1 \cap \mathbb{L}_2 = \{(x_1; y_1)\}$ Das Gleichungssystem ist eindeutig lösbar. Es gibt also genau eine Lösung.
2. $\mathbb{L} = \mathbb{L}_1 \cap \mathbb{L}_2 = \emptyset$ Die Gleichungen des Systems widersprechen sich. Es gibt also keine Lösung.
3. $\mathbb{L} = \mathbb{L}_1 \cap \mathbb{L}_2 = \mathbb{L}_1 = \mathbb{L}_2$ Die beiden Gleichungen sind linear abhängig, d. h., die eine Gleichung lässt sich durch Multiplikation mit

einer reellen Zahl in die andere umwandeln. Das System ist dadurch nicht eindeutig lösbar, und es gibt unendlich viele Lösungen.

Zur Lösung von Systemen aus zwei linearen Gleichungen sind drei verschiedene Verfahren gebräuchlich: das Einsetzungsverfahren, das Gleichsetzungsverfahren und das Additionsverfahren.

Beim **Einsetzungsverfahren** wird eine der beiden Gleichungen nach einer Variablen aufgelöst und der dabei erhaltene Term in die andere Gleichung für diese Variable eingesetzt. Anschließend enthält diese zweite Gleichung nur noch eine Variable, nach der sie nun aufgelöst werden kann. Schließlich wird die Lösung der zweiten Variablen in die erste Gleichung eingesetzt, um auch die Lösung für die erste Variable zu erhalten. Mit welcher Variablen und mit welcher Gleichung man das Verfahren beginnt, spielt dabei keine Rolle.

Beispiel
$$x + 2y = 12$$
$$3x - 4y = 6$$

Die erste Gleichung wird nach x aufgelöst.

$$x = 12 - 2y$$

In der zweiten Gleichung wird x durch $12 - 2y$ ersetzt.

$$3(12 - 2y) - 4y = 6$$

Die zweite Gleichung wird nach y aufgelöst.

$$36 - 6y - 4y = 6$$
$$36 - 10y = 6$$
$$-10y = -30$$
$$y = 3$$

Das Ergebnis für y wird in die nach x aufgelöste erste Gleichung eingesetzt.

$$x = 12 - 2 \cdot 3$$
$$x = 6$$

Die Lösung des Gleichungssystems ist (6; 3).

Beim **Gleichsetzungsverfahren** werden beide Gleichungen nach derselben Variablen aufgelöst und die dadurch erhaltenen Terme gleichgesetzt. Diese neue Gleichung wird anschließend nach der zweiten Variablen aufgelöst. Die Lösung für diese Variable wird in eine der beiden ursprünglichen, nach der ersten Variablen aufgelösten Gleichungen eingesetzt.

Beispiel
$$x + 2y = 12$$
$$3x - 4y = 6$$

Beide Gleichungen werden nach x aufgelöst.

$$x = 12 - 2y$$
$$x = 2 + \frac{4}{3}y$$

Die beiden Terme für x werden gleichgesetzt.
$$12 - 2y = 2 + \frac{4}{3}y$$

Die Gleichung wird nach y aufgelöst.
$$-2y - \frac{4}{3}y = 2 - 12$$
$$-\frac{10}{3}y = -10$$
$$y = 3$$

Das Ergebnis für y wird in die nach x aufgelöste erste Gleichung eingesetzt.
$$x = 12 - 2 \cdot 3$$
$$x = 6$$

Die Lösung des Gleichungssystems ist (6; 3).

Die dritte Methode ist das **Additionsverfahren**. Sie beruht darauf, dass die Addition der jeweils linken und rechten Seiten von zwei Gleichungen stets erlaubt ist. Durch Multiplikation der Gleichungen mit geeigneten Zahlen kann man stets erreichen, dass die Koeffizienten einer der beiden Variablen entgegengesetzte Zahlen sind. Addiert man anschließend die beiden Gleichungen, so fällt in der Summengleichung diese Variable heraus. Nun kann man die Gleichung nach der noch vorhandenen Variablen auflösen. Zum Schluss setzt man in eine der ursprünglichen Gleichungen die Lösung für diese Variable ein und löst sie nach der anderen Variablen auf.

Beispiel
$$x + 2y = 12$$
$$3x - 4y = 6$$

Die erste Gleichung wird mit 2 multipliziert.

$$2x + 4y = 24$$
$$3x - 4y = 6$$

Die linken und die rechten Seiten der beiden Gleichungen werden addiert.

$$2x + 4y + 3x - 4y = 24 + 6$$

Die Gleichung wird nach x aufgelöst.

$$5x = 30$$
$$x = 6$$

Das Ergebnis für x wird in die erste Gleichung eingesetzt.

$$6 + 2y = 12$$

Die Gleichung wird nach y aufgelöst.

$$6 + 2y = 12$$
$$2y = 6$$
$$y = 3$$

Die Lösung des Gleichungssystems ist (6; 3).

Alle drei Lösungsverfahren sind gleichwertig. Welches im konkreten Fall am schnellsten zur Lösung führt, hängt vom Aussehen der beiden Gleichungen ab.

Sind zwei Gleichungen widersprüchlich, führen alle drei Verfahren meistens schon nach wenigen Schritten zu offensichtlich falschen Aussagen wie beispielsweise 1 = 2. Führt also ein Lösungsverfahren zu einer falschen Behauptung, so ist die Lösungsmenge leer.

Beispiel
$$2x - y = 7$$
$$-4x + 2y = 8$$

Die erste Gleichung wird nach y aufgelöst.

$$y = 2x - 7$$

Der Term für y wird in die zweite Gleichung eingesetzt.

$$-4x + 2(2x - 7) = 8$$
$$-4x + 4x - 14 = 8$$
$$-14 = 8$$

Diese Aussage ist offensichtlich falsch, und somit ist $\mathbb{L} = \emptyset$.

Versucht man zwei linear abhängige Gleichungen mit diesen drei Verfahren zu lösen, erhält man immer eine stets wahre Aussage, die keine Variablen mehr enthält, wie zum Beispiel 1 = 1. Man kann die Lösung dieses Systems dann so darstellen, dass die eine Variable völlig frei wählbar ist und die andere durch die erste ausgedrückt wird.

Beispiel
$$x - 3y = 6$$
$$-2x + 6y = -12$$

Die erste Gleichung wird nach x aufgelöst.

$$x = 6 + 3y$$

Der Term für x wird in die zweite Gleichung eingesetzt.

$$-2(6 + 3y) + 6y = -12$$
$$-12 - 6y + 6y = -12$$
$$-12 = -12$$

Diese Aussage ist offensichtlich stets wahr, und somit ist die Lösung nicht eindeutig. Sie lässt sich auf mehrere Weisen darstellen. Zwei davon sind:

$$\mathbb{L} = \left\{(x,y) \Big| x \in \mathbb{R}, \ y = \frac{x}{3} - 2\right\}$$

$$\mathbb{L} = \left\{(x,y) \Big| y \in \mathbb{R}, \ x = 3y + 6\right\}$$

10.9 Quadratische Gleichungen

Eine algebraische Gleichung 2. Grades nennt man auch quadratische Gleichung. Die Variable tritt in ihr mindestens einmal in der 2. Potenz auf, jedoch in keiner höheren.

Beispiel $\quad 5x^2 + 10x - 15 = 0$

Die allgemeine Form der quadratischen Gleichung ist

$$ax^2 + bx + c = 0.$$

Die drei Terme ax^2, bx und c heißen das quadratische, das lineare und das absolute Glied. Dabei muss $a \neq 0$ sein. Dividiert man die Gleichung durch den Koeffizienten a des quadratischen Gliedes, erhält man die **Normalform** der quadratischen Gleichung. Mit den Abkürzungen $p = b/a$ und $q = c/a$ hat sie die Form

$$x^2 + px + q = 0.$$

Je nachdem, ob p und q gleich oder verschieden von 0 sind, unterscheidet man vier Fälle.
1. $x^2 = 0$ reinquadratische Gleichung ohne Absolutglied
2. $x^2 + q = 0$ reinquadratische Gleichung
3. $x^2 + px = 0$ gemischtquadratische Gleichung ohne Absolutglied
4. $x^2 + px + q = 0$ gemischtquadratische Gleichung

Die **reinquadratische Gleichung ohne Absolutglied** $x^2 = 0$ kann nur die Lösung 0 haben, da es keine anderen Zahlen gibt, deren Quadrat 0 ist.

Die **reinquadratische Gleichung** $x^2 + q = 0$ hat für $q > 0$ keine Lösungen im Bereich der reellen Zahlen. Für $q < 0$ kann man mit der dritten binomischen Formel $(a + b)(a - b) = a^2 - b^2$ die quadratische Gleichung in das Produkt zweier linearer Gleichungen zerlegen.

$$\begin{aligned} & & x^2 + q &= 0 \\ &\Leftrightarrow & x^2 - (-q) &= 0 \\ &\Leftrightarrow & x^2 - \left(\sqrt{-q}\right)^2 &= 0 \\ &\Leftrightarrow & \left(x + \sqrt{-q}\right)\left(x - \sqrt{-q}\right) &= 0 \end{aligned}$$

Das Produkt zweier Terme ist genau dann 0, wenn mindestens einer der beiden Terme 0 ist. Damit ist die Lösungsmenge die Vereinigung der Lösungsmengen aus den beiden folgenden linearen Gleichungen:

$$x + \sqrt{-q} = 0$$

$$x - \sqrt{-q} = 0$$

Die erste Gleichung hat die Lösung $-\sqrt{-q}$ und die zweite $\sqrt{-q}$. Die Lösungsmenge der reinquadratischen Gleichung mit absolutem Glied beträgt folglich $\mathbb{L} = \{-\sqrt{-q}, \sqrt{-q}\}$. Etwas knapper schreibt man die Lösungsformel meistens als

$$x_{1,2} = \pm\sqrt{-q}.$$

Zum praktischen Rechnen kann man also die Gleichung auf die Form $x^2 = -q$ bringen und anschließend beidseitig die Wurzel ziehen, wobei beide Vorzeichen genommen werden müssen.

Wählt man als Variablengrundbereich die Menge der komplexen Zahlen $\mathbb{C}$, so gibt es für $q > 0$ die beiden imaginären Lösungen $-\sqrt{q} \cdot i$ und $\sqrt{q} \cdot i$.

Reinquadratische Gleichung

$x^2 + q = 0 \quad \text{mit} \quad x, q \in \mathbb{R}$

$q < 0$: $\mathbb{L} = \{-\sqrt{-q}, \sqrt{-q}\}$
$q = 0$: $\mathbb{L} = \{0\}$
$q > 0$: $\mathbb{L} = \emptyset$

Beispiele
1. $a^2 - 64 = 0$
   $\mathbb{L} = \{-\sqrt{-(-64)}; \sqrt{-(-64)}\}$
   $\mathbb{L} = \{-8; 8\}$

2. $y^2 - 2{,}25 = 0$
   $\mathbb{L} = \{-1{,}5; 1{,}5\}$

Die **gemischtquadratische Gleichung ohne Absolutglied** $x^2 + px = 0$ kann man durch Ausklammern von x in ein Produkt zweier linearer Gleichungen überführen.

$$x^2 + px = 0$$
$$\Leftrightarrow x(x + p) = 0$$

Die erste dieser beiden linearen Gleichungen x hat immer die Lösung 0 und die zweite hat die Lösung $-p$. Da ein Produkt immer dann 0 ist, wenn mindestens einer der beiden Faktoren 0 ist, hat diese quadratische Gleichung stets die beiden Lösungen 0 und $-p$.

Gemischtquadratische Gleichung ohne absolutes Glied

$x^2 + px = 0 \quad \text{mit} \quad x, p \in \mathbb{R}$

$\mathbb{L} = \{0; -p\}$

Beispiel $\quad x^2 + 5x = 0$
$\mathbb{L} = \{0; -5\}$

Die **gemischtquadratische Gleichung** $x^2 + px + q = 0$ löst man mit Hilfe der ersten binomischen Formel $(a + b)^2 = a^2 + 2ab + b^2$. Dazu ergänzt man die Summe der beiden ersten Terme $x^2 + px$ der quadratischen Gleichung so um einen dritten Term, dass dadurch die rechte Seite der ersten binomischen Formel entsteht. Da nun das x in der quadratischen Gleichung dem a im Binom entspricht, muss p gerade $2b$ sein. Der noch fehlende Term b^2 entspricht somit $(p/2)^2$. Diesen zusätzlichen Term $(p/2)^2$ bezeichnet man als **quadratische Ergänzung**. Wenn man die quadratische Ergänzung zur Gleichung addiert, so muss man sie natürlich auch wieder subtrahieren, denn sonst wäre es keine Äquivalenzumformung.

$$x^2 + px + q = 0$$

$$\Leftrightarrow x^2 + px + \left(\frac{p}{2}\right)^2 - \left(\frac{p}{2}\right)^2 + q = 0$$

Nun kann man die drei ersten Terme nach der ersten binomischen Formel umformen.

$$\Leftrightarrow \left(x + \frac{p}{2}\right)^2 - \left(\frac{p}{2}\right)^2 + q = 0$$

$$\Leftrightarrow \left(x + \frac{p}{2}\right)^2 - \left[\left(\frac{p}{2}\right)^2 - q\right] = 0$$

Den Ausdruck in der eckigen Klammer bezeichnet man als **Diskriminante** D (lat. discriminare, trennen).

$$D = \left(\frac{p}{2}\right)^2 - q$$

Die gemischtquadratische Gleichung ist somit zu einer reinquadratischen Gleichung mit der Variablen $(x+p/2)$ und dem absoluten Term $-D$ geworden.

Nach der Lösungsformel für die reinquadratischen Gleichungen gilt, sofern $D > 0$ ist:

$$x_{1,2} + \frac{p}{2} = \pm\sqrt{D}$$

$$x_{1,2} = -\frac{p}{2} \pm \sqrt{D}$$

In ausgeschriebener Form ist dies:

$$x_{1,2} = -\frac{p}{2} \pm \sqrt{\left(\frac{p}{2}\right)^2 - q}$$

Aus der Lösung der reinquadratischen Gleichung folgt auch, dass die gemischtquadratische Gleichung keine Lösung im Bereich der reellen Zahlen hat, wenn $D < 0$ ist und nur die eine Lösung $-p/2$ hat, wenn $D = 0$ ist.

Ist der Variablengrundbereich nicht die Menge der reellen Zahlen $\mathbb{R}$, sondern die der komplexen Zahlen $\mathbb{C}$, so ist für $D < 0$ die Lösungsmenge nicht leer, sondern enthält die beiden komplexen Zahlen

$-p/2 - \sqrt{(p/2)^2 - q}$ und $-p/2 + \sqrt{(p/2)^2 - q}$.

Gemischtquadratische Gleichung
$x^2 + px + q = 0 \quad \text{mit} \quad x, p, q \in \mathbb{R}$

Diskriminante $D = \left(\dfrac{p}{2}\right)^2 - q$

$D < 0: \quad \mathbb{L} = \emptyset$

$D = 0: \quad \mathbb{L} = \left\{-\dfrac{p}{2}\right\}$

$D > 0: \quad \mathbb{L} = \left\{-\dfrac{p}{2} - \sqrt{D};\ -\dfrac{p}{2} + \sqrt{D}\right\}$

Die Lösungsformel

$$x_{1,2} = -\frac{p}{2} \pm \sqrt{\left(\frac{p}{2}\right)^2 - q}$$

ergibt auch die Lösungen der Spezialfälle, wenn p oder q gleich 0 ist. Die einzige Bedingung ist, dass die quadratische Gleichung die Normalform haben muss. Man muss also gar nicht die Fallunterscheidungen machen, sondern braucht sich nur diese eine Lösungsformel zu merken.

Beispiele
1. $5x^2 + 10x - 15 = 0$
Die Normalform dieser quadratischen Gleichung ist $x^2 + 2x - 3 = 0$. Die Diskriminante hat den Wert

$$D = \left(\frac{2}{2}\right)^2 - (-3) = 4.$$

Da sie größer ist als 0, hat die quadratische Gleichung zwei reelle Lösungen.

$$\mathbb{L} = \left\{-\frac{2}{2} - \sqrt{4};\ -\frac{2}{2} + \sqrt{4}\right\}$$

$$\mathbb{L} = \{-3;\ 1\}$$

2. $x^2 - 12x + 35 = 0$
Die quadratische Gleichung wird diesmal mit der Lösungsformel gelöst.

$$x_{1,2} = -\frac{-12}{2} \pm \sqrt{\left(\frac{-12}{2}\right)^2 - 35} = 6 \pm \sqrt{1}$$

$x_1 = 7$
$x_2 = 5$

10.10 Kubische Gleichungen

Eine algebraische Gleichung 3. Grades wird auch kubische Gleichung genannt. Die Variable tritt in ihr mindestens einmal in der 3. Potenz auf, jedoch in keiner höheren.

Beispiel $5x^3 + 25x^2 + 15x - 45 = 0$

Die allgemeine Form der kubischen Gleichung ist

$$ax^3 + bx^2 + cx + d = 0.$$

Die drei Terme ax^3, bx^2, cx und d heißen das kubische, das quadratische, das lineare und das absolute Glied. Dabei muss $a \ne 0$ sein. Dividiert man die Gleichung durch den Koeffizienten a des kubischen Gliedes, erhält man die **Normalform** der kubischen Gleichung. Mit den Abkürzungen $r = b/a$, $s = c/a$ und $t = d/a$ bekommt sie die Form

$$x^3 + rx^2 + sx + t = 0.$$

Der Variablengrundbereich sei die Menge der komplexen Zahlen $\mathbb{C}$.

> **Normalform der kubischen Gleichung**
> $x^3 + rx^2 + sx + t = 0$
> mit $x \in \mathbb{C}$; $r, s, t \in \mathbb{R}$

Zwei Spezialfälle sind dabei leicht zu lösen.
Bei der **reinkubischen Gleichung** haben die beiden Koeffizienten r und s den Wert 0. Sie hat also die Form $x^3 + t = 0$. Diese Gleichung hat die drei Lösungen $x_1 = \sqrt[3]{-t}$, $x_2 = x_1 w_1$ und $x_3 = x_1 w_2$. Dabei sind w_1 und w_2 dritte Einheitswurzeln und haben die Form:

$$w_1 = \frac{1}{2}\left(-1 + i\sqrt{3}\right)$$

$$w_2 = \frac{1}{2}\left(-1 - i\sqrt{3}\right)$$

Ist auch noch $t = 0$, so gibt es als einzige Lösung nur $x_1 = 0$.

Der zweite leicht zu lösende Spezialfall ist die **gemischtkubische Gleichung ohne absolutes Glied** $x^3 + rx^2 + sx = 0$. Durch Ausklammern von x kann man sie in ein Produkt von x und einer quadratischen Gleichung überführen.

$$x^3 + rx^2 + sx = 0$$
$$\Leftrightarrow x(x^2 + rx + s) = 0$$

Da das Produkt zweier Terme 0 ist, wenn mindestens einer der Terme 0 ist, besteht die Lösungsmenge aus der Lösung der Gleichung $x = 0$ und den Lösungen der Gleichung $x^2 + rx + s$.

$$\mathbb{L} = \left\{ 0;\; -\frac{r}{2} + \sqrt{\left(\frac{r}{2}\right)^2 - s};\; -\frac{r}{2} - \sqrt{\left(\frac{r}{2}\right)^2 - s} \right\}$$

Die **gemischtkubische Gleichung mit absolutem Glied** $x^3 + rx^2 + sx + t = 0$ kann man mit der **Cardanischen Formel** lösen. Sie ist nach dem italienischen Mathematiker Geronimo Cardano (1501–1576) benannt, obwohl sie in Wirklichkeit von seinem Landsmann Niccolò Tartaglia (ca. 1500–1557) stammt.

Die Cardanische Formel lässt sich in zwei Schritten herleiten. Zunächst wird die kubische Gleichung auf ihre **reduzierte** Form gebracht, in der sie kein quadratisches Glied mehr enthält. Dies erreicht man dadurch, dass man die Variable x durch $y - r/3$ ersetzt.

$$\left(y - \frac{r}{3}\right)^3 + r\left(y - \frac{r}{3}\right)^2 + s\left(y - \frac{r}{3}\right) + t = 0$$

Nach dem Auflösen der Klammern und dem Zusammenfassen der Terme wird daraus

$$y^3 + \left(s - \frac{1}{3}r^2\right)y + \frac{2}{27}r^3 - \frac{1}{3}sr + t = 0 \; .$$

Mit den Abkürzungen $p = s - r^2/3$ und $q = 2r^3/27 - sr/3 + t$ vereinfacht sich die Gleichung zu

$$y^3 + py + q = 0.$$

Man nennt dies die reduzierte Form der kubischen Gleichung.

Nun zerlegt man die gesuchte Lösung y in zwei Summanden u und v, die getrennt bestimmt werden. Mit $y = u + v$ wird aus der reduzierten Form:

$$(u + v)^3 + p(u + v) + q = 0$$
$$\Leftrightarrow u^3 + v^3 + q + (u + v)(3uv + p) = 0$$

Dies ist *eine* Gleichung mit *zwei* Variablen u und v. Sie hat deshalb keine eindeutige Lösung, weil eine der Variablen immer auf die andere abgestimmt werden kann. Um sie eindeutig zu machen, kann man noch eine beliebige weitere Bedingung festlegen, die nur nicht äquivalent oder widersprüchlich zur ersten sein darf. Man wählt

$$3uv + q = 0,$$

weil dadurch der letzte Summand verschwindet. Nun hat man das Gleichungssystem

$$u^3 + v^3 = -q$$
$$3uv = -p.$$

Quadriert man die erste Gleichung und subtrahiert davon das Vierfache der 3. Potenz der zweiten Gleichung, erhält man

$$\left(u^3 - v^3\right)^2 = q^2 + 4\left(\frac{p}{3}\right)^3.$$

Zusammen mit der ersten Gleichung bekommt man dadurch folgendes Gleichungssystem:

$$u^3 - v^3 = \pm\sqrt{q^2 + 4\left(\frac{p}{3}\right)^3}$$

$$u^3 + v^3 = -q$$

Daraus ergibt sich

$$u^3 = -\frac{q}{2} \pm \sqrt{\left(\frac{q}{2}\right)^2 + \left(\frac{p}{3}\right)^3}$$

$$v^3 = -\frac{q}{2} \mp \sqrt{\left(\frac{q}{2}\right)^2 + \left(\frac{p}{3}\right)^3}.$$

Durch Vertauschen der oberen mit den unteren Vorzeichen in den beiden Ausdrücken wird u^3 zu v^3 und umgekehrt; durch Vertauschen von u und v hingegen bleiben die Gleichungen $u^3 + v^3 = -q$ und $3uv = -p$ aber unverändert. Es genügt also, nur eines der Vorzeichenpaare, etwa das obere, zu betrachten.

Für u und v erhält man folgende Lösungen:

$$u_1 = \sqrt[3]{-q/2 + \sqrt{(q/2)^2 + (p/3)^3}} \qquad u_2 = u_1 w_1 \qquad u_3 = u_1 w_2$$

$$v_1 = \sqrt[3]{-q/2 - \sqrt{(q/2)^2 + (p/3)^3}} \qquad v_2 = v_1 w_1 \qquad v_3 = v_1 w_2$$

Dabei haben die dritten Einheitswurzeln w_1 und w_2 die oben angegebene Form.

Durch die jeweils drei Werte für u und v könnte die reduzierte Variable $y = u + v$ insgesamt neun verschiedene Werte annehmen. Jedoch sind nur die drei $y_1 = u_1 + v_1$, $y_2 = u_2 + v_3$ und $y_3 = u_3 + v_2$ auch tatsächlich Lösungen der reduzierten Gleichung, da die Nebenbedingung $3uv + q = 0$ nur für $u_1 v_1$, $u_2 v_3$ und $u_3 v_2$ erfüllt ist. Grund dafür ist, dass das Produkt $w_1 w_2$ der beiden dritten Einheitswurzeln 1 ist.

Falls der Radikand der Quadratwurzel in dem Term für u_1 und v_1 nichtnegativ ist, also $(q/2)^2 + (p/3)^3 \geq 0$ ist, ist die Lösung y_1 reell und y_2 und y_3 sind konjugiert komplex.

$$y_1 = \sqrt[3]{-q/2 + \sqrt{(q/2)^2 + (p/3)^3}} + \sqrt[3]{-q/2 - \sqrt{(q/2)^2 + (p/3)^3}}$$

$$y_2 = u_1 w_1 + v_1 w_2 = -\tfrac{1}{2}(u_1 + v_1) + \tfrac{1}{2}(u_1 - v_1) \cdot i\sqrt{3}$$

$$y_3 = u_1 w_2 + v_1 w_1 = -\tfrac{1}{2}(u_1 + v_1) - \tfrac{1}{2}(u_1 - v_1) \cdot i\sqrt{3}$$

Den Fall $(q/2)^2 + (p/3)^3 < 0$ konnten die Mathematiker des 16. Jahrhunderts noch nicht lösen. Sie bezeichneten ihn deshalb als »**Casus irreducibilis**« (nicht zurückführbarer Fall). Erst um 1600 gelang dem französischen Mathematiker François Viète, auch Vieta genannt (1540–1603) die Lösung.

Wenn $(q/2)^2 + (p/3)^3 < 0$ ist, so muss auch $p < 0$ sein. Setzt man $p' = -p$, so ist p' eine positive Zahl und die reduzierte Gleichung erhält die Form

$$y^3 - p'y + q = 0.$$

Außerdem gilt $(p'/3)^3 - (q/2)^2 > 0$. Der Radikand der dritten Wurzel in u_1 und v_1 lautet damit:

$$-q/2 \pm \sqrt{-(p'/3)^3 + (q/2)^2} = -q/2 \pm \sqrt{-\left[(p'/3)^3 - (q/2)^2\right]}$$

$$= -q/2 \pm i\sqrt{(p'/3)^3 - (q/2)^2}$$

Diese komplexe Zahl lässt sich auch in trigonometrischer Form schreiben.
$$-q/2 \pm i\sqrt{(p'/3)^3 - (q/2)^2} = R(\cos\varphi \pm i\sin\varphi)$$

mit

$$R = \sqrt{(p'/3)^3}$$

$$\cos\varphi = -\tfrac{1}{2} \cdot q\sqrt{(3/p')^3}$$

$$\sin\varphi = \sqrt{(p'/3)^3 - (q/2)^2} \cdot \sqrt{(3/p')^3}$$

Mit dem Satz von Moivre erhält man damit für u_1 und v_1:

$$u_1 = \sqrt[3]{R}\left(\cos(\varphi/3) + i\sin(\varphi/3)\right)$$
$$v_1 = \sqrt[3]{R}\left(\cos(\varphi/3) - i\sin(\varphi/3)\right)$$

Dies bedeutet für die Lösung y_1 der reduzierten Gleichung:

$$y_1 = u_1 + v_1$$

$$= \sqrt[3]{R}\left(\cos(\varphi/3) + i\sin(\varphi/3) + \cos(\varphi/3) - i\sin(\varphi/3)\right)$$

$$= 2\sqrt[3]{R}\cos(\varphi/3)$$

Da der Winkel wegen der Periodizität der Kosinusfunktion auch die Werte $\varphi + 2\pi$ und $\varphi + 4\pi$ haben kann, lauten die beiden anderen Lösungen $y_2 = 2\sqrt[3]{R}\cos((\varphi + 2\pi)/3)$ und $y_3 = 2\sqrt[3]{R}\cos((\varphi + 4\pi)/3)$. Alle drei Lösungen sind also in diesem Fall reell.

Kubische Gleichungen

kubische Gleichung:	$ax^3 + bx^2 + cx + d = 0$	$x \in \mathbb{C}$; $a,b,c,d \in \mathbb{R}$; $a \neq 0$
Normalform:	$x^3 + rx^2 + sx + t = 0$	$r = b/a$; $s = c/a$; $t = d/a$
reduzierte Form:	$y^3 + py + q = 0$	$x = y - r/3$ $p = s - r^2/3$ $q = 2r^3/27 - rs/3 + t$
Cardanische Formel:	$(q/2)^2 + (p/3)^3 > 0$	eine reelle und zwei konjugiert komplexe Lösungen
	$(q/2)^2 + (p/3)^3 = 0$	drei reelle Lösungen, von den zwei zusammenfallen

$$u_1 = \sqrt[3]{-q/2 + \sqrt{(q/2)^2 + (p/3)^3}}$$

$$v_1 = \sqrt[3]{-q/2 - \sqrt{(q/2)^2 + (p/3)^3}}$$

$$y_1 = u_1 + v_1$$

$$y_{2,3} = -\tfrac{1}{2}(u_1 + v_1) \pm \tfrac{1}{2}(u_1 - v_1) \cdot i\sqrt{3}$$

Casus irreducibilis:	$(q/2)^2 + (p/3)^3 < 0$	drei verschiedene reelle Lösungen

$$R = \sqrt{-(p/3)^3}$$

$$\cos\varphi = -(q/2)\sqrt{-(3/p)^3}$$

$$y_1 = 2\sqrt[3]{R}\cos(\varphi/3)$$

$$y_2 = 2\sqrt[3]{R}\cos((\varphi + 2\pi)/3)$$

$$y_3 = 2\sqrt[3]{R}\cos((\varphi + 4\pi)/3)$$

Beispiel

Die kubische Gleichung $5x^3 - 10x^2 - 5x + 10 = 0$ hat die Normalform $x^3 - 2x^2 - x + 2 = 0$ und die reduzierte Form $y^3 - (7/3)y + 20/27 = 0$. Da $(10/27)^2 + (-7/9)^3 < 0$ ist, liegt der Casus irreducibilis vor. Daraus ergibt sich $R = \sqrt{(7/9)^3}$ und $\varphi = \arccos(-10/27 \cdot \sqrt{(9/7)^3})$. Hieraus folgen die drei Lösungen der reduzierten Gleichung $y_1 = 4/3$, $y_2 = -5/3$ und $y_3 = 1/3$. Wandelt man die y-Werte wieder in x-Werte zurück, ergeben sich als Lösungen der kubischen Gleichung $x_1 = 2$, $x_2 = -1$ und $x_3 = 1$.

10.11 Gleichungen vierten Grades

Auch für Gleichungen vierten Grades existiert eine allgemeine Lösungsformel. Sie ist jedoch so kompliziert, dass sie zum rechnerischen Bestimmen der Lösungen kaum angewendet wird. Entdeckt wurde sie von dem italienischen Mathematiker Ludovico Ferrari (1522–1565). Da sie für das praktische Rechnen bedeutungslos ist, wird in diesem Buch nicht weiter darauf eingegangen.

10.12 Allgemeine Sätze zu den algebraischen Gleichungen

Im Jahre 1799 gelang es Carl Friedrich Gauß zu beweisen, dass jede algebraische Gleichung im Bereich der komplexen Zahlen mindestens eine Lösung hat. Dieser Satz wird als **Fundamentalsatz der Algebra** bezeichnet.

> **Fundamentalsatz der Algebra**
> Jede algebraische Gleichung n-ten Grades
> $$x^n + a_{n-1}x^{n-1} + \ldots + a_2x^2 + a_1x + a_0 = 0$$
> mit
> $$x, a_0, a_1, \ldots, a_{n-1} \in \mathbb{C}$$
> hat mindestens eine Lösung.

Die Gleichung $x^n + a_{n-1}x^{n-1} + \ldots + a_2x^2 + a_1x + a_0 = 0$ hat also mindestens eine Lösung. Diese sei x_1. Setzt man die Lösung in die Gleichung ein und subtrahiert die dadurch entstehende Gleichung von der ursprünglichen, erhält man

$$x^n + a_{n-1}x^{n-1} + \ldots + a_1x + a_0 - \left(x_1^n + a_{n-1}x_1^{n-1} + \ldots + a_1x_1 + a_0\right) = 0$$

Löst man die Klammer auf und fasst die Terme mit gleichen Koeffizienten zusammen, so verschwindet das absolute Glied.

$$\left(x^n - x_1^n\right) + a_{n-1}\left(x^{n-1} - x_1^{n-1}\right) + \ldots + a_1\left(x - x_1\right) = 0 \ .$$

In jedem Summanden steckt der Faktor $(x - x_1)$, den man darum ausklammern kann.

$$\left(x^n - x_1^n\right)\left(x^{n-1} + \ldots + \tilde{a}_1\right) = 0$$

Die rechte Klammer ist eine algebraische Gleichung $(n-1)$-ten Grades. Nach dem Fundamentalsatz muss auch sie mindestens eine Lösung x_2 haben. Nun kann man mit der gleichen Methode von der rechten Klammer $(x - x_2)$ abspalten und erhält

$$(x-x_1)(x-x_2)(x^{n-2}+\ldots+\tilde{\tilde{a}}_2)=0 \ .$$

Führt man das Verfahren weiter, so gelangt man schließlich zur **Produktdarstellung** der Gleichung n-ten Grades.

$$(x - x_1)(x - x_2) \ldots (x - x_{n-1})(x - x_n) = 0$$

Aus der Produktdarstellung erkennt man auch, dass eine Gleichung n-ten Grades stets genau n Lösungen hat. Allerdings brauchen diese nicht immer verschieden zu sein. Kommt eine Lösung m-mal vor, so spricht man von einer m-fachen Lösung.

Produktdarstellung einer Gleichung n–ten Grades

$$x_n + a_{n-1}x^{n-1} + \ldots + a_2x^2 + a_1x + a_0 = 0$$
$$\Leftrightarrow (x-x_1)(x-x_2) \ldots (x-x_{n-1})(x-x_n) = 0$$
$$x \in \mathbb{C}; \quad a_0, \ldots, a_n \in \mathbb{C}; \quad x_1, \ldots, x_n \in \mathbb{C}$$

$x_1, \ldots, x_n$ sind die Lösungen der Gleichung.

Beispiele

1. Die quadratische Gleichung $x^2 - x - 2 = 0$ hat die beiden Lösungen $x_1 = -1$ und $x_2 = 2$. Folglich ist $(x - 2)(x + 1) = 0$ die Produktdarstellung dieser quadratischen Gleichung.

2. Die einzige Lösung der quadratischen Gleichung $x^2 + 4x + 4 = 0$ ist $x_1 = -2$. Folglich ist dies eine doppelte Lösung und die Produktdarstellung der Gleichung ist $(x + 2)^2 = 0$.

Setzt man bei einer quadratischen Gleichung die Normaldarstellung gleich der Produktdarstellung erhält man

$$x^2 + px + q = (x - x_1)(x - x_2).$$

Durch Auflösen der Klammern wird daraus

$$x^2 + px + q = x^2 - (x_1 + x_2)x + x_1x_2.$$

Da diese Gleichung für alle Werte von x wahr ist, müssen die Koeffizienten von x^2 und x und die absoluten Glieder auf beiden Seiten der Gleichung jeweils gleich sein.

$$x_1 + x_2 = -p$$
$$x_1 x_2 = q$$

Aus der zweiten Gleichung folgt, dass, wenn die Lösungen ganzzahlig sind, auch das absolute Glied ganzzahlig ist und die beiden Lösungen Teiler des absoluten Gliedes sind. Dieser Zusammenhang ist manchmal ganz hilfreich, um die Lösungen einer quadratischen Gleichung zu erraten.

Setzt man bei einer Gleichung n-ten Grades die Normaldarstellung gleich der Produktdarstellung, löst die Klammern auf und vergleicht die Koeffizienten auf beiden Seiten der Gleichung, erhält man n Gleichungen, die als **Satz von Vieta** bezeichnet werden.

Satz von Vieta

$$x_1 + x_2 + \ldots x_n = -a_{n-1}$$
$$x_1 x_2 + x_1 x_3 + x_2 x_3 + \ldots + x_{n-1} x_n = a_{n-2}$$
$$x_1 x_2 x_3 + x_1 x_2 x_4 + \ldots + x_{n-2} x_{n-1} x_n = -a_{n-3}$$
$$x_1 x_2 x_3 \ldots x_n = (-1)^n a_0$$

Insbesondere gilt: Hat die Gleichung n-ten Grades in der Normalform ganzzahlige Koeffizienten und eine ganzzahlige Lösung, so ist diese ein Teiler des absoluten Gliedes.

Nach dem Fundamentalsatz der Algebra hat jede algebraische Gleichung eines beliebigen Grades n auch genau n Lösungen. Für $n = 2, 3$ und 4 bestehen diese Lösungen aus ineinander geschachtelten Wurzeln. Für $n = 3$ haben sie beispielsweise die Form $\sqrt[3]{a + \sqrt{b}}$. Solche ineinander geschachtelten Wurzeln mit natürlichen Wurzelexponenten nennt man **Radikale**. Im Jahre 1824 gelang es dem norwegischen Mathematiker Niels Henrik Abel (1802–1829) zu beweisen, dass nur algebraische Gleichungen 1. bis 4. Grades durch Radikale lösbar sind. Für Gleichungen höheren Grades ist dies im Allgemeinen nicht der Fall.

11 Funktionen

Das Wesen einer Funktion oder Abbildung ist die Zuordnung der Elemente einer Menge zu den Elementen einer anderen Menge. So kann man beispielsweise die Menge der Sitzplätze eines Theaters der Menge der Besucher so zuordnen, dass jeder Besucher einen ganz bestimmten Platz bekommt. Auch sind den Waren eines Geschäftes Preise zugeordnet, allen Menschen Schuhgrößen oder allen Städten Einwohnerzahlen.

11.1 Grundbegriffe

Ordnet man einem Element a aus einer Menge A ein Element b aus einer Menge B zu, so nennt man a das **Urbild** oder Original und b das **Bild** von a. Hat jedes Element a aus A genau ein Bild b in B und ist jedes Element b aus B wenigstens einmal Bild eines Elementes aus A, so spricht man von einer **Funktion** oder **Abbildung** von A auf B.

Meistens wird das dem Element x durch die Funktion f zugeordnete Element y mit $f(x)$ bezeichnet und die Zuordnung als $x \to y = f(x)$ oder auch kürzer als $y = f(x)$ geschrieben. Dabei bezeichnet man das Element x als das **Argument** und das zugeordnete Element y als den **Funktionswert** von x. Die Menge der Urbilder wird **Definitionsmenge** $\mathbb{D}$ und die der Bilder **Wertemenge** $\mathbb{W}$ genannt. Handelt es sich bei der Definitionsmenge und bei der Wertemenge um Zahlen, so spricht man auch vom **Definitionsbereich** $\mathbb{D}$ und vom **Wertebereich** $\mathbb{W}$.

Um eine Funktion darstellen zu können, muss man ihre Definitionsmenge, ihre Wertemenge und die Zuordnung der Elemente angeben. Bei der einfachsten Art der Darstellung werden die beiden Mengen als Venn-Diagramme gezeichnet und die Zuordnungen durch Pfeile ausgedrückt, die von den Elementen der Definitionsmenge auf die Elemente der Wertemenge zeigen. Dabei muss an jedem Element der Definitionsmenge genau ein Pfeil beginnen und an jedem Element der Wertemenge muss mindestens ein Pfeil enden (→ Abb. 100).

Natürlich kann man die Zuordnung statt durch eine grafische Darstellung auch durch eine einfache Tabelle beschreiben.

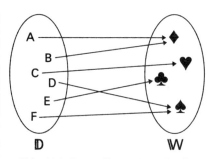

Abb. 100: Darstellung einer Funktion durch zwei Venn-Diagramme.

Existiert bei den Elementen der Definitionsmenge und der Wertemenge eine natürliche Ordnung wie beispielsweise bei Zahlen oder Buchstaben, so kann man die Funktion auch durch ein Diagramm ausdrücken, indem man die Definitionsmenge auf einer horizontalen Achse (Abszisse) und die Wertemenge auf einer vertikalen Achse (Ordinate) darstellt und die Zuordnung durch Punkte in diesem Diagramm beschreibt.

Beispiel

Die Definitionsmenge ist $\{0, 1, 2, 3, 4, 5\}$ und die Wertemenge $\{a, b, c, d\}$. Es gibt die Zuordnungen $0 \to b$, $1 \to c$, $2 \to a$, $3 \to c$, $4 \to d$ und $5 \to d$ von der Definitionsmenge in die Wertemenge. Abbildung 101 zeigt ein Diagramm dieser Funktion.

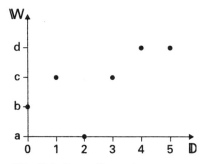

Abb. 101: Darstellung einer Funktion durch ein Diagramm.

Die am häufigsten benutzte Art der Darstellung von Funktionen ist die **Funktionsgleichung**. Sie ist selbstverständlich nur dann anwendbar, wenn die Elemente der beiden Mengen mathematisch beschreibbare Objekte sind und die Abbildung rechnerisch bestimmbar ist.

Beispiele

1. $y = 2x + 3$ mit $\mathbb{D} = \mathbb{R}$ und $\mathbb{W} = \mathbb{R}$
2. $y = \sin x$ mit $\mathbb{D} = \mathbb{R}$ und $\mathbb{W} = \{y \mid y \in \mathbb{R} \land -1 \leq y \leq 1\}$
3. $y = \sqrt{x}$ mit $\mathbb{D} = \mathbb{W} = \{y \mid y \in \mathbb{R} \land y \geq 0\}$

Natürlich kann man den Definitionsbereich auch willkürlich einschränken und braucht nicht den vollständigen Bereich zu nehmen, in dem die Gleichung mathematisch definiert ist. In dem ersten Beispiel könnte man etwa den Definitionsbereich auf das Intervall von 0 bis 1 begrenzen. Das hat in der Regel jedoch auch eine Auswirkung auf den Wertebereich. In diesem Fall ist er dann auf das Intervall von 3 bis 5 geschrumpft.

Das Symbol für die Elemente des Definitionsbereichs heißt **unabhängige Variable**, das Symbol für die Elemente des Wertebereichs **abhängige Variable**.

Mit Hilfe eines zweiachsigen Koordinatensystems kann man jedem Zahlenpaar Urbild–Bild einen Punkt in der Ebene zuordnen. Die Gesamtheit dieser Punkte bezeichnet man als das **Bild der Funktion**. Je nach Beschaffenheit des Definitionsbereichs und der Funktionsgleichung kann das Bild der Funktion aus einzelnen isolierten Punkten, Kurvenstücken oder einer zusammenhängenden Kurve bestehen.
Praktisch erhält man das Bild einer Funktion, indem man für einzelne Zahlen aus dem Definitionsbereich die dazugehörigen Funktionswerte berechnet, diese Zahlenpaare in ein Koordinatensystem einzeichnet und dann die einzelnen Punkte durch eine Kurve miteinander verbindet. Natürlich ist dies nur dann möglich, wenn es gesichert ist, dass das Funktionsbild auch tatsächlich eine durchgehende Kurve ist.
Abbildung 102 zeigt einige Beispiele für Funktionsbilder.

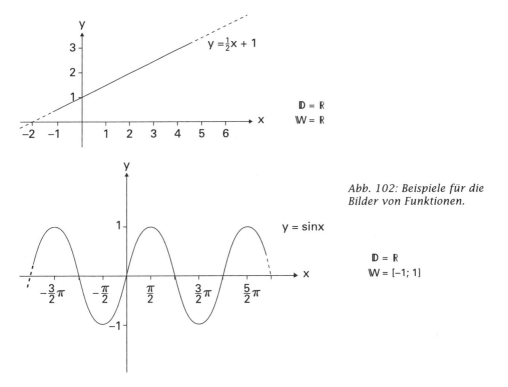

Abb. 102: Beispiele für die Bilder von Funktionen.

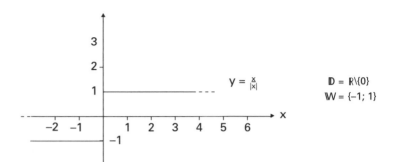

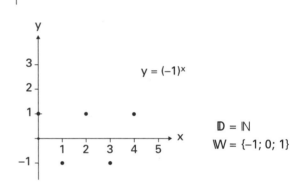

Abb. 102: Beispiele für die Bilder von Funktionen.

11.2 Explizite und implizite Form und Parameterdarstellung

Hat die Funktionsgleichung die Form $y = f(x)$, bei der $f(x)$ ein beliebiger Ausdruck ist, der zwar die unabhängige Variable x enthält, nicht aber die abhängige Variable y, so bezeichnet man sie als **explizit**.

Beispiele
1. $y = 2x + 3$
2. $y = \sin(x^2 + 1)$

Funktionen, die nicht explizit sind, nennt man **implizit**.

Beispiele
1. $2x + 3y = 4$
2. $\sin(xy) = 1$

Bei einer expliziten Form der Funktionsgleichung betrachtet man in der Regel die isoliert auf einer Seite der Gleichung stehende Variable als die abhängige, egal, mit welchem Buchstaben sie bezeichnet ist. Bei einer impliziten Darstellung ist dies nicht mehr eindeutig. Es muss also ausdrücklich angegeben werden, welche der beiden Variablen die unabhängige und welche die abhängige ist.

Manchmal lässt sich die implizite Darstellung der Funktionsgleichung in eine explizite umformen. So ist zum Beispiel die implizite Funktion $2x + 3y = 4$ äquivalent zu der expliziten Funktion $y = (4 - 2x)/3$. Häufig ist dies jedoch nicht möglich, wie beispielsweise bei $y = x \sin y$.

Hat man zwei Gleichungen $x = f(z)$ und $y = g(z)$, die beide eine Funktion mit dem gleichen Definitionsbereich festlegen, so erhält man zu jedem Wert des gemeinsamen Definitionsbereichs ein $x_1 = f(z_1)$ und ein $y_1 = g(z_1)$. Ordnet man nun jedes y_1 dem entsprechenden x_1 zu und entsteht dadurch eine eindeutige Abbildung, was jedoch nicht unbedingt der Fall sein muss, so erhält man eine Funktion $y = f(x)$. Die Art der Darstellung dieser Funktion nennt man **Parameterdarstellung** und die Variable z bezeichnet man als den **Parameter**.

Beispiel
Bei den beiden Funktionen $x = 2z$ und $y = 3z$ und dem gemeinsamen Definitionsbereich $\mathbb{R}$ erhält man folgende Wertetabelle:

z:	0	1	2	3	4	5	6	7	8
x:	0	2	4	6	8	10	12	14	16
y:	0	3	6	9	12	15	18	21	24

Durch die Parameterdarstellung werden also die x-Werte 0, 2, 4, 6 usw. auf die y-Werte 0, 3, 6, 9 usw. abgebildet.

Im vorhergehenden Beispiel ist es nicht schwierig, den Parameter z zu eliminieren und die explizite Form $y = 3x/2$ zu errechnen. Der Hauptvorteil einer Parameterdarstellung liegt darin, dass so eine Berechnung nicht immer möglich ist, wie etwa bei $x = z + \sin z$ und $y = z + z^5$.

11.3 Produkt von Abbildungen

Ordnet man zunächst den Elementen der Menge U die Elemente der Menge V zu und danach den Elementen der Menge V die Elemente die

Elemente der Menge W, so hat man zwei Abbildungen hintereinander ausgeführt.

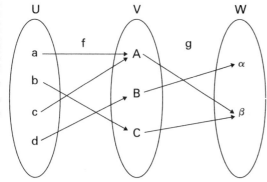

Abb. 103: Hintereinanderausführung der beiden Abbildungen f und g.

Nennt man die erste Abbildung f und die zweite g, so stellt man die Hintereinanderausführung der beiden Abbildungen auch als $g \cdot f$ dar.

Bezeichnet man die Definitionsbereiche und die Wertebereiche der drei Funktionen g, f und $g \cdot f$ mit $\mathbb{D}_g$, $\mathbb{D}_f$, $\mathbb{D}_{g \cdot f}$, $\mathbb{W}_g$, $\mathbb{W}_f$ und $\mathbb{W}_{g \cdot f}$, so lässt sich das Produkt $g \cdot f$ genau dann bilden, wenn $\mathbb{D}_g \cap \mathbb{W}_f \neq \emptyset$, $\mathbb{D}_{g \cdot f} \subseteq \mathbb{D}_f$ und $\mathbb{W}_{g \cdot f} \subseteq \mathbb{W}_g$ ist. Dies ist offensichtlich nur möglich, wenn der Wertebereich der Funktion f gleich dem Definitionsbereich der Funktion g ist.

Bei der Hintereinanderausführung zweier Funktionen ist die Reihenfolge zu beachten, denn in der Regel ist $g \cdot f \neq f \cdot g$.

Beispiel
$f(x) = x^2$ und $g(x) = x + 3$
Daraus ergibt sich:
$gf(x) = x^2 + 3$
$fg(x) = (x + 3)^2$

Schreibt man die Gleichungen der beiden Funktionen als $y = f(x)$ und $y = g(x)$, so lässt sich ihr Produkt $g \cdot f$ auch als $y = g(f(x))$ schreiben. Dabei nennt man f die **innere Funktion** und g die **äußere Funktion**.

Beispiel
Die Definitions- und Wertebereiche der beiden Funktionen $f(x) = x^2 - 3$ und $g(x) = \sqrt{x}$ sind $\mathbb{D}_f = \,]-\infty; \infty[$, $\mathbb{D}_g = [0; \infty[$, $\mathbb{W}_f = [-3; \infty[$ und $\mathbb{W}_g = [0; \infty[$. Die Hintereinanderausführung $g \cdot f$ hat die Funktionsgleichung $g(f(x)) = \sqrt{x^2 - 3}$. Ihr Definitionsbereich $\mathbb{D}_{g \cdot f}$ enthält genau die Elemente aus $\mathbb{D}_f$, deren Funktionswerte bezüglich f in $\mathbb{D}_g \cap \mathbb{W}_f = [0; \infty[$ liegen. Dies sind alle x, für die $x^2 \geq 3$ ist.

11.4 Besondere Funktionsarten

Im Folgenden werden nur Funktionen betrachtet, deren Definitions- und Wertebereiche Untermengen der reellen Zahlen sind. Man nennt solche Funktionen auch **reelle Funktionen**.
Gilt in einem Intervall zu jedem beliebigen Zahlenpaar $x_1 < x_2$ auch für die Funktionswerte $f(x_1) \leq f(x_2)$, so nennt man diese Funktion f in dem Intervall **monoton wachsend**. Gilt hingegen umgekehrt in einem Intervall zu jedem beliebigen Zahlenpaar $x_1 < x_2$ für die Funktionswerte $f(x_1) \geq f(x_2)$, so ist die Funktion f in diesem Intervall **monoton fallend**.

Beispiele
1. Die Funktion $y = 2x - 1$ ist im kompletten Bereich der reellen Zahlen monoton wachsend.
2. Die Funktion $y = x^2$ ist im Intervall $]-\infty; 0]$ monoton fallend und im Intervall $[0; \infty[$ monoton wachsend.

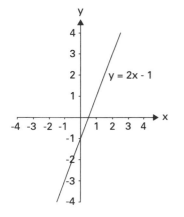
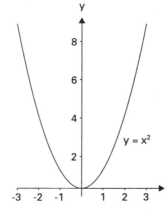

Abb. 104: Monoton wachsende Funktion (links) und Funktion, die für alle nichtpositiven Zahlen monoton fallend ist und für alle nichtnegativen Zahlen monoton wachsend ist (rechts).

Eine Funktion $y = f(x)$ wird **beschränkt** in einem Intervall genannt, wenn es eine Zahl s gibt, so dass für jeden Wert x des Intervalls gilt, dass $|f(x)| \leq s$ ist. Dies ist gleichbedeutend damit, dass in dem Intervall der Wert von $f(x)$ überall zwischen $-s$ und $+s$ liegt. Falls sogar für den kompletten Definitionsbereich $|f(x)| \leq s$ gilt, spricht man von einer **beschränkten Funktion**.

Beispiel
Die Funktion $y = \sin x$ mit $\mathbb{D} = \mathbb{R}$ ist eine beschränkte Funktion, da für alle Werte von x der Betrag des Funktionswertes $|y| = |\sin x| \leq 1$ ist. (→ Abb. 105)

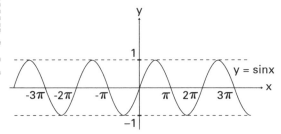

Abb. 105: Die Funktion $y = \sin x$ ist beschränkt, denn es gilt stets $|y| = |\sin x| \leq 1$.

Gilt für jeden Wert des Definitionsbereichs einer Funktion $y = f(x)$, dass $f(-x) = f(x)$ ist, so nennt man diese Funktion **gerade**. In einem Diagramm ist das Bild der Funktion spiegelsymmetrisch zur y-Achse. (→ Abb. 106)

Gilt hingegen für jeden Wert des Definitionsbereichs, dass $f(-x) = -f(x)$ ist, heißt diese Funktion **ungerade**. In einem Diagramm geht das Bild der Funktion bei einer Drehung um 180° um den Ursprung in sich selbst über (→ Abb. 107).

Eine nichtkonstante Funktion $y = f(x)$ heißt **periodisch**, wenn es eine Zahl $a > 0$ gibt, so dass $f(x) = f(x+a)$ für jeden beliebigen Wert von x gilt. Daraus folgt direkt, dass dann auch $f(x) = f(x + ka)$ gilt, wobei k jede beliebige ganze Zahl sein darf.

Die Zahl a wird die Periode der Funktion genannt. Ist a die kleinstmögliche Periode, so nennt man sie die **primitive Periode**. Verschiebt man in der grafischen Darstellung der Funktion das Bild um eine oder mehrere Perioden in x-Richtung, so geht das Bild wieder in sich selbst über.

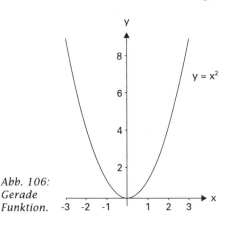

Abb. 106: Gerade Funktion.

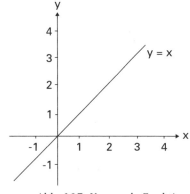

Abb. 107: Ungerade Funktion.

Beispiel
Die Funktion $y = \cos x$ ist periodisch und hat die primitive Periode 2π.
(→ Abb. 108)

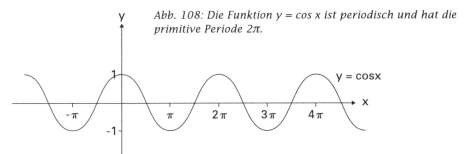

Abb. 108: Die Funktion $y = \cos x$ ist periodisch und hat die primitive Periode 2π.

Eine Funktion ordnet allen Elementen des Definitionsbereichs eindeutig ein Element des Wertebereichs zu. Dadurch sind auch umgekehrt jedem Element des Wertebereich Elemente des Definitionsbereichs zugeordnet. Allerdings braucht diese Zuordnung nicht mehr eindeutig zu sein: Einem Element des Wertebereichs können durchaus auch mehrere Elemente des Definitionsbereichs zugeordnet sein. Wenn allerdings auch zu jedem Element des Wertebereichs nur ein Element des Definitionsbereichs gehört, dann ist die Funktion **umkehrbar**. Das heißt, wenn die Funktion $x \rightarrow y = f(x)$ jedem Element des Definitionsbereichs $\mathbb{D}$ ein anderes Element des Wertebereichs $\mathbb{W}$ zuordnet, dann gibt es eine Funktion $y \rightarrow x = F(y)$, die die gleichen Zuordnungen zwischen den Elementen macht, nur dass Definitions- und Wertebereich vertauscht sind. Diese Funktion F nennt man **Umkehrfunktion** von f. Die Umkehrfunktion F selbst ist auch wieder umkehrbar und ihre Umkehrfunktion ist f. Man sagt auch, dass f und F zueinander **inverse Funktionen** sind.

Alle monotonen Funktionen sind umkehrbar. Allerdings sind nicht unbedingt alle umkehrbaren Funktionen monoton. Denn Abbildungen zwischen nicht geordneten Mengen können zwar umkehrbar sein, aber Monotonie lässt sich daraus im Allgemeinen gar nicht erklären.

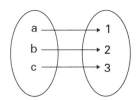
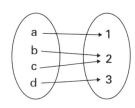

Abb. 109: Umkehrbare Funktion (links) und nichtumkehrbare Funktion (rechts).

Ist $y = f(x)$ die Funktionsgleichung einer umkehrbaren Funktion, so beschreibt die gleiche Gleichung auch die Umkehrfunktion. Der einzige Unterschied ist, dass man im ersten Fall x als die unabhängige und y als die abhängige Variable betrachtet und es im zweiten Fall umgekehrt macht. Da man aber in der Regel mit x die unabhängige Variable und mit y die abhängige Variable bezeichnet, ersetzt man bei der Umkehrfunktion x durch y und y durch x und löst, sofern das möglich ist, die Gleichung nach y auf.

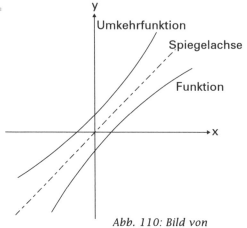

Abb. 110: Bild von Funktion und Umkehrfunktion.

Beispiel
Die Funktion $y = 2x - 3$ hat die Umkehrfunktion $x = 2y - 3$. Nach y aufgelöst wird daraus $y = (x + 3)/2$.

Zeichnet man in ein Diagramm eine umkehrbare Funktion und ihre Umkehrfunktion, so liegen die beiden spiegelbildlich zur Winkelhalbierenden des ersten und dritten Quadranten. Der Grund dafür ist leicht einsichtig: Ein Punkt (x, y) der Funktion entspricht einem Punkt (y, x) bei der Umkehrfunktion.

11.5 Rationale Funktionen

Eine Funktion heißt **rational**, wenn sie in expliziter Form geschrieben werden kann und wenn mit der unabhängigen Variablen nur endlich viele und nur rationale Rechenoperationen wie Additionen, Subtraktionen, Multiplikationen und Divisionen auszuführen sind. Rationale Funktionen sind also beispielsweise $y = (x + 3)/2$, $y = \sqrt{2} + x^2$ und $y = (x - 4)/(x^2 + 93)$. Beispiele für nichtrationale Funktionen sind hingegen $y = \sqrt{x}$, $y = \cos(x - 1)$ und $y = \log_3 x$.

Eine rationale Funktion, die man als Polynom mit konstanten Koeffizienten schreiben kann, heißt **ganzrationale** Funktion, während eine Funktion, die sich nur als Quotient zweier Polynome darstellen lässt und bei dem der Divisor nicht konstant ist, **gebrochenrationale** Funktion heißt.

Als Definitionsbereich kann für die ganzrationale Funktion immer der Bereich der reellen Zahlen ℝ genommen werden. Dies gilt auch für die gebrochenrationalen Funktionen, wobei man allerdings die Werte ausnehmen muss, bei denen der Nenner Null wird.

11.6 Einfache ganzrationale Funktionen

Die einfachste aller denkbaren Funktionen ist die **konstante Funktion** $y = b$. Die unabhängige Variable x taucht überhaupt nicht in der Funktion auf und die »abhängige« Variable y hat deshalb für alle Werte von x den gleichen Wert b.

Im Diagramm ist das Bild der konstanten Funktion eine Gerade, die parallel zur x-Achse verläuft und die y-Achse in b kreuzt.

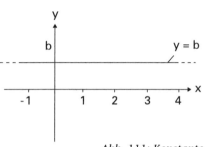

Abb. 111: Konstante Funktion.

Die Funktion $y = mx + b$ mit $m \neq 0$ heißt **lineare Funktion**. In einem Diagramm ist ihr Bild eine Gerade.

Für $x_0 = 0$ erhält man den Funktionswert $y_0 = b$. Das heißt, die Gerade schneidet die y-Achse bei b. Ist $b = 0$, so läuft die Gerade durch den Ursprung. Man spricht deshalb auch von einer **Ursprungsgeraden**. Alle Ursprungsgeraden sind ungerade Funktionen.

Ist der Koeffizient m positiv, so ist die lineare Funktion monoton wachsend, ist er hingegen negativ, so ist die Funktion monoton fallend. Je größer m ist,

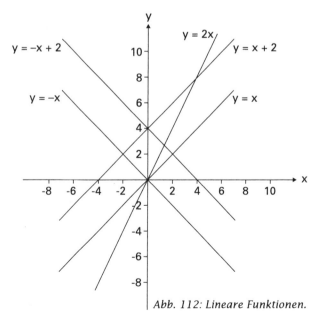

Abb. 112: Lineare Funktionen.

umso steiler verläuft die Gerade in dem Diagramm. Man bezeichnet m deshalb auch als die **Steigung** der linearen Funktion (→ Abb. 112).

Die Funktion $y = ax^2 + bx + c$ mit $a \neq 0$ wird als **quadratische Funktion** bezeichnet.
Der einfachste Spezialfall einer quadratischen Funktion ist $y = x^2$. Sie ist eine gerade Funktion und der Wertebereich beträgt [0; ∞[. Ihr Bild in einem Diagramm ist die **Normalparabel**, eine nach oben geöffnete, kelchförmige Kurve, die ihren Scheitelpunkt im Ursprung hat.

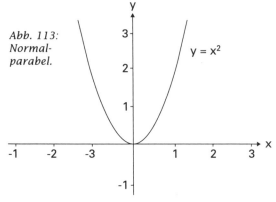

Abb. 113: Normalparabel.

Bei der Funktion $y = x^2 + c$ wird zu allen Funktionswerten der Normalparabel noch die Konstante c addiert. Ihr Bild ist deshalb eine Normalparabel, die um den Wert c in y-Richtung verschoben ist.

Die Funktion $y = x^2 + bx + c$ kann durch eine quadratische Ergänzung in eine anschaulichere Form gebracht werden.

$$y = x^2 + bx + c$$

$$y = x^2 + bx + \left(\frac{b}{2}\right)^2 - \left(\frac{b}{2}\right)^2 + c$$

$$y = \left(x + \frac{b}{2}\right)^2 + \left(c - \frac{b^2}{4}\right)$$

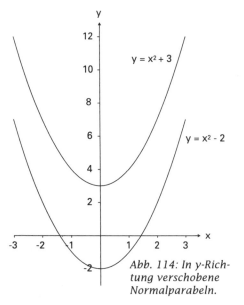

Abb. 114: In y-Richtung verschobene Normalparabeln.

Zu jedem x-Wert wird also vor dem Quadrieren die Konstante $b/2$ addiert. Das Bild der Funktion ist deshalb eine Normalparabel, die um $(-b/2)$ in x-Richtung verschoben ist, d. h. ist $b/2 > 0$, so ist die Parabel nach links, und ist $b/2 < 0$, so ist sie nach rechts verschoben. Der konstante Term $c - b^2/4$ hingegen verschiebt die Parabel in y-Richtung. Das bedeutet, das Bild der

Funktion $y = x^2 + bx + c$ ist eine Normalparabel, die so verschoben ist, dass ihr Scheitel in den Punkt $(-b/2;\ c - b^2/4)$ fällt.

Beispiel
Das Bild der Funktion $y = x^2 + 6x + 10$ ist eine Normalparabel, deren Scheitel in den Punkt $(-3;\ 1)$ verschoben ist. Abbildung 115 zeigt diese Funktion.

Um sich ein Bild von der allgemeinen quadratischen Funktion $y = ax^2 + bx + c$ zu machen, klammert man den Koeffizienten a aus.

$$y = a \cdot \left(x^2 + \frac{b}{a}x + \frac{c}{a}\right)$$

Der Klammerausdruck stellt eine Normalparabel dar, deren Scheitel verschoben ist. Jeder y-Wert wird mit dem Faktor a multipliziert, der vor der Klammer steht. Das bedeutet, ist $|a| > 1$, so wird die Parabel gestreckt, ist $|a| < 1$, so wird sie gestaucht, und falls $a < 0$ ist, wird die Parabel zudem noch an der x-Achse gespiegelt, so dass sie nun nach unten hin geöffnet ist. Ihr Scheitel liegt in dem Punkt $(-b/(2a);\ c - b^2/(4a))$.

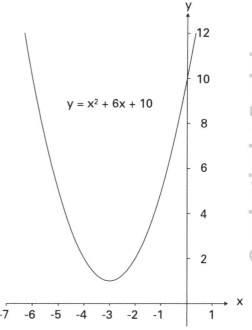

Abb. 115: Normalparabel mit verschobenen Scheitel.

Beispiele
1. $y = 2x^2 - 2x - 5$
   Die Parabel ist nach oben hin geöffnet, und der Scheitel liegt im Punkt $(0,5;\ -5,5)$.
2. $y = -3x^2 - 3x + 6$
   Die Parabel ist nach unten hin geöffnet, und der Scheitel liegt im Punkt $(-0,5;\ 6,75)$.

Abbildung 116 zeigt die Bilder beider Funktionen.

Quadratische Funktion

$$y = ax^2 + bx + c$$

Scheitelpunkt: $P = \left(-\dfrac{b}{2a};\ c - \dfrac{b^2}{4a}\right)$

$a > 0$: Öffnung nach oben
$a < 0$: Öffnung nach unten

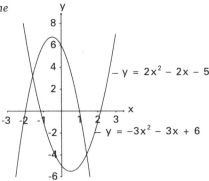

Abb. 116: Quadratische Funktionen.

11.7 Polynom- und Produktdarstellung ganzrationaler Funktionen

Ein Ausdruck der Form $a_n x^n + a_{n-1} x^{n-1} + \ldots + a_1 x + a_0$, bei dem $a_n \neq 0$ und alle Koeffizienten reelle Zahlen sind, heißt Polynom n-ten Grades. Eine rationale Funktion $y = f(x)$, bei der sich $f(x)$ als Polynom schreiben lässt, wird ganzrational genannt. Verschiedene Polynome stellen auch immer verschiedene ganzrationale Funktionen dar, deshalb ist die Darstellung einer ganzrationalen Funktion durch ein Polynom auch eindeutig. Außerdem bezeichnet man die **Polynomdarstellung** als die **Normalform** der ganzrationalen Funktion.

Ein Polynom $P(x)$, dessen Grad höher ist als 0, nennt man **reduzibel**, wenn es sich als Produkt von zwei Polynomen niedrigerer Grade schreiben lässt, wobei zuvor festgelegt werden muss, aus welcher Grundmenge die Koeffizienten sein sollen. Ist eine solche Zerlegung nicht möglich, heißt das Polynom **irreduzibel**. Polynome 0. Grades sind Konstanten und weder reduzibel noch irreduzibel. Polynome 1. Grades kann man niemals als Produkt von zwei Konstanten schreiben, darum sind sie immer irreduzibel.

Ist ein Polynom $P(x)$ n-ten Grades reduzibel, so gibt es ein Produkt $P(x) = P_1(x) \cdot P_2(x)$ von Polynomen, deren Grade mindestens 1, aber kleiner als n sind. Ist $P_1(x)$ oder $P_2(x)$ auch wieder reduzibel, lässt sich der Schluss wiederholen. Und danach geht es nach den gleichen Überlegungen weiter. Nach maximal n Schritten ist das Polynom zu einem Produkt $P(x) = p_1(x) \cdot p_2(x) \cdot p_3 \cdot \ldots \cdot p_m(x)$ von m irreduziblen Polynomen umgeformt worden. Diese Zerlegung in irreduzible Polynome ist bis auf konstante Faktoren der einzelnen Polynome und bis auf die Reihenfolge eindeutig. Dies soll hier jedoch nicht bewiesen werden. Das bedeutet, wenn $P(x) = \tilde{p}_1(x) \cdot \tilde{p}_2(x) \cdot \tilde{p}_3(x) \cdot \ldots \cdot \tilde{p}_m(x)$ eine andere Zerlegung des Polynoms $P(x)$ ist, so muss

$\tilde{p}_1(x) = c_1 p_1(x)$, $\tilde{p}_2(x) = c_2 p_2(x)$, $\tilde{p}_3(x) = c_3 p_3(x)$, ... sein.

Ob ein Polynom irreduzibel ist oder nicht, hängt im Wesentlichen davon ab, welchem Zahlenbereich die Koeffizienten und die irreduziblen Faktoren angehören. Falls dieser Bereich die komplexen Zahlen sind, so folgt aus dem Fundamentalsatz der Algebra, dass jede ganzrationale Funktion n-ten Grades sich in n lineare Polynome $(x - \beta_i)$ mit $i = 1, 2, 3, \ldots, n$ zerlegen lässt. Die β_i sind dabei die Werte von x, bei denen das Polynom zu 0 wird. Diese Werte von x heißen auch **Nullstellen** der Funktion.

Sind die Koeffizienten des Polynoms alle reell und hat es die komplexe Nullstelle $\beta = a + b_i$, so ist auch der konjugiert komplexe Wert $\overline{\beta} = a - bi$ eine Nullstelle. Dies gilt jedoch nicht unbedingt bei Polynomen mit komplexen Koeffizienten. Multipliziert man das lineare Polynom mit der komplexen Konstanten und das lineare Polynom mit der dazugehörigen konjugiert komplexen Konstanten miteinander, so erhält man:

$$(x - \beta)(x - \overline{\beta}) = (x - a - bi)(x - a + bi)$$
$$= x^2 - 2ax + (a^2 + b^2)$$

Dies ist ein quadratisches Polynom mit reellen Koeffizienten. Fasst man auf diese Weise alle komplexen Linearfaktoren mit den dazugehörigen konjugiert komplexen zusammen, erhält man als irreduzible Faktoren nur lineare und quadratische Polynome mit reellen Koeffizienten. Wird der Zahlenbereich allerdings noch weiter von den reellen auf die rationalen Zahlen eingeschränkt, ist dies nicht mehr unbedingt möglich.

11.8 Nullstellen von ganzrationalen Funktionen

Ein Zahl β heißt Nullstelle einer Funktion $x \to y = f(x)$, wenn der Funktionswert $f(\beta) = 0$ ist. In einem Diagramm schneidet oder berührt das Bild der Funktion die x-Achse an allen reellen Nullstellen ($\to$ Abb. 117).

Abb. 117: Nullstellen einer Funktion.

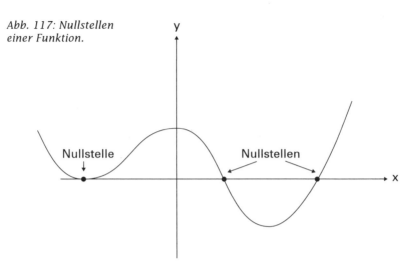

Für die Nullstellen von ganzrationalen Funktionen in Polynomdarstellung gilt also

$$f(\beta) = a_n\beta^n + a_{n-1}\beta^{n-1} + \ldots + a_1\beta + a_0 = 0.$$

Ist β eine Nullstelle des Polynoms $f(x)$, so ist $f(x)$ durch $(x - \beta)$ teilbar. Es gibt folglich ein Polynom $g(x)$, so dass $f(x) = (x - \beta) \cdot g(x)$ ist. Führt man dieses Verfahren weiter und erhält für das Polynom $f(x)$ die Nullstellen $\beta_1, \beta_2, \beta_3, \ldots, \beta_k$, so ist das Produkt

$$(x - \beta_1)(x - \beta_2)(x - \beta_3)\ldots(x - \beta_k)$$

ein Teiler des Polynoms. Das heißt, es lässt sich schreiben als

$$f(x) = (x - \beta_1)(x - \beta_2)(x - \beta_3)\ldots(x - \beta_k) \cdot h(x).$$

Beispiel
Das Polynom $f(x) = x^4 + x^3 - 6x^2 - x + 2$ hat die Nullstelle 2. Durch Division des Polynoms durch $(x - 2)$ erhält man die Darstellung $f(x) = (x - 2)(x^3 + 3x^2 - 1)$.

Ein Polynom $f(x) = a_n x^n + a_{n-1} x^{n-1} + \ldots + a_1 x + a_0$ hat höchstens n verschiedene Nullstellen. Dies lässt sich durch vollständige Induktion leicht beweisen.

Es kann vorkommen, dass ein Polynom mit einer Nullstelle β nicht nur durch $(x - \beta)$ teilbar ist, sondern auch durch $(x - \beta)^2$, $(x - \beta)^3$ oder allgemein $(x-\beta)^k$. Ist das Polynom zwar durch $(x-\beta)^k$, nicht aber mehr durch $(x-\beta)^{k+1}$ teilbar, so spricht man von einer **k-fachen Nullstelle** oder einer Nullstelle k-ter Ordnung des Polynoms.

Beispiel
Das Polynom $f(x) = x^2 - 2x + 1$ ist durch $(x-1)^2$ teilbar, nicht aber durch $(x-1)^3$. Es hat folglich die doppelte Nullstelle 1.

In Diagrammen wirken sich die verschiedenen Ordnungen von Nullstellen unterschiedlich aus. Bei einer mehrfachen Nullstelle schneidet oder berührt die Kurve die x-Achse so, dass die Tangente der Kurve in der Nullstelle mit der x-Achse zusammenfällt. Bei einer einfachen Nullstelle hingegen fällt die Tangente in der Nullstelle niemals mit der x-Achse zusammen. Auch ob die Ordnung der Nullstelle gerade oder ungerade ist, wirkt sich auf das Bild der Funktion aus. Bei Nullstellen gerader Ordnung berührt die Kurve die x-Achse nur, ohne sie in der Nullstelle zu schneiden. Bei ungeraden Ordnungen schneidet sie die x-Achse.

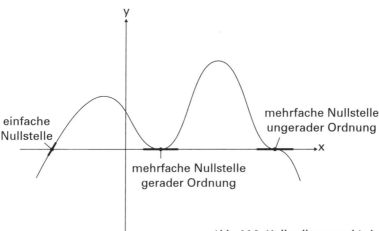

Abb. 118: Nullstellen verschiedener Ordnung.

Man kann jede ganzrationale Funktion n-ten Grades als Produkt irreduzibler Faktoren darstellen.

$$f(x) = c \cdot (x-\beta_1)^{m_1}(x-\beta_2)^{m_2}\ldots(x-\beta_k)^{m_k} \cdot (x^2+a_1x+b_1)^{l_1}\ldots(x^2+a_jx+b_j)^{l_j}$$

Dabei treten nur Polynome 0., 1. und 2. Grades auf. Das Polynom 0. Grades ist eine von 0 verschiedene reelle Konstante. Die reellen Zahlen β_1

bis β_k sind die Nullstellen des Polynoms, deren Ordnung durch die natürlichen Zahlen m_1 bis m_k gegeben ist. Die j quadratischen Polynome mit den reellen Koeffizienten a_1 bis a_j und b_1 bis b_j haben keine reellen Nullstellen, sondern jeweils zwei konjugiert komplexe. Für die Exponenten aus dieser Darstellung gilt:

$$\sum_{i=1}^{k} m_i + 2\sum_{i=1}^{j} l_i = n$$

Daraus folgt: Die Anzahl der mit ihrer Ordnung gezählten reellen Nullstellen eines Polynoms ist genau dann gerade bzw. ungerade, wenn der Grad des Polynoms gerade bzw. ungerade ist. Außerdem hat jedes Polynom mit ungeradem Grad wenigstens eine reelle Nullstelle.

Produktdarstellung ganzrationaler Funktionen

$$f(x) = c \cdot (x - \beta_1)^{m_1} (x - \beta_2)^{m_2} \ldots (x - \beta_k)^{m_k} \cdot (x^2 + a_1 x + b_1)^{l_1} \ldots (x^2 + a_j x + b_j)^{l_j}$$

β_i: reelle Nullstelle
m_i: Ordnung der reellen Nullstelle β_i

11.9 Verhalten im Unendlichen von ganzrationalen Funktionen

Häufig möchte man wissen, wie sich die Funktion verhält, wenn x gegen unendlich große Werte geht. Dazu klammert man aus der Polynomdarstellung der ganzrationalen Funktion den ersten Summanden aus.

$$f(x) = a_n x^n + a_{n-1} x^{n-1} + \ldots + a_1 x + a_0$$

$$= a_n x^n \left(1 + \frac{a_{n-1}}{a_n x} + \frac{a_{n-2}}{a_n x^2} + \ldots + \frac{a_0}{a_n x^n} \right)$$

Wenn $|x| \to \infty$ geht, streben alle Summanden in der Klammer, bis auf den ersten, gegen null. (Zur Grenzwertbildung → Kap. 15) Das bedeutet, die gesamte Klammer strebt gegen den Wert 1. Hingegen strebt $|a_n x^n| \to \infty$ und damit gilt auch $|f(x)| \to \infty$. Möchte man auch noch die Vorzeichen wissen, muss man berücksichtigen, ob a_n positiv oder negativ ist, ob n gerade oder ungerade ist und ob x gegen $+\infty$ oder gegen $-\infty$ strebt. Die Größen in der Klammer hingegen spielen keine Rolle, da der Wert der Klammer bei genügend großem Betrag von x auf jeden Fall positiv ist. Die Vorzeichenregeln sind in der Tabelle zusammengefasst.

a_n	> 0				< 0			
n	gerade		ungerade		gerade		ungerade	
x →	+∞	−∞	+∞	−∞	+∞	−∞	+∞	−∞
f(x) →	+∞	+∞	+∞	−∞	−∞	−∞	−∞	+∞

Verhalten von ganzrationalen Funktionen im Unendlichen

11.10 Gebrochenrationale Funktionen

Die einfachsten gebrochenrationalen Funktionen haben die Form $f(x) = 1/x^n$ mit $n = 1, 2, 3, \ldots$ Da sie sich auch als $f(x) = x^{-n}$ schreiben lassen, bezeichnet man sie als **Potenzfunktionen mit negativem Exponenten**. Ihr Definitionsbereich ist $\mathbb{D} = \mathbb{R} \setminus \{0\}$.

Die einfachste solche Potenzfunktion ist $f(x) = 1/x$. Für positive x-Werte, die gegen 0 gehen, strebt der Funktionswert gegen unendlich. Strebt hingegen x gegen unendlich, so geht der Funktionswert auf 0 zu, ohne jedoch jemals 0 zu erreichen.

Nähert sich eine Kurve bei immer größer werdender Entfernung vom Ursprung immer mehr einer Geraden an, ohne aber jemals mit ihr zusammenzufallen, so nennt man diese Gerade **Asymptote** der Kurve. Die x- und die y-Achse sind folglich Asymptoten der Funktion $f(x) = 1/x$.

Da die Funktion $f(x) = 1/x$ ungerade ist, erhält man ihr Bild für negative x-Werte durch Drehung des Bildes für positive x-Werte um 180° um den Ursprung (→ Abb. 119).

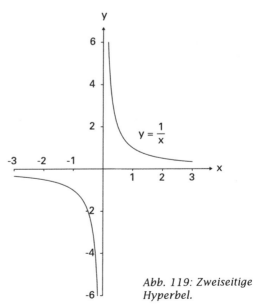

Abb. 119: Zweiseitige Hyperbel.

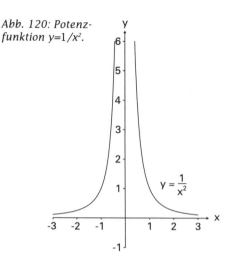

Abb. 120: Potenzfunktion $y=1/x^2$.

Das Bild dieser Funktion besteht aus zwei **Ästen**. Man bezeichnet sie auch als **zweiseitige Hyperbel**.

Die Funktion $f(x) = 1/x^2$ ist eine gerade Funktion und liegt deshalb symmetrisch zur y-Achse. Da sie für $x = 0$ nicht definiert ist, besteht sie, genau wie die Hyperbel, aus zwei Ästen, die sich asymptotisch der x- und der y-Achse nähern. Diesmal liegen die Äste jedoch nicht im 1. und 3., sondern im 1. und 2. Quadranten des Koordinatensystems.

Die Bilder der Potenzfunktionen $f(x) = 1/x^n$ mit ungeraden Exponenten n sehen dem Bild der Funktion $f(x) = 1/x$ sehr ähnlich. Der wesentliche Unterschied ist, dass sie sich schneller der x-Achse und langsamer der y-Achse nähern, und zwar umso mehr, je größer der Exponent ist. Die Bilder der Potenzfunktionen $f(x) = 1/x^n$ mit geraden Exponenten n dagegen sehen dem Bild der Funktion $f(x) = 1/x^2$ sehr ähnlich, auch hier mit dem Unterschied, dass sie sich schneller der x-Achse und langsamer der y-Achse nähern.

Gebrochenrationale Funktion

$$f(x) = \frac{p(x)}{q(x)}$$

$p(x)$, $q(x)$: teilerfremde Polynome

Bei einer allgemeinen gebrochenrationalen Funktion werden zwei beliebige Polynome durcheinander dividiert. Führt man die Division soweit aus, bis im Zähler und im Nenner zwei teilerfremde Polynome $p(x)$ und $q(x)$ stehen, so nennt man diese Darstellung die **Normalform** der gebrochenrationalen Funktion $f(x) = p(x) / q(x)$. Dabei soll $q(x)$ nicht vom Grad 0 sein, da es sich sonst um eine spezielle Schreibweise einer ganzrationalen Funktion handelt.

11.11 Nullstellen von gebrochenrationalen Funktionen

Die Nullstellen einer gebrochenrationalen Funktion $f(x) = p(x) / q(x)$ können nur bei den Werten von x liegen, bei denen $p(x) = 0$ und $q(x) \neq 0$ ist. Ist β eine Nullstelle der Funktion, so heißt sie k-fach, wenn der Zähler als $p(x) = (x - \beta)^k \cdot p_1(x)$ geschrieben werden kann und zusätzlich $p_1(\beta) \neq 0$ gilt.

> **Nullstellen β einer gebrochenrationale Funktion**
> $$f(x) = \frac{p(x)}{q(x)}$$
> $$p(\beta) = 0 \;\wedge\; q(\beta) \neq 0$$

Gibt es einen Wert γ, für den sowohl $p(\gamma) = 0$ als auch $q(\gamma) = 0$ ist, so ist γ keine Nullstelle, denn γ gehört nicht zum Definitionsbereich der Funktion. Dazu kommt noch, dass in diesem Fall die Funktion nicht in der Normalform vorliegt, denn Zähler und Nenner sind nicht teilerfremd. Das bedeutet, man kann die Funktion darstellen als

$$f(x) = \frac{(x - \gamma)^k \cdot p_1(x)}{(x - \gamma)^l \cdot q_1(x)},$$

wobei $p_1(\gamma) \neq 0$ und $q_1(\gamma) \neq 0$ sind.

Dieser Bruch ist nun kürzbar. Dabei lassen sich drei verschiedene Fälle unterscheiden.
1. $k > l$: Die Funktion verhält sich in der Nähe der nicht definierten Stelle $x = \gamma$ wie eine $(k-l)$-fache Nullstelle.
2. $k = l$: In der direkten Umgebung von $x = \gamma$ gibt es keine Nullstelle.
3. $k < l$: Der Betrag der Funktion strebt gegen unendlich, wenn $x \to \gamma$ strebt.

Beispiele
1. Die Funktion $y = (x - 2)^3/(x - 2)$ ist für $x = 2$ nicht definiert. Sie lässt sich durch $(x - 2)$ kürzen und ergibt dadurch $y = (x - 2)^2$. Diese Funktion verhält sich so, als ob sie bei dem nicht zum Definitionsbereich gehörenden Wert 2 eine doppelte Nullstelle hätte.

2. Die Funktion $y = (x - 1)(x + 1)/(x - 1)$ ist für $x = 1$ nicht definiert. Die Funktion kann durch $(x - 1)$ gekürzt werden und man erhält $y = x + 1$. Dies ist eine lineare Funktion, deren einzige Nullstelle bei $x = -1$ liegt.

3. Die Funktion $y = (x-3)(x+1)/(x-3)^2$ ist für $x = 3$ nicht definiert. Nachdem man den Bruch durch $(x - 3)$ gekürzt hat, ergibt sich $y = (x + 1)/(x - 3)$. Der Betrag dieser Funktion strebt in der Nähe von $x = 3$ gegen unendlich.

11.12 Pole von gebrochenrationalen Funktionen

Die x-Werte einer gebrochenrationalen Funktion in Normalform $f(x) = p(x)/q(x)$, bei denen $p(x) \neq 0$ und $q(x) = 0$ ist, heißen **Pole** der Funktion. Ist δ ein Pol der Funktion, so heißt er k-fach oder k-ter Ordnung, wenn der Nenner als $q(x) = (x - \delta)^k \cdot q_1(x)$ geschrieben werden kann und außerdem $q_1(\delta) \neq 0$ gilt. Die Funktion $f(x)$ lässt sich in der Umgebung eines Pols darstellen als

$$f(x) = \frac{p(x)}{q(x)} = \frac{1}{(x-\delta)^k} \cdot \frac{p(x)}{q_1(x)}.$$

Sind $p(x)$ und $q(x)$ teilerfremd, so haben in der Umgebung des Pols weder $p(x)$ noch $q_1(x)$ eine Nullstelle und ändern folglich dort nicht ihr Vorzeichen. Ihr Quotient ist ungleich null, beschränkt und hat einen positiven oder negativen Wert. Der Term $1/(x-\delta)^k$ jedoch wächst unbeschränkt, wenn x gegen δ geht. Nähert man sich der Polstelle mit wachsenden x-Werten, d. h. $x < \delta$, ist $(x - \delta)$ negativ. Falls die Ordnung der Polstelle ungeradzahlig ist, strebt der Term gegen $-\infty$, ansonsten gegen $+\infty$. Nähert man sich mit abnehmenden Werten von x der Polstelle, ist also $x > \delta$, strebt der Term stets gegen $+\infty$. Dieses Verhalten des Terms gilt auch für die ganze Funktion $f(x)$, falls der Quotient $p(x)/q_1(x)$ positiv ist. Ist er jedoch negativ, kehren sich die Vorzeichen um.

> Pole δ einer gebrochenrationale Funktion
>
> $$f(x) = \frac{p(x)}{q(x)}$$
>
> $p(\delta) \neq 0 \;\land\; q(\delta) = 0$

Die parallel zur y-Achse verlaufende Gerade $x = \delta$ ist eine Asymptote der Funktion ($\rightarrow$ Abb. 121).

11.13 Verhalten im Unendlichen von gebrochenrationalen Funktionen

Ist der Grad des Zählerpolynoms n und der des Nennerpolynoms m, so muss man beim Untersuchen des Verhaltens der gebrochenrationalen Funktion im Unendlichen zwei Fälle unterscheiden.

Abb. 121: Pole einer gebrochen-rationalen Funktion.

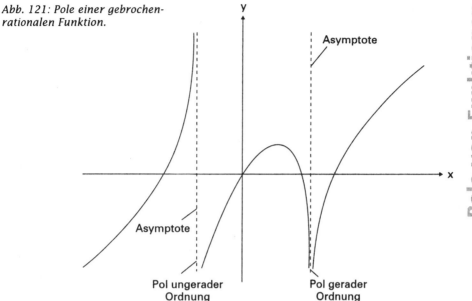

1. $n < m$: Eine solche Funktion bezeichnet man als **echt gebrochenrational**. Dividiert man Zähler und Nenner der echt gebrochenrationalen Funktion durch x^n, erhält man

$$f(x) = \frac{a_n x^n + a_{n-1} x^{n-1} + \ldots + a_1 x + a_0}{b_m x^m + b_{m-1} x^{m-1} + \ldots + b_1 x + b_0}$$

$$= \frac{a_n + a_{n-1}/x + \ldots + a_1/x^{n-1} + a_0/x^n}{b_m x^{m-n} + \ldots + b_1/x^{n-1} + b_0/x^n}$$

Für $|x| \to \infty$ strebt der Zähler dem Wert a_n zu, während der Betrag des Nenners gegen unendlich geht. Daraus folgt $|f(x)| \to 0$. Die x-Achse ist also die Asymptote dieser Funktion. Je nach Vorzeichen von a_n und b_m und dem Grad $(m - n)$ nähert sich die Funktion der Asymptote von oben oder von unten.

Beispiel
Die echt gebrochenrationale Funktion

$$y = \frac{x^2 - 4x + 4}{x^3 - 4x^2 + 3x}$$

hat die Produktform

$$y = \frac{(x-2)^2}{x(x-1)(x-3)}.$$

Sie hat also eine doppelte Nullstelle bei $x = 2$ und drei einfache Pole bei $x = 0$, $x = 1$ und $x = 3$. Die x-Achse ist die Asymptote der Funktion. Für $x \to -\infty$ nähert sie sich von unten der x-Achse und für $x \to \infty$ von oben. Dies ist an der Produktschreibweise leicht zu erkennen. Um die genaue Form der Kurve zu ermitteln, muss eine Wertetabelle berechnet werden.

2. $n \geq m$: Eine solche Funktion nennt man **unecht gebrochenrational**. Durch Division des Zählers durch den Nenner kann man stets eine ganzrationale Funktion so abspalten, dass daraus die Summe

$$f(x) = \frac{p(x)}{q(x)} = g(x) + r(x)$$

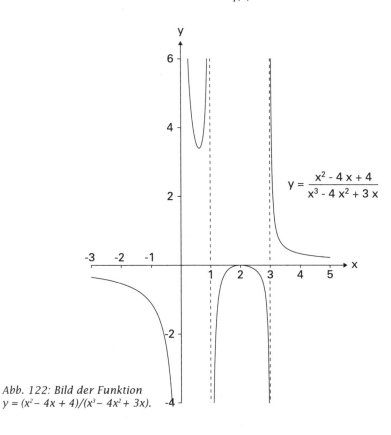

Abb. 122: Bild der Funktion $y = (x^2 - 4x + 4)/(x^3 - 4x^2 + 3x)$.

wird, bei der $g(x)$ eine ganzrationale Funktion ist und $r(x)$ eine echt gebrochenrationale Funktion, bei der der Grad des Nenners größer ist als der des Zählers. Das Verhalten von ganzrationalen Funktionen ist bereits betrachtet worden.

Wenn $x \to \pm\infty$ geht, nähert sich die Funktion $f(x)$ asymptotisch der Funktion $g(x)$, und zwar von oben, wenn $r(x)$ positive Werte hat, und von unten, wenn $r(x)$ negative Werte hat. Man nennt deshalb die Funktion $g(x)$ auch die **Grenzkurve**. Die echt gebrochenrationale Funktion mit der x-Achse als Asymptote ist hierbei als Spezialfall mit enthalten: Die Grenzfunktion ist die konstante Funktion $g = 0$.

Haben Zähler und Nenner der Funktion $f(x)$ den gleichen Grad, so ist die Grenzfunktion eine konstante Funktion und hat den Wert $g = a_n/b_m$. In einem Diagramm ist sie eine Parallele zur x-Achse.

Beispiel
Die Funktion
$$y = \frac{x^3 - 2x^2 - x + 2}{x^2 - x - 6}$$

hat in Produktform das Aussehen
$$y = \frac{(x+1)(x-1)(x-2)}{(x+2)(x-3)}.$$

Sie hat also drei einfache Nullstellen bei $x = -1$, $x = 1$ und $x = 2$ und zwei einfache Pole bei $x = -2$ und $x = 3$. Teilt man den Nenner durch den Zähler, wird aus der Funktion
$$y = (x-1) + \frac{4x-4}{x^2 - x - 6}.$$

Die Grenzfunktion ist also die lineare Funktion $y = x - 1$. Für $x \to \infty$ nähert sie sich dieser Geraden von oben, für $x \to -\infty$ von unten (→ Abb. 123).

11.14 Partialbruchzerlegung

Gebrochenrationale Funktionen $f(x) = p(x) / q(x)$ kann man auch als Summe von **Partialbrüchen** darstellen. Partialbrüche sind Brüche, deren Nenner ganzzahlige Potenzen je eines der irreduziblen Faktoren sind, die bei der Faktorenzerlegung des Nenners $q(x)$ entstehen. In ihrer Nor-

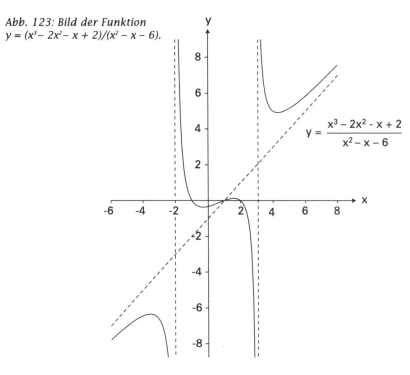

Abb. 123: Bild der Funktion
$y = (x^3 - 2x^2 - x + 2)/(x^2 - x - 6)$.

malform sind der Zähler $p(x)$ und der Nenner $q(x)$ teilerfremd. Falls der Grad des Zählers größer ist als der des Nenners, so kann man durch eine Polynomdivision einen ganzrationalen Teil $g(x)$ abspalten und man erhält

$$f(x) = g(x) + \frac{p_1(x)}{q(x)}.$$

Gemäß der Produktdarstellung von Polynomen (→ Kap. 11.8) kann man den Nenner als Produkte von Polynomen

$$q(x) = (x - a_1)^{r_1}(x - a_2)^{r_2} \ldots (x - a_k)^{r_k}(x^2 + a_1 x + b_1)^{s_1} \ldots (x^2 + a_l x + b_l)^{s_l}$$

schreiben, die im Bereich der reellen Zahlen irreduzibel sind.
Ist jetzt der Nenner eines Partialbruchs eine Potenz eines Linearfaktors, so ist der Zähler eine Konstante A. Ist der Nenner eine Potenz eines irreduziblen Polynoms 2. Grades, so ist der Zähler ein Polynom $B + Cx$.
Damit erhält man eine Partialbruchzerlegung (→ Kasten »Partialbruchzerlegung«).

Es gibt verschiedene Verfahren, um eine Partialbruchzerlegung prak-

Partialbruchzerlegung

$$\frac{p_1(x)}{q(x)} = \frac{A_{11}}{x-\alpha_1} + \ldots + \frac{A_{1r_1}}{(x-\alpha_1)^{r_1}} + \frac{A_{21}}{x-\alpha_2} + \frac{A_{22}}{(x-\alpha_2)^2} + \ldots + \frac{A_{2r_2}}{(x-\alpha_2)^{r_2}}$$

$$+ \ldots$$

$$+ \frac{A_{k1}}{x-\alpha_k} + \ldots + \frac{A_{kr_k}}{(x-\alpha_k)^{r_k}}$$

$$+ \frac{B_{11}+C_{11}x}{x^2+a_1x+b_1} + \ldots + \frac{B_{1s_1}+C_{1s_1}x}{(x^2+a_1x+b_1)^{s_1}}$$

$$+ \ldots$$

$$+ \frac{B_{l1}+C_{l1}x}{x^2+a_lx+b_l} + \ldots + \frac{B_{ls_l}+C_{ls_l}x}{(x^2+a_lx+b_l)^{s_l}}$$

tisch durchzuführen. Meistens wird die **Methode der unbestimmten Koeffizienten** verwandt. Sie wird an einem Beispiel erläutert.

Beispiel

Die Funktion $y = (3x+4)/((x+2)(x-1)^3)$ soll in Partialbrüche zerlegt werden. Aus dem allgemeinen Satz über Partialbrüche ist bekannt, dass sie die folgende Form haben:

$$\frac{3x+4}{(x+2)(x-1)^3} = \frac{A}{x+2} + \frac{B}{x-1} + \frac{C}{(x-1)^2} + \frac{D}{(x-1)^3}$$

Multipliziert man diese Gleichung mit $(x+2)(x-1)^3$ erhält man

$$3x+4 = A(x-1)^3 + B(x+2)(x-1)^2 + C(x+2)(x-1) + D(x+2)$$

und nach dem Ausmultiplizieren und Zusammenfassen gleicher Potenzen von x

$$3x+4 = (A+B)x^3 + (C-3A)x^2 + (3A-3B+C+D)x + 2B-2C+2D-A.$$

Durch den Vergleich der Koeffizienten der Potenzen von x erhält man folgendes Gleichungssystem für A, B, C und D:

$$A + B = 0$$
$$C - 3A = 0$$
$$3A - 3B + C + D = 3$$
$$2B - 2C + 2D - A = 4$$

Es hat die Lösung $A = 2/27$, $B = -2/27$, $C = 2/9$ und $D = 7/3$. Damit erhält die Partialbruchzerlegung die Form

$$\frac{3x+4}{(x+2)(x-1)^3} = \frac{2}{27(x+2)} - \frac{2}{27(x-1)} + \frac{2}{9(x-1)^2} + \frac{7}{3(x-1)^3}.$$

11.15 Irrationale Funktionen

Funktionen, die nicht rational sind, werden als **irrationale Funktionen** bezeichnet. Es gibt beliebig viele irrationale Funktionen. In diesem Kapitel sollen einige der wichtigsten besprochen werden.

Die **Wurzelfunktion** $y = \sqrt{x}$ hat als Definitions- und Wertebereich das Intervall $[0; \infty[$. In diesen Bereichen ist sie die Umkehrfunktion der quadratischen Funktion $y = x^2$. Das Bild der Funktion erhält man durch Spiegeln des nichtnegativen Teiles der Normalparabel an der Winkelhalbierenden des ersten Quadranten des Koordinatensystems. Die Wurzelfunktion ist monoton wachsend (→ Abb. 124).

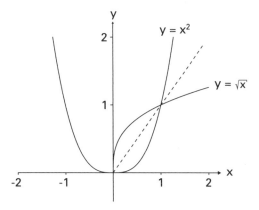

Abb. 124: *Wurzelfunktion und quadratische Funktion (Normalparabel).*

Die Wurzelfunktionen $y = \sqrt[n]{x}$ mit allen anderen geradzahligen, natürlichen Wurzelexponenten $n = 4, 6, 8, ...$ haben auch als Definitions- und Wertebereich das Intervall $[0; \infty[$. In diesen Bereichen sind sie die Umkehrfunktionen von $y = x^n$. Ihre Bilder in einem Diagramm sehen dem der Quadratwurzelfunktion sehr ähnlich.

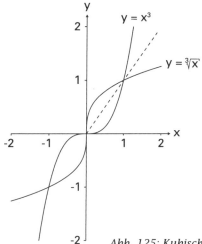

Abb. 125: Kubische Wurzelfunktion und kubische Parabel.

Die kubische Wurzelfunktion $y = \sqrt[3]{x}$ hat als Definitions- und Wertebereich alle reellen Zahlen $\mathbb{R}$ und ist die Umkehrfunktion von $y = x^3$ und monoton wachsend.

Die Wurzelfunktionen $y = \sqrt[n]{x}$ mit den ungeradzahligen natürlichen Wurzelexponenten $n = 5, 7, 9, \ldots$ verhalten sich ganz ähnlich wie die kubische Wurzelfunktion. Sie sind die Umkehrfunktionen von $y = x^n$ und monoton wachsend.

Alle Wurzelfunktionen haben genau eine Nullstelle, nämlich $x = 0$.

Die Funktion $y = a^x$ mit a > 0 heißt **Exponentialfunktion**. Ihr Definitionsbereich sind alle reellen Zahlen, während ihr Wertebereich nur die positiven reellen Zahlen sind. Unabhängig von den Werten der Konstanten a schneiden alle Exponentialfunktionen die y-Achse bei 1. Sie nähern sich für $x \rightarrow -\infty$ asymptotisch von oben der x-Achse und wachsen für $x \rightarrow \infty$ über alle Grenzen. Der Wert der Konstanten a hat auf das prinzipielle Aussehen des Funktionsbildes kaum Einfluss. Die Kurven wachsen oder fallen nur umso stärker, je mehr a gegen unendlich bzw. gegen 0 strebt.

Jedes a > 0 lässt sich als e^b mit $b = \ln a$ schreiben. Dann ist $a^x = e^{bx}$. Diese wichtige Darstellung der Exponentialfunktion wird als e-Funktion

Eulersche Zahl
$e = 2{,}718281\ldots$

bezeichnet. Sie hat als Basis die Eulersche Zahl $e = 2{,}718281\ldots$ Die e-Funktion wird auch häufig als Wachstums- oder Zerfallsfunktion bezeichnet, weil die meisten Naturgesetze, die Wachstum oder Zerfall beschreiben, dieser Funktion gehorchen.

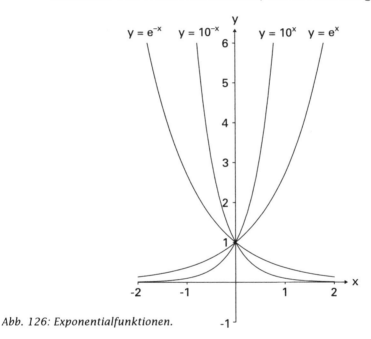

Abb. 126: *Exponentialfunktionen.*

Die **Logarithmusfunktion** $y = \log_a x$ mit $a > 1$ hat die positiven reellen Zahlen als Definitionsbereich und die vollständigen reellen Zahlen als Wertebereich. Sie ist die Umkehrfunktion der Exponentialfunktion $y = a^x$. Sie ist monoton wachsend und nähert sich, wenn $x \to 0$ geht, asymptotisch der negativen y-Achse. Für $x \to \infty$ wächst der Funktionswert auch gegen unendlich. Alle Logarithmusfunktionen, unabhängig vom Wert der Basis, haben genau eine Nullstelle, nämlich $x = 1$.

Die vier **hyperbolischen Funktionen** sind spezielle Zusammensetzungen aus e-Funktionen. Sie heißen **Sinus hyperbolicus**, **Cosinus hyperbolicus**, **Tangens hyperbolicus** und **Cotangens hyperbolicus** und werden mit sinh, cosh, tanh und coth abgekürzt.

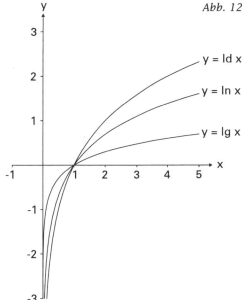

Abb. 127: Logarithmusfunktionen.

Die Funktion $y = \sinh x$ hat als Definitions- und Wertebereich den kompletten Bereich der reellen Zahlen $\mathbb{R}$. Sie hat bei $x = 0$ eine Nullstelle und strebt gegen $+\infty$ für $x \to \infty$ und gegen $-\infty$ für $x \to -\infty$. Außerdem ist die Funktion ungerade, denn es gilt $\sinh(-x) = -\sinh x$.

Hyperbolische Funktionen

$$\sinh x = \frac{e^x - e^{-x}}{2} \qquad \tanh x = \frac{e^x - e^{-x}}{e^x + e^{-x}}$$

$$\cosh x = \frac{e^x + e^{-x}}{2} \qquad \coth x = \frac{e^x + e^{-x}}{e^x - e^{-x}}$$

Auch die Funktion $y = \cosh x$ ist für alle reellen Zahlen definiert. Der Wertebereich beträgt jedoch nur $[1; \infty[$. Die Funktion ist gerade. Sie hat einen Scheitel, der bei $y = 1$ auf der y-Achse liegt. Für $x \to \infty$ und $x \to -\infty$ strebt der Funktionswert gegen $+\infty$ ($\to$ Abb. 128).

Der Definitionsbereich der Funktion $y = \tanh x$ ist $\mathbb{R}$ und ihr Wertebereich $]-1; 1[$. Die Funktion ist ungerade und hat bei $x = 0$ eine Nullstelle. Die beiden Geraden $y = +1$ und $y = -1$ sind Asymptoten der Funktion.

Die Funktion $y = \coth x$ ist eine ungerade Funktion, die aus zwei Ästen besteht. Sie hat bei $x = 0$ eine Polstelle. Ihr Definitionsbereich beträgt somit nur $\mathbb{R} \setminus \{0\}$. Der Wertebereich sind die reellen Zahlen, deren

11 Funktionen

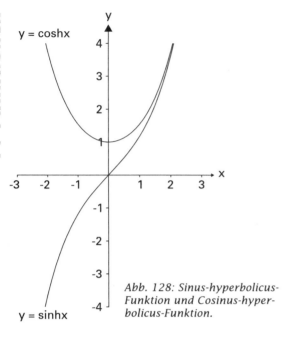

Abb. 128: Sinus-hyperbolicus-Funktion und Cosinus-hyperbolicus-Funktion.

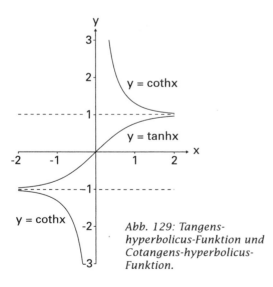

Abb. 129: Tangens-hyperbolicus-Funktion und Cotangens-hyperbolicus-Funktion.

Hyperbolische Funktionen

$$\tanh x = \frac{\sinh x}{\cosh x}$$

$$\coth x = \frac{1}{\tanh x}$$

$$\cosh^2 x - \sinh^2 x = 1$$

Betrag größer ist als 1. Die beiden Geraden $y = +1$ und $y = -1$ sind Asymptoten der Funktion (→ Abb. 129).

Zwischen den vier hyperbolischen Funktionen gibt es Zusammenhänge, die denen zwischen den Winkelfunktionen sehr ähneln. Von diesen Ähnlichkeiten rührt der jeweils erste Teil ihrer Namen her. Ersetzt man in der letzten dieser drei Beziehungen $\cosh x$ durch X und $\sinh x$ durch Y, erhält man $X^2 - Y^2 = 1$. Dies ist die Gleichung einer Hyperbel. Daher stammt der jeweils zweite Teil der Funktionsnamen.

Die Umkehrfunktionen der hyperbolischen Funktionen sind die **Areafunktionen Area Sinus hyperbolicus, Area Cosinus hyperbolicus, Area Tangens hyperbolicus** und **Area Cotangens hyperbolicus** und werden als arsinh$x$, arcosh$x$, artanh$x$ und arcoth$x$ geschrieben. Aus der grafischen Darstellung der hyperbolischen Funktionen kann man erkennen, dass die Spiegelung an der Winkelhalbierenden des ersten Quadranten des Koordinatensystems zu eindeutigen Funktionen y = arsinhx, y = artanhx und y = arcothx führt. Eine Ausnahme ist der Area Cosinus hyperbolicus. Er ist nur die Umkehrfunktion von coshx für nichtnegative Werte von x.

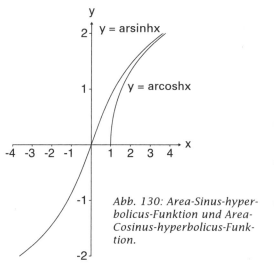

Abb. 130: Area-Sinus-hyperbolicus-Funktion und Area-Cosinus-hyperbolicus-Funktion.

Die Umkehrfunktion von $y = \sinh x = (e^x - e^{-x})/2$ ist $x = (e^y - e^{-y})/2$. Um diese implizite Funktion explizit zu machen, wird sie mit $2e^y$ multipliziert. Dadurch erhält man $2xe^y = e^{2y} - 1$. Dies ist eine quadratische Gleichung in e^y, die die Lösungen $e^y = x \pm \sqrt{x^2+1}$ hat. Da e^y stets positiv ist, kommt als Lösung jedoch nur $e^y = x + \sqrt{x^2+1}$ in Frage. Durch Logarithmieren erhält man schließlich

$$y = \text{arcsinh}\, x = \ln\left(x + \sqrt{x^2+1}\right).$$

Die Funktion $y = \text{arsinh}\, x$ ist ungerade und hat als Definitions- und Wertebereich den kompletten Bereich der reellen Zahlen $\mathbb{R}$. Sie hat bei $x = 0$ eine Nullstelle und strebt gegen $+\infty$ für $x \to \infty$ und gegen $-\infty$ für $x \to -\infty$.

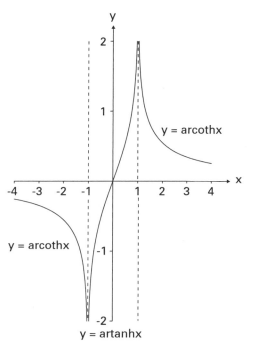

Abb. 131: Area-Tangens-hyperbolicus-Funktion und Area-Cotangens-hyperbolicus-Funktion.

Zur Umkehrfunktion vom Cosinus hyperbolicus gelangt man mit den gleichen Rechenschritten wie beim Sinus hyperbolicus und erhält $y = \ln(x \pm \sqrt{x^2 - 1})$. Um eine Eindeutigkeit zu erhalten, bezeichnet man nur die Lösung mit dem Pluszeichen vor der Wurzel als Area Cosinus hyperbolicus.

$$y = \text{arcosh} x = \ln(x + \sqrt{x^2 - 1})$$

Die Funktion hat den Definitionsbereich [1; ∞[und den Wertebereich [0; ∞[. Für $x \to \infty$ strebt sie gegen $+\infty$.

Die Umkehrfunktion vom Tangens hyperbolicus ist $x = (e^y - e^{-y})/(e^y + e^{-y})$. Um diese implizite Funktion explizit zu machen, wird sie mit e^y erweitert. Dadurch erhält man $x = (e^{2y} - 1)/(e^{2y} + 1)$, was sich zu $xe^{2y} + x = e^{2y} - 1$ und dann zu $e^y = \sqrt{(1+x)/(1-x)}$ umformen lässt. Durch Logarithmieren erhält man schließlich

$$y = \text{artanh} x = \frac{1}{2} \ln\left(\frac{1+x}{1-x}\right).$$

Der Definitionsbereich des Area Tangens hyperbolicus ist das Intervall]−1; 1[, und der Wertebereich besteht aus allen reellen Zahlen ℝ. Für $x \to -1$ strebt $y \to -\infty$ und für $x \to 1$ strebt $y \to \infty$. Die Funktion ist ungerade und hat bei $x = 0$ eine Nullstelle.

Die Umkehrfunktion vom Cotangens hyperbolicus wird auf die gleiche

Areafunktionen

$$\text{arsinh} x = \ln(x + \sqrt{x^2 + 1}) \quad \mathbb{D} = \mathbb{R}$$

$$\text{arcosh} x = \ln(x + \sqrt{x^2 - 1}) \quad \mathbb{D} = [1; \infty[$$

$$\text{artanh} x = \frac{1}{2} \ln\left(\frac{1+x}{1-x}\right) \quad \mathbb{D} =]-1; 1[$$

$$\text{arcoth} x = \frac{1}{2} \ln\left(\frac{x+1}{x-1}\right) \quad \mathbb{D} = \{x | x \in \mathbb{R} \land |x| > 1\}$$

Weise berechnet wie die vom Tangens hyperbolicus. Man erhält dadurch

$$y = \text{arcoth}\, x = \frac{1}{2}\ln\left(\frac{x+1}{x-1}\right).$$

Die Funktion ist ungerade und hat zwei Äste. Sie ist definiert für alle x-Werte, deren Betrag größer ist als 1. Ihr Wertebereich ist $\mathbb{R} \setminus \{0\}$. Für $x \to -1$ strebt $y \to -\infty$ und für $x \to 1$ strebt $y \to \infty$. Die x-Achse ist Asymptote der Funktion.

Zwei wichtige und häufig vorkommende Gruppen von irrationalen Funktionen sind die **trigonometrischen** und die **zyklometrischen Funktionen**. Sie werden im Kapitel 12 genauer behandelt.

11.16 Funktionen mit mehreren unabhängigen Variablen

Wählt man aus n Mengen M_1 bis M_n je ein Element x_1 bis x_n, so nennt man ihre Zusammenfassung $(x_1, x_2, \ldots, x_n)$, bei der die Reihenfolge beibehalten wird, ein **n-Tupel**. Ordnet man nun jedem solchen n-Tupel eindeutig ein Element y aus einer Menge N zu, so spricht man von einer Funktion $y = f(x_1, x_2, \ldots, x_n)$ mit n unabhängigen Variablen x_1 bis x_n und einer abhängigen Variablen y.

Beispiel
Aus den beiden Mengen $M_1 = \{a, b\}$ und $M_2 = \{A, B, C\}$ lassen sich sechs Paare (2-Tupel) bilden. Sie werden in folgender Weise auf die Menge $N = \{\beta, \gamma, \delta\}$ abgebildet: $(a, A) \to \beta$, $(a, B) \to \beta$, $(a, C) \to \gamma$, $(B, A) \to \gamma$, $(b, B) \to \beta$, $(b, C) \to \delta$.

Bei reellen Funktionen mit zwei Variablen besteht der Definitionsbereich aus geordneten Paaren von reellen Zahlen und der Wertebereich ist eine Untermenge der reellen Zahlen. Üblicherweise bezeichnet man die beiden unabhängigen Variablen mit x und y und die abhängige Variable mit z. Die Funktion hat somit die Form $z = f(x,y)$.
Der Definitionsbereich einer solchen Funktion lässt sich geometrisch in einem x-y-Koordinatensystem darstellen. Er kann aus einem oder mehreren zusammenhängenden Gebieten oder auch auch nur aus isolierten Punkten bestehen. Beides lässt sich in das Koordinatensystem einzeichnen.

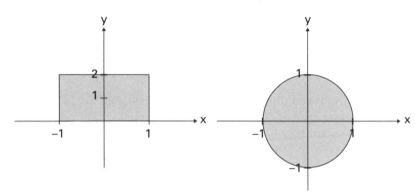

Abb. 132: Definitionsbereiche der Beispiele 1 und 2.

Beispiele
1. Der Definitionsbereich besteht aus allen reellen Zahlenpaaren, für die $-1 \leq x \leq 1$ und $0 \leq y \leq 2$ gilt (→ Abb. 132 links).
2. Der Definitionsbereich besteht aus allen reellen Zahlenpaaren für die $x^2 + y^2 \leq 1$ gilt (→ Abb. 132 rechts).

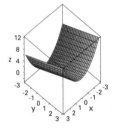

Abb. 133: Perspektivische Darstellung der Funktion $z=x^2+y$.

Um sich ein Bild von einer Funktion mit zwei unabhängigen und einer abhängigen Variablen zu machen, braucht man ein dreiachsiges Koordinatensystem. Jedem Zahlentripel aus zwei unabhängigen Werten und einem davon abhängigen Wert entspricht ein Punkt in diesem Koordinatensystem. Ist das Bild der Funktion so beschaffen, dass es eine Fläche ergibt, so kann man sie im Prinzip in einer perspektivischen Darstellung des dreidimensionalen Koordinatensystems einzeichnen (→ Abb. 133). Dies ist aber, einmal von sehr wenigen, einfachen Spezialfällen abgesehen, praktisch kaum möglich. Deshalb wählt man in der Regel andere Arten der grafischen Darstellung.

Das am häufigsten angewandte Verfahren ist, Schnittflächen zu bilden. Dazu wird eine der beiden unabhängigen Variablen, z. B. y, konstant auf einen festen, vorher vereinbarten Wert c gehalten. Nun hat die Funktion nur noch eine unabhängige Variable x, die sich in einem x-z-Koordinatensystem darstellen lässt. Anschaulich bedeutet dieses Verfahren, dass man die im dreidimensionalen Raum liegende Funktionsfläche durch einen ebenen Schnitt im Abstand c parallel zur x-z-Ebene zerteilt und dann die Schnittkurve betrachtet. Ermittelt man die Bilder für verschiedene feste y-Werte, so kann man eine ganze Kurvenschar der Funktion zeichnen.

Höhenlinien

Natürlich kann man die gleiche Methode auch auf die unabhängige Variable x anwenden.

Beispiel
In Abbildung 134 ist die Funktion $z = x^2 + y$ für die Schnitte $y = -1$, $y = 0$ und $y = 1$ grafisch in einem x-z-Diagramm und für die Schnitte $x = -1$, $x = 0$ und $x = 1$ in einem y-z-Diagramm dargestellt (→ Abb. 134).

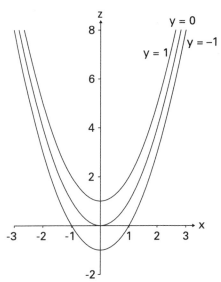

Abb. 134: Schnitte der Funktion $z = x^2 + y$.

Etwas anders sieht es jedoch aus, wenn man das Verfahren auf die abhängige Variable z anwendet. Normalerweise setzt man für die unabhängigen Variablen Werte ein und bestimmt daraus die dazugehörigen Werte der abhängigen Variablen. Hier muss jetzt der umgekehrte Weg beschritten werden. Für die abhängige Variable wird ein fester Wert c vorgegeben, und es werden dann alle die Wertepaare (x, y) gesucht, die die Gleichung $c = f(x,y)$ erfüllen. Wenn c zum Wertebereich der Funktion gehört, dann existieren auch solche Wertepaare und können als Punkte in ein x-y-Diagramm eingezeichnet werden. Im Allgemeinen bilden diese Punkte sogar durchgehende Linien, die man als **Höhenlinien** oder

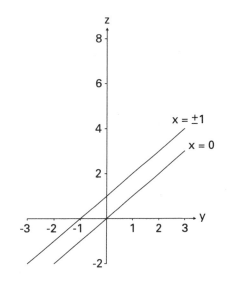

Niveaulinien bezeichnen. Wählt man für c mehrere verschiedene Werte, so erhält man wieder eine ganze Kurvenschar.

Beispiel
Die Funktion $z = x^2 + y$ wird für die Schnitte $z = -1$, $z = 0$ und $z = 1$ grafisch als Höhenliniendiagramm dargestellt. Dazu wird zunächst die Gleichung $z = x^2 + y$ nach y aufgelöst und man erhält $y = z - x^2$. Nun kann man leicht eine Wertetabelle für x und y berechnen.
($\rightarrow$ Abb. 135)

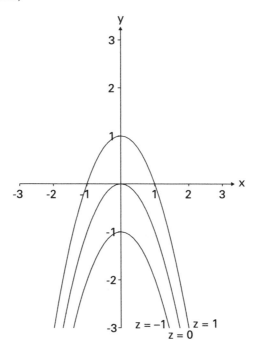

Abb. 135: Höhenliniendiagramm der Funktion $z=x^2+y$.

12 Goniometrie und Trigonometrie

Die Goniometrie (griech. gonia, Winkel; metrein, messen) ist die Lehre von der Winkelmessung. Ihr wichtigster Teilbereich ist die Trigonometrie, die sich mit den Winkelfunktionen befasst.

12.1 Winkelfunktionen im rechtwinkligen Dreieck

Bei einem rechtwinkligen Dreieck stehen die drei Innenwinkel immer in einer festen Beziehung zueinander (→ Kap. 8.5).

$$\alpha + \beta = 90°, \gamma = 90°$$

Auch die Seiten hängen voneinander ab (→ Kap. 8.10).

$$a^2 + b^2 = c^2$$

Es gibt jedoch auch Zusammenhänge zwischen den Winkeln und den Seiten. Ist einer der beiden spitzen Winkel eines rechtwinkligen Dreiecks bekannt, so gehen daraus zwar nicht die Seitenlängen, aber eindeutig alle Seitenverhältnisse hervor. Auch das Umgekehrte gilt: Ist irgendein Seitenverhältnis eines rechtwinkligen Dreiecks bekannt, so gehen daraus alle Winkel hervor. Die Abhängigkeiten der Seitenverhältnisse von den spitzen Winkeln werden durch die **Winkelfunktionen** beschrieben.

Die beiden spitzen Winkel eines rechtwinkligen Dreiecks haben als Schenkel je eine der beiden Katheten und die Hypotenuse. Betrachtet man einen bestimmten dieser beiden Winkel, so nennt man die Kathete, die Schenkel dieses Winkels ist, **Ankathete**, und die Kathete, die dem Winkel gegenüberliegt, **Gegenkathete**.
Bei einem rechtwinkligen Dreieck lassen sich für einen bestimmten spitzen Winkel β die

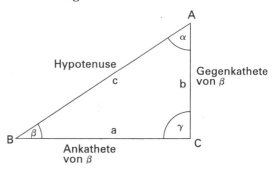

Abb. 136: Bezeichnungen eines rechtwinkligen Dreiecks.

drei Seiten Gegenkathete, Ankathete und Hypotenuse auf sechs Weisen zu einem Seitenverhältnis kombinieren. Alle sechs Seitenverhältnisse sind Funktionen des Winkels β und heißen Sinus (sin), Kosinus (cos), Tangens (tan), Kotangens (cot), Sekans (sec) und Kosekans (csc). Die beiden letzten sind allerdings sehr ungebräuchlich und werden deshalb in diesem Buch auch nicht weiter betrachtet.

Winkelfunktionen am rechtwinkligen Dreieck

$$\sin\beta = \frac{b}{c} = \frac{\text{Gegenkathete}}{\text{Hypotenuse}} \qquad \cos\beta = \frac{a}{c} = \frac{\text{Ankathete}}{\text{Hypotenuse}}$$

$$\tan\beta = \frac{b}{c} = \frac{\text{Gegenkathete}}{\text{Ankathete}} \qquad \cot\beta = \frac{a}{b} = \frac{\text{Ankathete}}{\text{Gegenkathete}}$$

$$\sec\beta = \frac{c}{b} = \frac{\text{Hypotenuse}}{\text{Ankathete}} \qquad \csc\beta = \frac{c}{b} = \frac{\text{Hypotenuse}}{\text{Gegenkathete}}$$

Da im rechtwinkligen Dreieck der Winkel β immer größer als 0°, aber kleiner als 90° ist, ist auch der Definitionsbereich der Winkelfunktionen dort $]0°;90°[\,=\,]0;\pi/2\,[$.

Im Allgemeinen sind die Werte der trigonometrischen Funktionen transzendente Zahlen. Sie lassen sich aber durch unendliche Reihen mit beliebiger Genauigkeit ermitteln. Für manchen Winkel kann man jedoch die Werte der trigonometrischen Funktionen auch auf andere Weise leicht bestimmen.

Bei einem Quadrat mit der Seitenlänge $\frac{1}{2}\sqrt{2}$ bilden eine Diagonale und zwei benachbarte Seiten ein rechtwinkliges Dreieck, mit einer Hypotenuse der Länge 1, zwei Katheten der Länge $\frac{1}{2}\sqrt{2}$ und zwei spitzen Winkeln von 45° = $\pi/4$. Ein gleichseitiges Dreieck der Seitenlänge 1 wird von einer Höhe in zwei kongruente rechtwinklige Dreiecke halbiert, mit Katheten der Längen $\frac{1}{2}$ und $\frac{1}{2}\sqrt{3}$, Hypotenusen der Länge 1 und spitzen Winkeln von

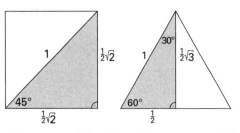

Abb. 137: Winkel und Strecken an einem halbierten Quadrat und einem halbierten gleichseitigen Dreieck.

30° = π/6 und 60° = π/3. Auch die beiden Grenzfälle des rechtwinkligen Dreiecks, dass nämlich die Gegenkathete die Länge 0 hat und damit β = 0° = 0 ist und dass die Ankathete die Länge 0 hat und β = 90° = π/2 ist, sind leicht zu analysieren. Daraus ergeben sich die folgenden speziellen Funktionswerte:

Funktion	β = 0°	β = 30°	β = 45°	β = 60°	β = 90°
sin β	0	½	½√2	½√3	1
cos β	1	½√3	½√2	½	0
tan β	0	√3/3	1	√3	–
cot β	–	√3	1	√3/3	0

Der Tangens von 90° und der Kotangens von 0° sind nicht definiert, da der Nenner hierbei 0 ist.

Trägt man in einem Diagramm die Winkelfunktionen über dem Winkel aufträgt, so erhält man folgende Bilder:

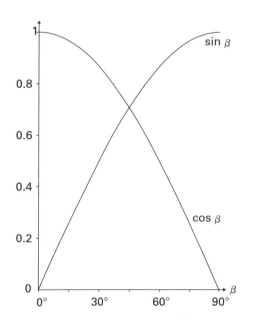

Abb. 138: Bilder der Sinus- und der Kosinusfunktion für den Winkelbereich von 0° bis 90°.

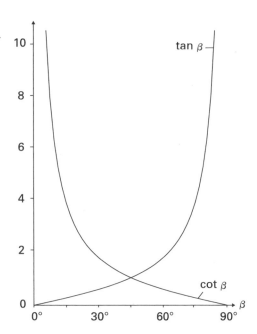

Abb. 139: Bilder der Tangens- und der Kotangensfunktion für den Winkelbereich von 0° bis 90°.

12.2 Winkelfunktionen für beliebige Winkel

Löst man sich vom rechtwinkligen Dreieck, so lässt sich der Definitionsbereich der Winkelfunktionen erweitern. Dazu zeichnet man in ein ebenes kartesisches Koordinatensystem einen Kreis mit Radius $r = 1$ und dem Mittelpunkt im Koordinatenursprung. Ein solcher Kreis wird Einheitskreis genannt. Der Kreisradius, der zu einem beliebigen Punkt P auf dem Kreisumfang geht, schließt mit der positiven x-Achse einen Winkel φ ein ($\rightarrow$ Abb. 140). Dabei wird der Winkel gegen den Uhrzeigersinn positiv gezählt und im Uhrzeigersinn negativ. Der Winkel ist dabei keineswegs auf den Bereich von 0° bis 360° beschränkt, sondern kann beliebig viele Runden gegen den oder im Uhrzeigersinn laufen. Liegt der Punkt P im ersten Quadranten des Koordinatensystems und projiziert man den dazugehörigen Kreisradius auf die x- und y-Achse, erhält man zwei Strecken x und y. Verschiebt man y so parallel, dass ihr oberer Endpunkt in P liegt, bilden x, y und der Radius r nach P ein rechtwinkliges Dreieck mit dem Winkel φ, der die Schenkel x und r hat. Somit gilt für diesen Punkt im ersten Quadranten:

$$\sin\varphi = \frac{y}{r} = y \qquad \tan\varphi = \frac{y}{x}$$
$$\cos\varphi = \frac{x}{r} = x \qquad \cot\varphi = \frac{x}{y}$$

Dieser Zusammenhang zwischen dem Winkel φ und dem x- und dem y-Achsenabschnitt eines Punktes P im Einheitskreis wird genauso auch auf die anderen drei Quadranten erweitert. Da nun x und y negativ sein können, nehmen auch die Winkelfunktionen negative Werte an (→ Abb. 141).

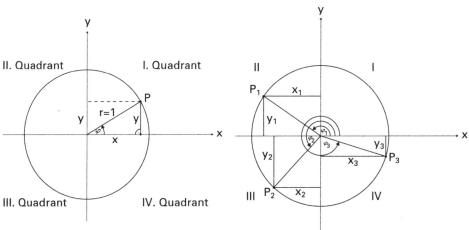

Abb. 140: Punkt P auf einem Einheitskreis im I. Quadraten.

Abb. 141: Punkte auf einem Einheitskreis im II., III. und IV. Quadranten.

Funktion	Quadrant			
	I	II	III	IV
sin φ	+	+	−	−
cos φ	+	−	−	+
tan φ	+	−	+	−
cot φ	+	−	+	−

Vorzeichen der Winkelfunktionswerte in den vier Quadranten des Einheitskreises

Erhöht man den Winkel φ um ganzzahlige Vielfache von $360° = 2\pi$, so bleibt der dazugehörige Punkt P an genau derselben Stelle auf dem Umfang des Einheitskreises. Folglich ändern sich auch dadurch nicht

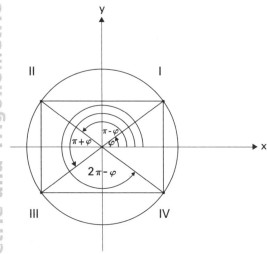

Abb. 142: Winkel von symmetrisch zur x- oder y-Achse liegenden Punkten auf dem Einheitskreis.

die x- und y-Achsenabschnitte, und es gilt $\sin(\varphi + k \cdot 2\pi) = \sin \varphi$, $\cos(\varphi + k \cdot 2\pi) = \cos\varphi$, $\tan(\varphi + k \cdot 2\pi) = \tan\varphi$ und $\cot(\varphi + k \cdot 2\pi) = \cot \varphi$. Dabei ist $k \in \mathbb{Z}$. Aber es gibt noch weitere Zusammenhänge, die aus dem Einheitskreis direkt hervorgehen.

$\sin\varphi = \sin(\pi - \varphi) =$
$-\sin(\pi + \varphi) = -\sin(2\pi - \varphi)$

$\cos\varphi = -\cos(\pi - \varphi) =$
$-\cos(\pi + \varphi) = \cos(2\pi - \varphi)$

$\tan\varphi = -\tan(\pi - \varphi) =$
$\tan(\pi + \varphi) = -\tan(2\pi - \varphi)$

$\cot\varphi = -\cot(\pi - \varphi) =$
$\cot(\pi + \varphi) = -\cot(2\pi - \varphi)$

An den letzten beiden Gleichungen erkennt man, dass sich die Tangens- und die Kotangensfunktion nicht erst nach $360° = 2\pi$ wiederholen, sondern bereits nach $180° = \pi$.

> **Periodizität der Winkelfunktionen**
>
> $\sin(\varphi + 2\pi k) = \sin \varphi$ $\qquad$ $\tan(\varphi + \pi k) = \tan \varphi$
> $\cos(\varphi + 2\pi k) = \cos \varphi$ $\qquad$ $\cot(\varphi + \pi k) = \cot \varphi$
> $k \in \mathbb{Z}$

Die beiden Funktionen $y = \sin x$ und $y = \cos x$ haben als Definitionsbereich die reellen Zahlen $\mathbb{R}$ (→ Abb. 143). Ihr Wertebereich ist das Intervall $[-1;1]$. Beide Funktionen sind periodisch und haben die primitive Periode 2π. Die Sinusfunktion ist ungerade, denn es gilt $\sin(-x) = -\sin x$. Die Kosinusfunktion hingegen ist gerade, da $\cos(-x) = \cos x$ ist.

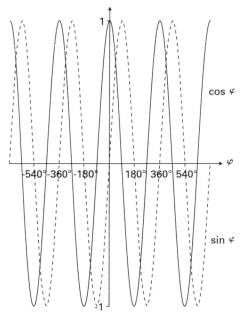

Abb. 143: Bilder der Sinus- und der Kosinusfunktion.

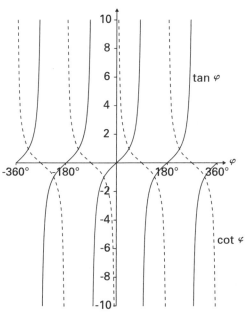

Abb. 144: Bilder der Tangens- und der Kotangensfunktion.

Die Tangensfunktion $y = \tan x$ hat Unstetigkeiten (→ Abb. 144). Darum gehören nicht alle reellen Zahlen zum Definitionsbereich.
Es gilt $\mathbb{D} = \mathbb{R} \setminus \{\pm \pi/2; \pm 3\pi/2; \pm 5\pi/2; ...\}$. Der Wertebereich hingegen ist der vollständige Bereich $\mathbb{R}$. Auch die Kotangensfunktion $y = \cot x$ hat Unstetigkeiten. Ihr Definitionsbereich ist $\mathbb{D} = \mathbb{R} \setminus \{0; \pm \pi, \pm 2\pi, \pm 3\pi, ...\}$. Auch sie hat die vollständigen reellen Zahlen als Wertebereich. Tangens- und Kotangensfunktion sind periodisch und haben beide die primitive Periode π. Beide Funktionen sind ungerade, d. h. $\tan(-x) = -\tan x$ und $\cot(-x) = -\cot x$.

12.3 Beziehungen zwischen den Winkelfunktionen

Zwischen den Winkelfunktionen, die das gleiche Argument haben, gelten einige Beziehungen, die sich am Einheitskreis leicht überprüfen lassen. Mit Hilfe dieser Beziehungen kann man jede Winkelfunktion in jede andere umwandeln, die das gleiche Argument hat.

Die Schreibweise $\sin^2 \varphi$ bedeutet dabei $(\sin \varphi)^2$.

Beziehungen zwischen den Winkelfunktionen

$$\tan \varphi = \frac{\sin \varphi}{\cos \varphi} \quad 1 + \tan^2 \varphi = \frac{1}{\cos^2 \varphi}$$

$$\cot \varphi = \frac{\cos \varphi}{\sin \varphi} \quad 1 + \cot^2 \varphi = \frac{1}{\sin^2 \varphi}$$

$$\tan \varphi \cdot \cot \varphi = 1 \quad \sin^2 \varphi + \cos^2 \varphi = 1$$

Funktion	gegeben			
	$\sin \varphi$	$\cos \varphi$	$\tan \varphi$	$\cot \varphi$
$\sin \varphi =$	$\sin \varphi$	$\pm\sqrt{1 - \cos^2 \varphi}$	$\dfrac{\tan \varphi}{\pm\sqrt{1 + \tan^2 \varphi}}$	$\dfrac{1}{\pm\sqrt{1 + \cot^2 \varphi}}$
$\cos \varphi =$	$\pm\sqrt{1 - \sin^2 \varphi}$	$\cos \varphi$	$\dfrac{1}{\pm\sqrt{1 + \tan^2 \varphi}}$	$\dfrac{\cot \varphi}{\pm\sqrt{1 + \cot^2 \varphi}}$
$\tan \varphi =$	$\dfrac{\sin \varphi}{\pm\sqrt{1 - \sin^2 \varphi}}$	$\dfrac{\pm\sqrt{1 - \cos^2 \varphi}}{\cos \varphi}$	$\tan \varphi$	$\dfrac{1}{\cot \varphi}$
$\cot \varphi =$	$\dfrac{\pm\sqrt{1 - \sin^2 \varphi}}{\sin \varphi}$	$\dfrac{\cos \varphi}{\pm\sqrt{1 - \cos^2 \varphi}}$	$\dfrac{1}{\tan \varphi}$	$\cot \varphi$

Bei den Umrechnungen, in denen ein Term vorkommt, in dem zuerst quadriert und anschließend radiziert wird, geht das Vorzeichen der Winkelfunktion aus diesem Term verloren. Es muss anschließend wieder eingefügt werden. Für Winkel, die im ersten Quadranten liegen, ist dies immer das Pluszeichen. Für die anderen drei Quadranten kann man das Vorzeichen leicht mit Hilfe der Vorzeichentabelle ermitteln.

Beispiel
Der Winkel 137° liegt im zweiten Quadranten und somit ist tan 137° negativ. Will man dies durch den Sinus ausdrücken, so muss der Bruch

$$\frac{\sin 137°}{\pm\sqrt{1-\sin^2 137°}}$$

auch negativ sein. Da der Zähler sin 137° positiv ist, muss folglich der Nenner negativ sein.

$$\tan 137° = -\frac{\sin 137°}{\sqrt{1-\sin^2 137°}}$$

Zwischen trigonometrischen Funktionen, deren Argumente sich um $\pi/2$ oder Vielfache davon unterscheiden, bestehen Beziehungen, die als **Quadrantenrelationen** bezeichnet werden. Addiert man im Einheitskreis zu einem Winkel $\pi/2$, so gelangt man in den nächsten Quadranten. Der x-Achsenabschnitt des alten Winkels wird dadurch zum y-Achsenabschnitt des neuen Winkels. Folglich ist $\sin(\varphi + \pi/2) = \cos\varphi$. Außerdem wird der y-Achsenabschnitt des alten Winkels zum negativen des x-Achsen-

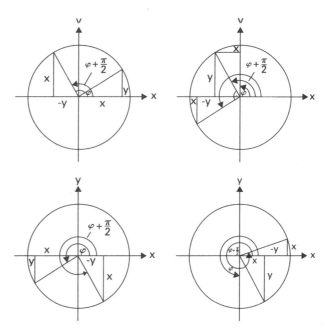

Abb. 145: Vergrößerung eines Winkels um $\pi/2$ in den einzelnen Quadranten.

abschnittes des neuen Winkels. Hier gibt es also einen Vorzeichenwechsel. Dies bedeutet, dass $\cos(\varphi + \pi/2) = -\sin\varphi$ ist (→ Abb. 145).

Ersetzt man den Winkel φ durch $-\varphi$, bekommt man $\sin(-\varphi + \pi/2) = \cos(-\varphi) = \cos\varphi$ und $\cos(-\varphi + \pi/2) = -\sin(-\varphi) = \sin\varphi$.

Die Quadrantenrelationen für den Tangens und den Kotangens erhält man über die Formeln $\tan\varphi = \sin\varphi/\cos\varphi$ und $\cot\varphi = \cos\varphi/\sin\varphi$ zu $\tan(\varphi + \pi/2) = -\cot\varphi$, $\cot(\varphi + \pi/2) = -\tan\varphi$, $\tan(-\varphi + \pi/2) = \cot\varphi$ und $\cot(-\varphi + \pi/2) = \tan\varphi$.

Auf analoge Weise ergeben sich Beziehungen zwischen den trigonometrischen Funktionen, wenn man das Argument um π oder $3\pi/2$ erhöht. Zusammengefasst sind die Quadrantenfunktionen:

Funktion	$\Phi = \varphi \pm \dfrac{\pi}{2}$	$\Phi = \varphi \pm \pi$	$\Phi = \varphi \pm \dfrac{3}{2}\pi$
$\sin \Phi =$	$\cos\varphi$	$-\sin\varphi$	$-\cos\varphi$
$\cos \Phi =$	$\mp\sin\varphi$	$-\cos\varphi$	$\pm\sin\varphi$
$\tan \Phi =$	$\mp\cot\varphi$	$\tan\varphi$	$\mp\cot\varphi$
$\cot \Phi =$	$\mp\tan\varphi$	$\cot\varphi$	$\mp\tan\varphi$

12.4 Additionstheoreme

Die Additionstheoreme beschreiben, wie sich die trigonometrischen Funktionen einer Summe oder einer Differenz von zwei Winkeln α und β aus den Funktionen der einzelnen Winkel zusammensetzen.

In Abbildung 146 hat die Strecke OA die Länge 1. Da der Winkel $\angle OCA$ ein rechter ist, gilt $|OC| = \cos\beta$ und $|AC| = \sin\beta$. Das Dreieck $\triangle ODC$ ist rechtwinklig und hat die Hypotenuse $|OC| = \cos\beta$. Folglich gilt $|OD| = \cos\alpha\cos\beta$ und $|EB| = |CD| = \sin\alpha\cos\beta$. Auch das Dreieck $\triangle AEC$ ist rechtwinklig. Es hat als Hypotenuse die Strecke $|AC| = \sin\beta$, und es gilt $\angle EAC = \alpha$. Somit haben seine Katheten die Längen $|EC| = |BD| = \sin\alpha\sin\beta$. und $|EA| = \cos\alpha\sin\beta$. Schließlich ist auch das Dreieck $\triangle OBA$ rechtwinklig und hat eine Hypotenuse der Länge 1. Folglich gilt $|OB| = \cos(\alpha + \beta)$ und $|AB| = \sin(\alpha + \beta)$.

Aus der Abbildung kann man die Beziehung $|AB| = |EB| + |EA|$ und $|OB| = |OD| - |BD|$ ablesen. Setzt man hier die oben gewonnenen

Zusammenhänge ein, erhält man:

$$\sin(\alpha + \beta) = \sin\alpha\cos\beta + \cos\alpha\sin\beta$$

$$\cos(\alpha + \beta) = \cos\alpha\cos\beta - \sin\alpha\sin\beta$$

Diese Herleitung lässt sich auf beliebige Größen der beiden Winkel verallgemeinern.
Ersetzt man β durch $-\beta$, erhält man die Additionstheoreme für Winkeldifferenzen.

$$\sin(\alpha - \beta) = \sin\alpha\cos(-\beta) + \cos\alpha\sin(-\beta) = \sin\alpha\cos\beta - \cos\alpha\sin\beta$$

$$\cos(\alpha - \beta) = \cos\alpha\cos(-\beta) + \sin\alpha\sin(-\beta) = \cos\alpha\cos\beta + \sin\alpha\sin\beta$$

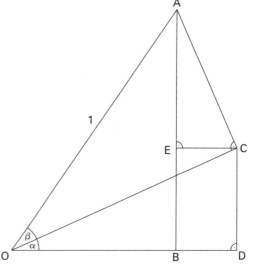

Abb. 146: Zur Herleitung der Additionstheoreme.

Die Additionstheoreme für den Tangens und den Kotangens bekommt man aus der Beziehung $\tan\varphi = 1/\cot\varphi = \sin\varphi/\cos\varphi$.

$$\tan(\alpha \pm \beta) = \frac{\sin(\alpha \pm \beta)}{\cos(\alpha \pm \beta)}$$

$$= \frac{\sin\alpha\cos\beta \pm \cos\alpha\sin\beta}{\cos\alpha\cos\beta \mp \sin\alpha\sin\beta}$$

$$= \frac{\sin\alpha/\cos\alpha \pm \sin\beta/\cos\beta}{1 \mp \sin\alpha\sin\beta/(\cos\alpha\cos\beta)}$$

$$= \frac{\tan\alpha \pm \tan\beta}{1 \mp \tan\alpha\tan\beta}$$

Das Additionstheorem für den Kotangens wird in entsprechender Weise hergeleitet.

$$\cot(\alpha \pm \beta) = \frac{\cot\alpha\cot\beta \mp 1}{\cot\beta \pm \cot\alpha}$$

Additionstheoreme

$$\sin(\alpha \pm \beta) = \sin\alpha\cos\beta \pm \cos\alpha\sin\beta$$
$$\cos(\alpha \pm \beta) = \cos\alpha\cos\beta \mp \sin\alpha\sin\beta$$
$$\tan(\alpha \pm \beta) = \frac{\tan\alpha \pm \tan\beta}{1 \mp \tan\alpha\tan\beta}$$
$$\cot(\alpha \pm \beta) = \frac{\cot\alpha\cot\beta \mp 1}{\cot\beta \pm \cot\alpha}$$

Setzt man in den Additionstheoremen $\alpha = \beta = \varphi$ oder $\alpha = \beta = \varphi/2$, erhält man die wichtigen Spezialfälle des doppelten oder halben Winkels.

Additionstheoreme für doppelte und halbe Winkel

$$\sin(2\varphi) = 2\sin\varphi\cos\varphi$$
$$\cos(2\varphi) = \cos^2\varphi - \sin^2\varphi = 1 - 2\sin^2\varphi = 2\cos^2\varphi - 1$$
$$\tan(2\varphi) = \frac{2\tan\varphi}{1-\tan^2\varphi} = \frac{2}{\cot\varphi - \tan\varphi}$$
$$\cot(2\varphi) = \frac{\cot^2\varphi - 1}{2\cot\varphi} = \frac{\cot\varphi - \tan\varphi}{2}$$
$$\sin\left(\frac{\varphi}{2}\right) = \pm\sqrt{\frac{1-\cos\varphi}{2}}$$
$$\cos\left(\frac{\varphi}{2}\right) = \pm\sqrt{\frac{1+\cos\varphi}{2}}$$
$$\tan\left(\frac{\varphi}{2}\right) = \frac{1-\cos\varphi}{\sin\varphi} = \frac{\sin\varphi}{1+\cos\varphi}$$
$$\cot\left(\frac{\varphi}{2}\right) = \frac{1+\cos\varphi}{\sin\varphi} = \frac{\sin\varphi}{1-\cos\varphi}$$

Durch mehrfache Anwendung dieser Additionstheoreme lassen sich auch Additionstheoreme für ganzzahlige Vielfache eines Winkels finden.

Additionstheoreme für Winkelvielfache

$$\sin(3\varphi) = 3\sin\varphi - 4\sin^3\varphi$$

$$\cos(3\varphi) = 4\cos^3\varphi - 3\cos\varphi$$

$$\sin(4\varphi) = 8\sin\varphi\cos^3\varphi - 4\sin\varphi\cos\varphi$$

$$\cos(4\varphi) = 8\cos^4\varphi - 8\cos^2\varphi + 1$$

$$\tan(3\varphi) = \frac{3\tan\varphi - \tan^3\varphi}{1 - 3\tan^2\varphi}$$

$$\cot(3\varphi) = \frac{\cot^3\varphi - 3\cot\varphi}{3\cot^2\varphi - 1}$$

$$\tan(4\varphi) = \frac{4\tan\varphi - 4\tan^3\varphi}{1 - 6\tan^2\varphi + \tan^4\varphi}$$

$$\cot(4\varphi) = \frac{\cot^4\varphi - 6\cot^2\varphi + 1}{4\cot^3\varphi - 4\cot\varphi}$$

Aus den Additionstheoremen ergeben sich noch eine Reihe weiterer, häufig benötigter Beziehungen. Ihre Herleitung ist einfach.

Summen und Differenzen von trigonometrischen Funktionen

$$\sin\alpha \pm \sin\beta = 2\sin\left(\frac{\alpha \pm \beta}{2}\right)\cos\left(\frac{\alpha \mp \beta}{2}\right)$$

$$\cos\alpha + \cos\beta = 2\cos\left(\frac{\alpha + \beta}{2}\right)\cos\left(\frac{\alpha - \beta}{2}\right)$$

$$\cos\alpha - \cos\beta = -2\sin\left(\frac{\alpha + \beta}{2}\right)\sin\left(\frac{\alpha - \beta}{2}\right)$$

$$\tan\alpha \pm \tan\beta = \frac{\sin(\alpha \pm \beta)}{\cos\alpha\cos\beta}$$

$$\cot\alpha \pm \cot\beta = \pm\frac{\sin(\alpha \pm \beta)}{\sin\alpha\sin\beta}$$

Produkte von trigonometrischen Funktionen

$$\sin\alpha\sin\beta = \tfrac{1}{2}\left[\cos(\alpha-\beta)-\cos(\alpha+\beta)\right]$$

$$\cos\alpha\cos\beta = \tfrac{1}{2}\left[\cos(\alpha-\beta)+\cos(\alpha+\beta)\right]$$

$$\tan\alpha\tan\beta = \frac{\tan\alpha+\tan\beta}{\cot\alpha+\cot\beta} = \frac{\tan\beta-\tan\alpha}{\cot\alpha-\cot\beta}$$

$$\cot\alpha\cot\beta = \frac{\tan\alpha+\cot\beta}{\cot\alpha+\tan\beta} = -\frac{\tan\alpha-\cot\beta}{\cot\alpha-\tan\beta}$$

Potenzen von trigonometrischen Funktionen

$$\sin^2\varphi = \frac{1}{2}(1-\cos(2\varphi)) \qquad \cos^2\varphi = \frac{1}{2}(1+\cos(2\varphi))$$

$$\sin^3\varphi = \frac{1}{4}(3\sin\varphi-\sin(3\varphi)) \qquad \cos^3\varphi = \frac{1}{4}(3\cos\varphi+\cos(3\varphi))$$

$$\sin^4\varphi = \frac{1}{8}(\cos(4\varphi)-4\cos(2\varphi)+3) \qquad \cos^4\varphi = \frac{1}{8}(\cos(4\varphi)+4\cos(2\varphi)+3)$$

12.5 Trigonometrische Funktionen im allgemeinen Dreieck

Im Kapitel 12.1 wurden die Beziehungen zwischen den Seiten und den Winkeln eines rechtwinkligen Dreiecks betrachtet. Die rechtwinkligen Dreiecke sind jedoch nur ein Spezialfall des allgemeinen Dreiecks. Deshalb sollen hier die Beziehungen aus Kapitel 12.1 auf das allgemeine Dreieck erweitert werden.

Zeichnet man in ein beliebiges Dreieck die Höhe h_c ein, so gilt immer $h_c = a\sin\beta = b\sin\alpha$ (→ Abb. 147). Daraus folgt $a/\sin\alpha = b/\sin\beta$. Mit der Höhe h_b kann man diese Gleichung noch zu $a/\sin\alpha = b/\sin\beta = c/\sin\gamma$ erweitern. Sie wird **Sinussatz** genannt.

Sinussatz

$$\frac{a}{\sin\alpha} = \frac{b}{\sin\beta} = \frac{c}{\sin\gamma}$$

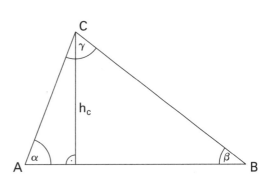

In dem Dreieck $\triangle ABC$ ist D der Fußpunkt der Höhe h_C. Zunächst einmal werden nur spitzwinklige Dreiecke betrachtet. Das Dreieck $\triangle ADC$ ist rechtwinklig, und darum gilt $p = b\cos\alpha$ und $h_c = b\sin\alpha$. Auch das Dreieck $\triangle DBC$ ist rechtwinklig, und mit Hilfe des Satzes von Pythagoras erhält man:

Abb. 147: Zur Herleitung des Sinussatzes.

$$a^2 = h_C^2 + (c-p)^2$$
$$= b^2 \sin^2\alpha + c^2 + b^2 \cos^2\alpha - 2cb\cos\alpha$$
$$= b^2 + c^2 - 2cb\cos\alpha$$

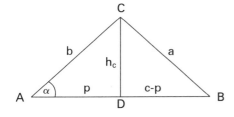
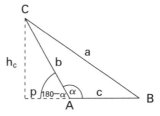

Abb. 148: Spitz- und stumpfwinkliges Dreieck mit der Höhe h_c.

Falls aber der Winkel α in dem Dreieck $\triangle ABC$ stumpf oder rechtwinklig ist, gilt $p = b\cos(180° - \alpha) = -b\cos\alpha$ und $h_c = b\sin(180° - \alpha) = b\sin\alpha$. Daraus folgt für das Dreieck $\triangle DBC$:

$$a^2 = h_c^2 + (c+p)^2$$
$$= b^2 \sin^2\alpha + c^2 + b^2 \cos^2\alpha - 2cb\cos\alpha$$
$$= b^2 + c^2 - 2cb\cos\alpha$$

Die Gleichungen für a^2 sind also für spitz-, recht- und stumpfwinklige Dreiecke gleich. Die gleichen Betrachtungen lassen sich auch für b^2 und c^2 anstellen. Man erhält dadurch die **Kosinussätze**.

Kosinussätze

$$a^2 = b^2 + c^2 - 2bc\cos\alpha$$
$$b^2 = c^2 + a^2 - 2ca\cos\beta$$
$$c^2 = a^2 + b^2 - 2ab\cos\gamma$$

Falls einer der drei Winkel 90° beträgt, beispielsweise γ, so erhält man aus dem entsprechenden Kosinussatz den Satz des Pythagoras: $c^2 = a^2 + b^2$

Bei einem allgemeinen Dreieck ergibt sich für das Verhältnis $(a-b)/(a+b)$ aus dem Sinussatz und den Additionstheoremen:

$$\frac{a-b}{a+b} = \frac{\sin\alpha - \sin\beta}{\sin\alpha + \sin\beta} = \frac{2\cos[(\alpha+\beta)/2]\sin[(\alpha-\beta)/2]}{2\sin[(\alpha+\beta)/2]\cos[(\alpha-\beta)/2]} = \frac{\tan[(\alpha-\beta)/2]}{\tan[(\alpha+\beta)/2]}$$

Tangenssätze

$$\frac{a-b}{a+b} = \frac{\tan[(\alpha-\beta)/2]}{\tan[(\alpha+\beta)/2]}$$

$$\frac{b-c}{b+c} = \frac{\tan[(\beta-\gamma)/2]}{\tan[(\beta+\gamma)/2]}$$

$$\frac{c-a}{c+a} = \frac{\tan[(\gamma-\alpha)/2]}{\tan[(\gamma+\alpha)/2]}$$

Die Beziehungen für die anderen beiden Kombinationen der Seiten werden analog hergeleitet. Man erhält dadurch die drei nebenstehenden **Tangenssätze**.

Löst man das Additionstheorem für halbe Winkel $\cos\alpha = 2\cos^2(\alpha/2) - 1$ nach $\cos(\alpha/2)$ auf, bekommt man

$$\cos\left(\frac{\alpha}{2}\right) = \sqrt{\frac{\cos\alpha + 1}{2}}.$$

Nun wird der Kosinussatz $a^2 = b^2 + c^2 - 2bc\cos\alpha$ nach $\cos\alpha$ aufgelöst und in die Gleichung eingesetzt.

$$\cos\left(\frac{\alpha}{2}\right)=\sqrt{\frac{2bc+b^2+c^2-a^2}{4bc}}=\sqrt{\frac{b+c-a}{2}\cdot\frac{b+c+a}{2}\cdot\frac{1}{bc}}$$

Für cos(β/2) und cos(γ/2) erhält man auf die gleiche Weise analoge Formeln.
Bezeichnet man mit $k = (a + b + c)/2$ den halben Umfang des Dreiecks, so gilt $k - a = (b + c - a)/2$, $k - b = (a + c - b)/2$ und $k - c = (a + b - c)/2$. Damit lassen sich die Formeln etwas vereinfachen.

$$\cos\left(\frac{\alpha}{2}\right)=\sqrt{\frac{(k-a)k}{bc}},\quad \cos\left(\frac{\beta}{2}\right)=\sqrt{\frac{(k-b)k}{ca}},\quad \cos\left(\frac{\gamma}{2}\right)=\sqrt{\frac{(k-c)k}{ab}}$$

Führt man eine analoge Rechnung mit dem Additionstheorem $\cos\varphi = 1 - 2\sin^2(\varphi/2)$ aus, so kommt man zu folgenden Gleichungen:

$$\sin\left(\frac{\alpha}{2}\right)=\sqrt{\frac{(k-b)(k-c)}{bc}}$$

$$\sin\left(\frac{\beta}{2}\right)=\sqrt{\frac{(k-c)(k-a)}{ca}}$$

$$\sin\left(\frac{\gamma}{2}\right)=\sqrt{\frac{(k-a)(k-b)}{ab}}$$

Dividiert man die Sinusformeln durch die entsprechenden Kosinusformeln, ergeben sich die drei **Halbwinkelsätze**.
(→ Abb. 149)

Jedes beliebige Dreieck ΔABC hat einen **Inkreis** mit dem Radius ϱ, dessen Mittelpunkt M der Schnittpunkt der Winkelhalbierenden der drei Innenwinkel ist. Der Inkreis berührt die Dreiecksseiten in den Punkten D, E und F. Die Winkelhalbierenden und die drei Berührradien unterteilen das Dreieck in sechs paarweise kongruente rechtwinklige Dreiecke mit den Katheten ϱ, u, v und w. Bezeichnet man wiederum mit $k = (a + b + c)/2$ den halben Umfang des Dreiecks, so gilt $u = k - a$, $v = k - b$ und $w = k - c$. Für das rechtwinklige

Halbwinkelsätze

$$\tan\left(\frac{\alpha}{2}\right)=\sqrt{\frac{(k-b)(k-c)}{k(k-a)}}$$

$$\tan\left(\frac{\beta}{2}\right)=\sqrt{\frac{(k-c)(k-a)}{k(k-b)}}$$

$$\tan\left(\frac{\gamma}{2}\right)=\sqrt{\frac{(k-a)(k-b)}{k(k-c)}}$$

$$k=\frac{a+b+c}{2}$$

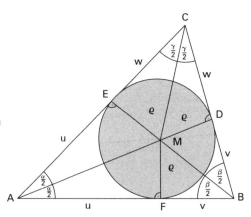

Abb. 149: Allgemeines Dreieck mit Inkreis und verschiedenen Winkeln.

Dreieck $\triangle AFM$ erhält man nun $\tan(\alpha/2) = \varrho/u = \varrho/(k-a)$ und für das Gesamtdreieck $\triangle ABC$ nach dem Tangenssatz

$$\tan(\alpha/2) = \sqrt{[(k-b)(k-c)]/[k(k-a)]}.$$

Diese beiden Ausdrücke werden gleich gesetzt und dann nach dem Inkreisradius ϱ aufgelöst.

Inkreisradius

$$\varrho = \sqrt{\frac{(k-a)(k-b)(k-c)}{k}}$$

$$k = \frac{a+b+c}{2}$$

Jedes Dreieck $\triangle ABC$ hat einen **Umkreis** mit dem Radius r. Der Mittelpunkt des Umkreises ist der Schnittpunkt der Mittelsenkrechten des Dreiecks. Die Seiten des Dreiecks sind Sehnen des Umkreises, und die Innenwinkel des Dreiecks sind Peripheriewinkel des Umkreises. Folglich sind die drei Zentriwinkel über die Dreiecksseiten doppelt so groß wie die dazugehörigen Innenwinkel. Die Dreiecksseiten, ihre Mittelsenkrechten und die Radien zu den Ecken teilen das Dreieck in sechs rechtwinklige Dreiecke. Für sie gilt $a/2 = r\sin\alpha$, $b/2 = r\sin\beta$ und $c/2 = r\sin\gamma$. Löst man diese drei Ausdrücke nach r auf und setzt sie gleich, so erhält man die Bestimmungsgleichungen für den Umkreisradius.

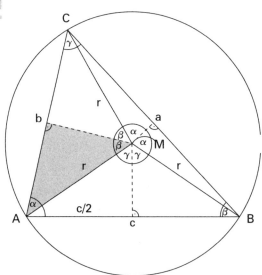

Abb. 150: Allgemeines Dreieck mit Umkreis und verschiedenen Winkeln.

Umkreisradius

$$r = \frac{a}{2\sin\alpha} = \frac{b}{2\sin\beta} = \frac{c}{2\sin\gamma}$$

12.6 Arkusfunktionen

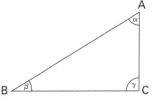

Abb. 151: Rechtwinkliges Dreieck.

Kennt man bei einem rechtwinkligen Dreieck die Längen von zwei Seiten und möchte die Größen der Winkel wissen, so kann man das Problem mit den Winkelfunktionen nicht lösen, sondern man braucht ihre Umkehrungen, die **Arkusfunktionen** oder **zyklometrischen Funktionen**. Sie werden als **Arkussinus, Arkuskosinus, Arkustangens** und **Arkuskotangens** bezeichnet und mit arcsin, arccos, arctan und arccot abgekürzt. So stellt beispielsweise $\varphi = \arcsin x$ alle die Winkel dar, deren Sinus gerade x ist: $x = \sin\varphi$. Zum Beispiel in dem Dreieck $\triangle ABC$ erhält man den Winkel β aus $\arcsin(b/c)$ (→ Abb. 151).

Benutzt man die Winkelfunktionen nur zur Berechnung rechtwinkliger Dreiecke, reicht als Definitionsbereich das Intervall $[0; \pi/2[$. Dennoch

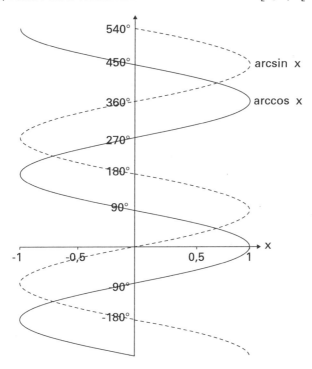

Abb. 152: Bilder des Arkussinus und des Arkuskosinus.

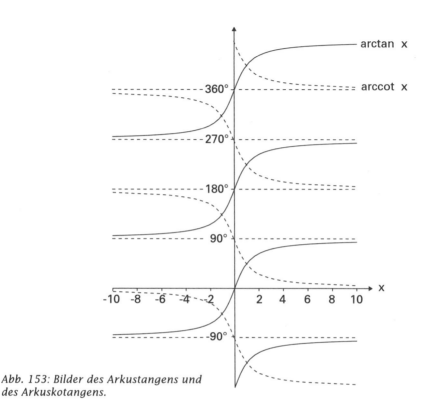

Abb. 153: Bilder des Arkustangens und des Arkuskotangens.

ist es sinnvoll, den Definitionsbereich mit Hilfe des Einheitskreises auf $\mathbb{R}$ zu erweitern. Ähnlich verhält es sich mit den Arkusfunktionen. Für die Berechnung der Winkel von rechtwinkligen Dreiecken reicht ein Wertebereich von $[0; \pi/2[$ aus. Für allgemeine Anwendungen ist es jedoch sinnvoll, den Wertebereich auf $\mathbb{R}$ zu erweitern.

Man erhält die Bilder der Funktionsverläufe der Arkusfunktionen, indem man die Funktionsverläufe der Sinus-, Kosinus-, Tangens- und Kotangensfunktion an der Winkelhalbierenden des ersten Quadranten spiegelt (→ Abb. 152 und 153).

Funktion	Wertebereich
y = Arcsin x	$[-\pi/2 \,;\, \pi/2]$
y = Arccos x	$[0 \,;\, \pi]$
y = Arctan x	$]-\pi/2 \,;\, \pi/2[$
y = Arccot x	$]0 \,;\, \pi[$

An den Funktionsverläufen sieht man, dass die Arkusfunktionen keine eindeutigen Funktionswerte besitzen, sondern dass zu jedem x-Wert unendlich viele y-Werte gehören. Die Funktionswerte der Arkussinusfunktion, die in

dem Intervall $[-\pi/2;\pi/2]$ liegen, nennt man die **Hauptwerte** der Arkussinusfunktion. Sucht man zu einem Argument x nur den Hauptwert der Arkussinusfunktion, so schreibt man dies als Arcsin x.
Auch die anderen Arkusfunktionen haben Hauptwertebereiche, und auch hier werden die Hauptwerte der Funktionen von einem Argument x mit großem Anfangsbuchstaben geschrieben: Arccos x, Arctan x und Arccot x.

Kennt man die Hauptwerte einer Arkusfunktion, so kann man daraus leicht alle anderen Werte ermitteln.

$$\arcsin x = \frac{\pi}{2} \pm \left(\frac{\pi}{2} - \mathrm{Arcsin}\, x\right) + 2\pi k$$

$$\arccos x = \pm \mathrm{Arccos}\, x + 2\pi k$$

$$\arctan x = \mathrm{Arctan}\, x + \pi k$$

$$\mathrm{arccot}\, x = \mathrm{Arccot}\, x + \pi k$$

Dabei durchläuft k alle ganzen Zahlen.

Beispiel

$\mathrm{Arcsin}\, \frac{1}{2} = \frac{\pi}{6}$

$\arcsin \frac{1}{2} = \frac{\pi}{2} \pm \left(\frac{\pi}{2} - \frac{\pi}{6}\right) + 2\pi k = \ldots, -\frac{11}{6}\pi, -\frac{7}{6}\pi, \frac{1}{6}\pi, \frac{5}{6}\pi, \frac{13}{6}\pi, \frac{17}{6}\pi, \frac{25}{6}\pi, \ldots$

Taschenrechner geben nur die Hauptwerte der Arkusfunktionen aus. Die Schreibweise auf den Tasten der Rechner entspricht dabei meistens nicht der in Europa üblichen Norm. Die Arkusfunktionen werden dort als SIN^{-1}, COS^{-1} und TAN^{-1} dargestellt. Der Index »–1« bedeutet also hier *nicht* den Kehrwert der Größe.

13 Lineare Algebra

13.1 Lineare Gleichungssysteme

Eine **lineare Gleichung** mit den n Variablen $x_1, x_2, \ldots, x_n$ hat die allgemeine Form

$$a_1x_1 + a_2x_2 + \ldots + a_nx_n = c.$$

Dabei werden die Größen a_1 bis a_2 als **Koeffizienten** und c als **absolutes Glied** der Gleichung bezeichnet. Sie können rationale, reelle oder komplexe Zahlen sein.

In der Regel wird ein Problem nicht nur durch eine einzige lineare Gleichung beschrieben, sondern durch mehrere. Man spricht dann von einem **linearen Gleichungssystem** mit n Variablen und m Gleichungen. Es hat folgende allgemeine Form:

Lineares Gleichungssystem

$$a_{11}x_1 + a_{12}x_2 + a_{13}x_3 + \ldots + a_{1n}x_n = c_1$$
$$a_{21}x_1 + a_{22}x_2 + a_{23}x_3 + \ldots + a_{2n}x_n = c_2$$
$$\vdots$$
$$a_{m1}x_1 + a_{m2}x_2 + a_{m3}x_3 + \ldots + a_{mn}x_n = c_m$$

Dabei gibt der erste Index eines Koeffizienten an, zu welcher Gleichung und der zweite, zu welcher Variablen er gehört. Beispielsweise ist a_{72} der Koeffizient von x_2 in der siebten Gleichung.

Ein lineares Gleichungssystem wird **homogen** genannt, wenn die Absolutglieder c_1 bis c_m aller Gleichungen Null sind. Ist auch nur ein einziges Absolutglied ungleich Null, spricht man von einem **inhomogenen** linearen Gleichungssystem. Setzt man alle Absolutglieder eines inhomogenen Gleichungssystems Null, so erhält man das zu dem inhomogenen System gehörige homogene System.

Eine Lösung eines linearen Gleichungssystems besteht aus n in einer festen Reihenfolge stehenden Zahlen $\xi_1, \xi_2, \ldots, \xi_n$, die, wenn man sie für die entsprechenden x_i einsetzt, alle Gleichungen des Systems erfüllen. Allgemein nennt man n geordnete Zahlen b_1 bis b_n ein **n-Tupel** und schreibt es als $(b_1, b_2, ..., b_n)$. Die Zahlen ξ_1 bis ξ_n sind also ein Lösungs-n-Tupel $(\xi_1, \xi_2, ... \xi_n)$ des Gleichungssystems. Statt von einem Lösungs-n-Tupel spricht man meistens nur kurz von einer Lösung des Gleichungssystems.

Bei der Lösung von linearen Gleichungssystemen treten drei grundsätzliche Probleme auf: Hat das Gleichungssystem überhaupt Lösungen? (Existenzproblem) Wie viele verschiedene Lösungen gibt es? Wie findet man die Lösungen?

Auf die Gleichungen eines Systems kann man eine ganze Reihe von Rechenoperationen anwenden, ohne dass sich dadurch die Lösungen des Systems verändern. Die drei wichtigsten sind:
a) Änderung der Reihenfolge der Gleichungen im System
b) Multiplikation einer Gleichung mit einer von Null verschiedenen Konstanten
c) Addition von Gleichungen des Systems zu einer anderen Gleichung des Systems

Ein lineares Gleichungssystem ist genau dann lösbar, wenn man in jedem Fall, bei dem durch mehrfache Anwendung dieser drei Rechenoperationen alle linken Gleichungsseiten zu 0 werden, auch immer die rechten Gleichungsseiten zu 0 werden. Oder anders ausgedrückt: Ein lineares Gleichungssystem ist unlösbar, wenn es einen Widerspruch enthält, wenn also mehrfache Anwendungen der drei Rechenoperationen mindestens eine der Gleichungen in die Form $0 \neq 0$ bringt.

Beispiel

$$2x_1 - 6x_2 = 2$$
$$-x_1 + 3x_2 = 3 \quad \text{Multiplikation mit 2}$$

$$2x_1 - 6x_2 = 2$$
$$-2x_1 + 6x_2 = 6 \quad \text{Addition von Gl. 1 zu Gl. 2}$$

$$2x_1 - 6x_2 = 2$$
$$0 = 8$$

Das Gleichungssystem führt zu einem Widerspruch und ist deshalb nicht lösbar.

Das Problem, alle Lösungen eines inhomogenen Gleichungssystems zu finden, kann man zurückführen auf das einfachere Problem, alle Lösungen des dazugehörigen homogenen Gleichungssystems zu finden, wenn eine Lösung des inhomogenen Systems bereits bekannt ist.

Homogone Gleichungssysteme haben eine Reihe von Eigenschaften, die leicht zu überprüfen sind. Jedes homogene Gleichungssystem hat das n-Tupel $(0, 0, ..., 0)$ als Lösung. Man bezeichnet es als die **triviale Lösung**. Hat ein homogenes Gleichungssystem die Lösung $(\xi_1, \xi_2, ... \xi_n)$, so ist auch $(b\xi_1, b\xi_2, ... b\xi_n)$ eine Lösung. Dabei ist b eine Konstante. Hat ein homogenes Gleichungssystem die Lösungen $(\xi_1, \xi_2, ... \xi_n)$ und $(\zeta_1, \zeta_2, ... \zeta_n)$, so ist auch $(\xi_1 + \zeta_1, \xi_2 + \zeta_2, ... \xi_n + \zeta_n)$ eine Lösung.

Aus diesen Eigenschaften folgt direkt, dass, wenn $(\xi_{11}, \xi_{21}, ... \xi_{n1})$, $(\xi_{12}, \xi_{22}, ... \xi_{n2})$, ..., $(\xi_{1m}, \xi_{2m}, ... \xi_{nm})$ Lösungen eines homogenen Gleichungssystems sind, dann auch

$$\lambda_1(\xi_{11}, \xi_{21}, ... \xi_{n1}) + \lambda_2(\xi_{12}, \xi_{22}, ... \xi_{n2}) + ... \lambda_m(\xi_{1m}, \xi_{2m}, ... \xi_{nm})$$

eine Lösung ist. Vielfachsummen dieser Art werden **Linearkombinationen** genannt. Dabei sind die λ_i Konstanten. Die Multiplikation eines n-Tupels mit einer Konstanten bedeutet, dass jede Komponente des n-Tupels mit dieser Konstanten multipliziert werden soll.

$$\lambda(x_1, x_2, ... x_n) = (\lambda x_1, \lambda x_2, ... \lambda x_n)$$

Für inhomogene lineare Gleichungssysteme gelten diese Eigenschaften der homogenen Gleichungssysteme nicht. Dennoch besteht ein einfacher Zusammenhang zwischen den Lösungen von homogenen und denen von inhomogenen Gleichungssystemen, der hier nicht bewiesen werden soll.

Lösungen eines inhomogenen Gleichungssystems

Addiert man zu einer beliebigen Lösung eines inhomogenen Gleichungssystems eine Lösung des dazugehörigen homogenen Gleichungssystems, so erhält man eine zweite Lösung des inhomogenen Gleichungssystems. Kennt man alle Lösungen des homogenen Gleichungssystems und addiert sie jeweils zu einer beliebigen, aber festen Lösung des inhomogenen Gleichungssystems, so erhält man auf diese Weise auch alle Lösungen des inhomogenen Systems.

13.2 Gauß-Algorithmus

Es gibt zahlreiche Verfahren, um lineare Gleichungssysteme zu lösen. Das am häufigsten verwendete ist der von Carl Friedrich Gauß entwickelte Gauß-Algorithmus. Die Grundidee des Verfahrens ist, mit Hilfe der drei Operationen »Vertauschen der Gleichungsreihenfolge«, »Multiplikation mit einer Konstanten« und »Addition von zwei Gleichungen« aus den m Gleichungen des Systems $m - 1$ Gleichungen zu gewinnen, in denen eine der n Variablen nicht mehr vorkommt. Man eliminiert also eine Variable aus dem System. Deshalb wird der Algorithmus auch als **Gaußsches Eliminationsverfahren** bezeichnet. Im zweiten Schritt werden mit den drei Grundoperationen aus den $m - 1$ Gleichungen, aus denen eine Variable eliminiert wurde, $m - 2$ Gleichungen gemacht, bei denen noch eine zweite Variable eliminiert ist. So verfährt man weiter, bis zum Schluss nur noch eine einzige Gleichung übrig bleibt. Nun hat die erste Gleichung n Variablen, die zweite $n - 1$ Variablen, die dritte $n - 2$ Variablen usw. und die letzte $n - m + 1$ Variablen.

Beispiele
1. Dies ist ein lineares Gleichungssystem mit $n = 3$ Variablen und $m = 3$ Gleichungen.

(1) $\quad 2x_1 - 3x_2 + x_3 = 3$
(2) $\quad -3x_1 + 2x_2 - 4x_3 = 1$
(3) $\quad x_1 - x_2 + 2x_3 = 0$

Die zweite Gleichung wird mit 2/3 und die dritte mit (-2) multipliziert.

(1) $\quad 2x_1 - 3x_2 + x_3 = 3$
(2) $\quad -2x_1 + \dfrac{4}{3}x_2 - \dfrac{8}{3}x_3 = \dfrac{2}{3}$
(3) $\quad -2x_1 + 2x_2 - 4x_3 = 0$

Nun wird die erste Gleichung zu den beiden anderen addiert.

(1) $\quad 2x_1 - 3x_2 + x_3 = 3$
(2) $\quad -\dfrac{5}{3}x_2 - \dfrac{5}{3}x_3 = \dfrac{11}{3}$
(3) $\quad -x_2 - 3x_3 = 3$

Die Variable x_1 ist nun aus der zweiten und dritten Gleichung eliminiert. Anschließend wird die zweite Gleichung mit (-5/3) multipliziert.

(1) $\quad 2x_1 - 3x_2 + x_3 = 3$
(2) $\quad -\frac{5}{3}x_2 - \frac{5}{3}x_3 = \frac{11}{3}$
(3) $\quad \frac{5}{3}x_2 + 5x_3 = -5$

Die zweite Gleichung wird jetzt zur dritten addiert.

(1) $\quad 2x_1 - 3x_2 + x_3 = 3$
(2) $\quad -\frac{5}{3}x_2 - \frac{5}{3}x_3 = \frac{11}{3}$
(3) $\quad \frac{10}{3}x_3 = -\frac{4}{3}$

Die dritte Gleichung enthält nun nur noch die Variable x_3. Man kann sie danach auflösen und bekommt somit $x_3 = -2/5$. Dieses Ergebnis setzt man in die zweite Gleichung ein und löst sie dann nach x_2 auf. Man erhält dadurch $x_2 = -9/5$. Schließlich setzt man noch x_2 und x_3 in die erste Gleichung ein und bekommt nach dem Auflösen $x_1 = -1$.

Man kann sich die Arbeit mit dem Gauß-Algorithmus noch ein wenig erleichtern, indem man tunlichst Brüche vermeidet. Dazu brauchen die einzelnen Gleichungen nur mit entsprechenden Faktoren multipliziert zu werden. In dem obigen Beispiel ist das nicht geschehen, im nächsten jedoch wird davon Gebrauch gemacht.

2. Lineares Gleichungssystem mit $n = 3$ Variablen und $m = 3$ Gleichungen.

(1) $\quad 3x_1 + 2x_2 + x_3 = 1$
(2) $\quad x_1 + 2x_2 + 3x_3 = 4$
(3) $\quad -2x_1 - 4x_2 - 6x_3 = 6$

Durch den Gauß-Algorithmus wird dieses Gleichungssystem zu folgendem umgeformt:

(1) $\quad 3x_1 + 2x_2 + x_3 = 1$
(2) $\quad -4x_2 - 8x_3 = -11$
(3) $\quad 0 = -21$

Die letzte Gleichung ist widersprüchlich, also hat das Gleichungssystem keine Lösung.

3. Lineares Gleichungssystem mit $n = 3$ Variablen und $m = 4$ Gleichungen.

(1) $\quad x_1 + x_2 + x_3 = 6$
(2) $\quad 2x_1 + x_2 - x_3 = 0$
(3) $\quad 4x_1 - x_2 + 2x_3 = 8$
(4) $\quad -x_1 + x_2 + 2x_3 = 7$

Mit dem Gauß-Algorithmus wird daraus:

(1) $\quad x_1 + x_2 + x_3 = 6$
(2) $\quad -x_2 - 3x_3 = -12$
(3) $\quad 13x_3 = 44$
(4) $\quad 0 = -\dfrac{11}{13}$

Die letzte Gleichung ist widersprüchlich, also hat das Gleichungssystem keine Lösung. Bestünde das System nur aus den ersten drei Gleichungen, so wäre es jedoch lösbar.

13.3 Determinanten

Eine besondere Rolle spielen lineare Gleichungssysteme, die n Gleichungen und n Variablen besitzen. Für diese Art von Gleichungssystemen ist eine Funktion definiert worden, die man **Determinante** nennt, und die als Variablen die n^2 Koeffizienten a_{11} bis a_{nn} des Gleichungssystems hat. Die Determinante wird als quadratisches Raster aus den geordneten Koeffizienten geschrieben, das von zwei senkrechten Strichen eingeschlossen ist.

$$\begin{vmatrix} a_{11} & a_{12} & \dots & a_{1n} \\ a_{21} & a_{22} & \dots & a_{2n} \\ \vdots & \vdots & & \vdots \\ a_{n1} & a_{n2} & \dots & a_{nn} \end{vmatrix}$$

Die a_{ij} werden **Elemente** der Determinante genannt. Die horizontalen n-Tupel von Elementen heißen **Zeilen** und die vertikalen **Spalten** der Determinante.
Der Wert einer Determinante ist die Summe

$$\sum (-)^j a_{1i_1} a_{2i_2} \dots a_{ni_n},$$

in der die Indizes i_1 bis i_n Permutationen der Zahlen von 1 bis n sind. Summiert wird über alle Permutationen. Folglich gibt es $n!$ Summanden. Der Exponent j, der das Vorzeichen der Summanden bestimmt, ist die Anzahl der Inversionen in der jeweiligen Permutation.

> **Determinante**
>
> $$\begin{vmatrix} a_{11} & a_{12} & \ldots & a_{1n} \\ a_{21} & a_{22} & \ldots & a_{2n} \\ \vdots & \vdots & & \vdots \\ a_{n1} & a_{n2} & \ldots & a_{nn} \end{vmatrix} = \sum (-)^j a_{1i_1} a_{2i_2} \ldots a_{ni_n}$$
>
> $i_1, i_2, \ldots, i_n$: Permutation der Zahlen von 1 bis n
> j : Anzahl der Inversionen der Permutation
> Summiert wird über alle Permutationen.

Für eine zweireihige Determinante sind die Permutationen der beiden Zahlen 1 und 2 gerade 12 und 21. Die erste Permutation erhält man ohne und die zweite durch eine Inversion. Somit gilt

$$\begin{vmatrix} a_{11} & a_{12} \\ a_{21} & a_{22} \end{vmatrix} = a_{11}a_{22} - a_{12}a_{21}.$$

Eine Determinante hat zwei Diagonalen. Die **Hauptdiagonale** läuft von oben links nach unten rechts. Auf ihr liegen die Elemente, deren beiden Indizes gleich sind. Die **Nebendiagonale** läuft von oben rechts nach unten links. Für den Wert einer zweireihigen Determinante gilt folgende Merkregel: Produkt der Hauptdiagonalelemente minus Produkt der Nebendiagonalelemente.

Beispiel $\qquad \begin{vmatrix} 1 & 3 \\ 2 & 4 \end{vmatrix} = 1 \cdot 4 - 3 \cdot 2 = -2$

Von den Zahlen 1, 2 und 3 bei einer dreireihigen Determinante gibt es sechs Permutationen: 123, 231, 312, 321, 132 und 213. Sie sind durch 0, 2, 2, 3, 1 bzw. 1 Inversionen zu erreichen. Daraus ergibt sich für den Wert der Determinante:

$$\begin{vmatrix} a_{11} & a_{12} & a_{13} \\ a_{21} & a_{22} & a_{23} \\ a_{31} & a_{32} & a_{33} \end{vmatrix} = a_{11}a_{22}a_{33} + a_{12}a_{23}a_{31} + a_{13}a_{21}a_{32} - a_{13}a_{22}a_{31} - a_{11}a_{23}a_{32} - a_{12}a_{21}a_{33}$$

Auch für dreireihige Determinanten gibt es eine relativ einfache Merkregel, die als **Sarrussche Regel** bezeichnet wird. Sie ist nach dem französischen Mathematiker Pierre Frédérique Sarrus (1798–1861) benannt. Man schreibt dazu rechts neben den drei Spalten der Determinante noch einmal die erste und zweite Spalte.

$$\begin{array}{ccccc} a_{11} & a_{12} & a_{13} & a_{11} & a_{12} \\ a_{21} & a_{22} & a_{23} & a_{21} & a_{22} \\ a_{31} & a_{32} & a_{33} & a_{31} & a_{32} \end{array}$$

Die Elemente auf den Haupt- und Nebendiagonalen werden jeweils miteinander multipliziert. Anschließend addiert man die Hauptdiagonalprodukte und subtrahiert davon die Nebendiagonalprodukte. Für mehr als dreireihige Determinanten gilt diese Regel jedoch nicht.

Beispiel
$$\begin{vmatrix} 1 & 0 & 3 \\ 1 & 4 & 1 \\ 2 & 3 & 5 \end{vmatrix} = 1 \cdot 4 \cdot 5 + 0 \cdot 1 \cdot 2 + 3 \cdot 1 \cdot 3 - 3 \cdot 4 \cdot 2 - 1 \cdot 1 \cdot 3 - 0 \cdot 1 \cdot 5 = 2$$

Aus der Definition der Determinante kann man folgende Eigenschaften ableiten:

Determinante

1. Determinanten sind linear in jeder Zeile.
2. Beim Vertauschen zweier Zeilen ändert der Wert der Determinante sein Vorzeichen.
3. Vertauscht man alle Zeilen mit den Spalten gleicher Nummer, so bleibt der Wert der Determinante gleich.
4. Addiert man zu einer Zeile eine Linearkombination anderer Zeilen, so bleibt der Wert der Determinante gleich.
5. Ist eine Zeile eine Linearkombination anderer Zeilen, also eine Summe von Vielfachen anderer Zeilen, so hat die Determinante den Wert 0.

Die erste Eigenschaft bedeutet, dass man einen Faktor, der allen Elementen einer Zeile gemeinsam ist, vor die Determinante schreiben kann.

Beispiel

$$\begin{vmatrix} 1 & 3 & 3 \\ 8 & 4 & 2 \\ 2 & 3 & 5 \end{vmatrix} = 2 \cdot \begin{vmatrix} 1 & 3 & 3 \\ 4 & 2 & 1 \\ 2 & 3 & 5 \end{vmatrix}$$

Die erste Eigenschaft bedeutet außerdem, dass man die Elemente einer beliebigen Zeile in jeweils zwei Summanden zerlegen kann und anschließend die Determinante als Summe von zwei Determinanten schreiben darf. Die Summanden der zerlegten Zeile werden dabei auf die beiden einzelnen Determinanten verteilt. Alle anderen Zeilen bleiben in beiden Determinanten gleich.

Beispiel

$$\begin{vmatrix} 1 & 3 & 3 \\ 8 & 4 & 2 \\ 2 & 3 & 5 \end{vmatrix} = \begin{vmatrix} 1 & 3 & 3 \\ 8 & 4 & 2 \\ 1+1 & 2+1 & 2+3 \end{vmatrix} = \begin{vmatrix} 1 & 3 & 3 \\ 8 & 4 & 2 \\ 1 & 2 & 2 \end{vmatrix} + \begin{vmatrix} 1 & 3 & 3 \\ 8 & 4 & 2 \\ 1 & 1 & 3 \end{vmatrix}$$

13.4 Unterdeterminanten

Streicht man aus einer n-reihigen Determinante m beliebige Zeilen und m beliebige Spalten, so erhält man eine $(n - m)$-reihige Determinante. Diese nennt man **Unterdeterminante** $(n - m)$-ter Ordnung der ursprünglichen Determinante.

Beispiel
Streicht man aus der Determinante

$$\begin{vmatrix} -1 & 0 & 4 & 3 \\ 1 & 4 & 5 & 1 \\ 2 & 3 & 3 & 5 \\ 6 & 0 & 2 & 2 \end{vmatrix}$$

die 1. und die 4. Zeile und die 2. und 4. Spalte, entsteht die Unterdeterminante 2. Ordnung $\begin{vmatrix} 1 & 5 \\ 2 & 3 \end{vmatrix}$.

Streicht man aus einer n-reihigen Determinante A nur die i-te Zeile und die j-te Spalte, so ist die Unterdeterminante $(n-1)$-ter Ordnung. Mit dem Vorfaktor $(-1)^{i+j}$ wird aus dieser Unterdeterminante eine Größe, die man als **Kofaktor** cof_{ij} der Determinante A bezeichnet. Statt Kofaktor sind auch die Bezeichnungen **algebraisches Komplement** oder **Adjunkte** gebräuchlich.

Kofaktor einer Determinante

$$A = \begin{vmatrix} a_{11} & a_{12} & \cdots & a_{1n} \\ a_{21} & a_{22} & \cdots & a_{2n} \\ \vdots & \vdots & & \vdots \\ a_{n1} & a_{n2} & \cdots & a_{nn} \end{vmatrix}$$

$$\text{cof}_{ij} A = (-1)^{i+j} \begin{vmatrix} a_{11} & \cdots & a_{1(j-1)} & a_{1(j+1)} & \cdots & a_{1n} \\ \vdots & & \vdots & \vdots & & \vdots \\ a_{(i-1)1} & \cdots & a_{(i-1)(j-1)} & a_{(i-1)(j+1)} & \cdots & a_{(i-1)n} \\ a_{(i+1)1} & \cdots & a_{(i+1)(j-1)} & a_{(i+1)(j+1)} & \cdots & a_{(i+1)n} \\ \vdots & & \vdots & \vdots & & \vdots \\ a_{n1} & \cdots & a_{n(j-1)} & a_{n(j+1)} & \cdots & a_{nn} \end{vmatrix}$$

Mit Hilfe der Kofaktoren lassen sich Determinanten einigermaßen einfach berechnen:

Da man bei einer Determinante Zeilen und Spalten vertauschen darf, ohne dass sich ihr Wert dadurch ändert, gilt der Entwicklungssatz nicht nur für die Zeilen, sondern auch für die Spalten.

Entwicklungssatz
Eine Determinante A kann nach einer beliebigen Zeile i entwickelt werden.

$$A = \sum_{j=1}^{n} a_{ij} \text{cof}_{ij} A$$

Beispiel
Die Determinante D wird nach der zweiten Spalte entwickelt.

$$D = \begin{vmatrix} -1 & 0 & 4 & 3 \\ 1 & 4 & 5 & 1 \\ 2 & 3 & 3 & 5 \\ 6 & 0 & 2 & 2 \end{vmatrix} = 0 \cdot (-1)^{1+2} \begin{vmatrix} 1 & 5 & 1 \\ 2 & 3 & 5 \\ 6 & 2 & 2 \end{vmatrix} + 4 \cdot (-1)^{2+2} \begin{vmatrix} -1 & 4 & 3 \\ 2 & 3 & 5 \\ 6 & 2 & 2 \end{vmatrix}$$

$$+ 3 \cdot (-1)^{3+2} \begin{vmatrix} -1 & 4 & 3 \\ 1 & 5 & 1 \\ 6 & 2 & 2 \end{vmatrix} + 0 \cdot (-1)^{4+2} \begin{vmatrix} -1 & 4 & 3 \\ 1 & 5 & 1 \\ 2 & 3 & 5 \end{vmatrix} = \ldots$$

An dem Beispiel kann man sehen, dass es immer günstig ist, eine Determinante nach einer Zeile oder Spalte zu entwickeln, die möglichst viele Nullen enthält, da sich dadurch der Rechenaufwand verringert. Auch jede einzelne Unterdeterminante kann wieder nach einer Spalte oder Reihe entwickelt werden.

13.5 Cramersche Regel

Mit Hilfe von Determinanten lässt sich überprüfen, ob ein lineares Gleichungssystem aus n Gleichungen mit n Variablen lösbar ist und wie seine Lösungen aussehen. Dazu werden die Koeffizienten a_{11} bis a_{nn} des Gleichungssystems in eine Koeffizientendeterminante D geschrieben. Tauscht man nun eine beliebige i-te Spalte gegen die Absolutwerte c_1 bis c_n aus, erhält man die Determinante D_i. Mit Hilfe dieser Determinanten entwickelte der Schweizer Mathematiker Gabriel Cramer (1704–1752) die nach ihm benannte **Cramersche Regel**. Sie soll hier nicht bewiesen werden.

Cramersche Regel

Ist die Koeffizientendeterminante D eines linearen Gleichungssystems aus n Gleichungen mit n Variablen ungleich 0, so ist das n-Tupel

$$\left(\frac{D_1}{D} ; \frac{D_2}{D} ; \ldots ; \frac{D_n}{D} \right)$$

seine einzige Lösung.

Beispiel

(1) $\quad 2x_1 - 3x_2 + x_3 = 3$
(2) $\quad -3x_1 + 2x_2 - 4x_3 = 1$
(3) $\quad x_1 - x_2 + 2x_3 = 0$

Dieses Gleichungssystem hat die Koeffizientendeterminante

$$D = \begin{vmatrix} 2 & -3 & 1 \\ -3 & 2 & -4 \\ 1 & -1 & 2 \end{vmatrix} = -5.$$

Durch Austauschen der einzelnen Spalten durch die Absolutglieder erhält man

$$D_1 = \begin{vmatrix} 3 & -3 & 1 \\ 1 & 2 & -4 \\ 0 & -1 & 2 \end{vmatrix} = 5 \quad D_2 = \begin{vmatrix} 2 & 3 & 1 \\ -3 & 1 & -4 \\ 1 & 0 & 2 \end{vmatrix} = 9 \quad D_3 = \begin{vmatrix} 2 & -3 & 3 \\ -3 & 2 & 1 \\ 1 & -1 & 0 \end{vmatrix} = 2.$$

Die eindeutige Lösung des Gleichungssystems ist somit das Tripel $(-1; -9/5; -2/5)$.

Bei einem homogenen Gleichungssystem haben alle D_i eine Spalte mit lauter Nullen und deshalb den Wert 0. Falls $D \neq 0$ ist, hat das homogene Gleichungssystem somit nur die triviale Lösung.

> Ein homogenes lineares Gleichungssystem hat genau dann eine nichttriviale Lösung, wenn die Koeffizientendeterminante $D = 0$ ist.

13.6 Vektorräume

Ein Vektorraum V ist eine Menge von Elementen, die man addieren und mit Zahlen multiplizieren kann, so dass die Ergebnisse auch zu dieser Menge gehören. Die Elemente einer solchen Menge werden **Vektoren** genannt, und die Zahlen, mit denen die Vektoren multipliziert werden können, heißen **Skalare**. Die Menge der Skalare können die rationalen, die reellen oder auch die komplexen Zahlen sein.

In den Natur- und Ingenieurwissenschaften ist es üblich, Vektoren durch einen Buchstaben mit einem darüberliegenden Pfeil darzustellen, also beispielsweise als $\vec{a}$. In der Mathematik werden sie hingegen häufig als fettgedruckte Buchstaben geschrieben. In diesem Buch wird durchgängig die erste Art der Darstellung gewählt. Skalare werden ohne Pfeil bzw. dünngedruckt dargestellt.

Für die Elemente eines jeden Vektorraums V gelten folgende Gesetze:

1. Kommutativgesetz der Addition: $\vec{x}+\vec{y}=\vec{y}+\vec{x}$
2. Assoziativgesetz der Addition: $(\vec{x}+\vec{y})+\vec{z}=\vec{x}+(\vec{y}+\vec{z})$
3. Existenz der Null: Es gibt ein Element $\vec{0}$ in V, so dass für jedes $\vec{x}$ aus V gilt: $\vec{x}+\vec{0}=\vec{x}$.
4. Existenz des Inversen: Zu jedem Element $\vec{x}$ aus V gibt es ein Element $\vec{y}$ aus V, so dass gilt: $\vec{x}+\vec{y}=0$. $\vec{y}$ heißt das Inverse von $\vec{x}$ und wird mit $-\vec{x}$ bezeichnet.
5. Assoziativgesetz der Multiplikation: $a(b\vec{x})=(ab)\vec{x}$
6. Existenz der Eins: Es gibt ein skalares Element 1, so dass für jedes $\vec{x}$ aus V gilt: $1\vec{x}=\vec{x}$.
7. Erstes Distributivgesetz: $a(\vec{x}+\vec{y})=a\vec{x}+a\vec{y}$
8. Zweites Distributivgesetz: $(a+b)\vec{x}=a\vec{x}+b\vec{x}$

Die Addition von »+« ist im Allgemeinen nicht das Gleiche wie die Addition »+« von reellen Zahlen.

Beispiele für Vektorräume
1. Die Menge der reellen Zahlen $\mathbb{R}$ mit der üblichen Addition und Multiplikation.
2. Die Menge aller n-Tupel $(a_1, a_2, \ldots a_n)$, bei denen die a_i reelle Zahlen sind. Das Nullelement ist dabei $\vec{0}=(0, 0, \ldots, 0)$. Für die Addition gilt $(a_1, a_2, \ldots a_n)+(b_1, b_2, \ldots b_n)=(a_1+b_1, a_2+b_2, \ldots, a_n+b_n)$ und für die Multiplikation $c(a_1, a_2, \ldots a_n)=(ca_1, ca_2, \ldots ca_n)$.
3. Die Menge aller ganzrationalen Funktionen mit der üblichen Addition und Multiplikation. Das Nullelement ist die Funktion $f(x)=0$.

13.7 Der Vektorraum V_3

Den dreidimensionalen geometrischen Raum bezeichnet man als Vektorraum V_3. Er ist der wichtigste Vektorraum in den Natur- und Ingenieurwissenschaften. Historisch gesehen rührt dort her auch die Bezeichnung Vektorraum.

Eine Verschiebung des gesamten geometrischen Raums bedeutet, jedem Punkt P des Raums so einen Punkt Q des Raums zuzuordnen, dass alle Verbindungsstrecken zwischen einander zugeordneten Punkten parallel und gleich lang sind. Eine solche Verschiebung des Raums wird **Translation** oder **Vektor** $\vec{a}$ **im Raum** genannt. Aus dieser Definition sieht man sofort, dass ein Vektor vollständig bestimmt ist, wenn man von einem einzigen Punkt P weiß, in welchen Punkt Q er verschoben wird. Diese gerichtete Strecke von P nach Q nennt man einen **Repräsentanten** des Vektors und bezeichnet ihn mit $\vec{PQ}$. Dabei heißt P der Anfangs- und Q der Endpunkt des Vektors. Grafisch dargestellt wird der Repräsentant durch einen Pfeil, der die Punkte P und Q verbindet und mit der Spitze auf Q zeigt.

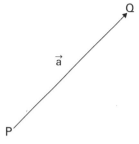

Abb. 154: Repräsentant eines Vektors.

Alle Repräsentanten $\vec{PQ}$ eines Vektors $\vec{a}$ liegen parallel und haben die gleiche Länge. Deshalb nennt man den Abstand der beiden Punkte P und Q die Länge oder den **Betrag** des Vektors $\vec{a}$ und schreibt dies als $|\vec{a}|$. Für den Betrag eines Vektors gilt stets $|\vec{a}| \geq 0$. Vektoren der Länge 1 werden als **Einheitsvektoren** bezeichnet. Der Vektor mit der Länge 0 heißt **Nullvektor** $\vec{0}$.

Die **Summe** $\vec{a}+\vec{b}$ zweier Vektoren ist die Verschiebung des Raumes zuerst um den Vektor $\vec{a}$ und

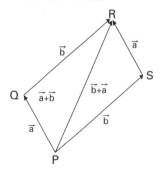

Abb. 155: Addition von zwei Vektoren.

dann um den Vektor $\vec{b}$. Sind $\vec{PQ}$ und $\vec{SR}$ zwei Repräsentanten des Vektors $\vec{a}$ und $\vec{QR}$ und $\vec{PS}$ zwei Repräsentanten des Vektors $\vec{b}$, so erkennt man direkt an Abbildung 155, dass $\vec{PR}$ ein Repräsentant der Summe $\vec{a}+\vec{b}$ oder $\vec{b}+\vec{a}$ ist. Wegen der Parallelität der Repräsentanten eines Vektors spielt es keine Rolle, ob man zuerst den Raum um $\vec{a}$ verschiebt und dann um $\vec{b}$ oder umgekehrt.

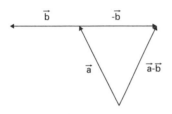

Abb. 156: Subtraktion von zwei Vektoren.

Unter der Differenz $\vec{a}-\vec{b}$ zweier Vektoren versteht man die Summe $\vec{a}+(-\vec{b})$ des Vektors $\vec{a}$ und des Inversen zum Vektor $\vec{b}$. Laut Definition ist $\vec{b}+(-\vec{b})=0$. Ist also $\vec{PQ}$ ein Repräsentant von $\vec{b}$, so muss $\vec{QP}$ ein Repräsentant von $-\vec{b}$ sein, damit die Nacheinanderausführung der Verschiebungen $\vec{b}$ und $-\vec{b}$ insgesamt zu keiner Verschiebung führt.

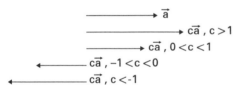

Abb. 157: Multiplikation eines Vektors mit einem Skalar.

Die **Multiplikation** eines Vektors $\vec{a}$ mit einem Skalar c bedeutet, dass der Betrag des Vektors mit dem Betrag des Skalars multipliziert wird. Ist $|c| \neq 1$, so ändert der Vektor durch die Multiplikation mit c seine Länge. Ist c positiv, so hat der neue Vektor $\vec{b}=c\vec{a}$ die gleiche Richtung wie $\vec{a}$, ist c negativ, so hat $\vec{b}$ die Richtung von $-\vec{a}$, und ist $c = 0$, so ist $\vec{b}$ der Nullvektor. Eine Multiplikation mit 1 lässt den Vektor unverändert, und eine Multiplikation mit –1 invertiert ihn: $1 \cdot \vec{a} = \vec{a}$ und $(-1) \cdot \vec{a} = -\vec{a}$.

Ist ein Vektor $\vec{a} \neq \vec{0}$, so kann man ihn durch seine Länge $|\vec{a}|$ teilen. Das Ergebnis $\vec{a}/|\vec{a}|$ ist ein Vektor der Länge 1, also ein Einheitsvektor, der in dieselbe Richtung wie $\vec{a}$ zeigt.

13.8 Koordinaten der Vektoren

Um mit einem konkreten Vektor $\vec{a}$ rechnen zu können, muss man ihn durch Zahlen darstellen können. Dazu braucht man ein Koordinatensystem, z. B. ein kartesisches Koordinatensystem mit einer x-, y- und z-Achse, und einen Repräsentanten $\vec{PQ}$ des Vektors. Der Repräsentant wird senkrecht auf die drei Koordinatenachsen projiziert (→ Abb. 158). Dadurch erhält man auf den Koordinatenachsen auch wiederum Repräsentanten von drei Vektoren $\vec{a}_x, \vec{a}_y$ und $\vec{a}_z$. Diese Vektoren nennt man die Komponenten von $\vec{a}$. Für sie gilt $\vec{a}_x + \vec{a}_y + \vec{a}_z = \vec{a}$. Sind $\vec{i}, \vec{j}$ und $\vec{k}$ die drei Einheitsvektoren, die das Koordinatensystem aufspannen, so gilt $\vec{a}_x = a_x\vec{i}$, $\vec{a}_y = a_y\vec{j}$ und $\vec{a}_z = a_z\vec{k}$. Dabei heißen die reellen Zahlen a_x, a_y und a_z die Koordinaten des Vektors $\vec{a}$ bezüglich des gegebenen Koordinatensystems. Durch seine Koordinaten ausgedrückt stellt man einen Vektor dar als

$$\vec{a} = \begin{pmatrix} a_x \\ a_y \\ a_z \end{pmatrix}.$$

Schreibt man die Koordinaten eines Vektors untereinander, so spricht man von einem **Spaltenvektor**. Es gibt aber auch die Möglichkeit, die Koordinaten nebeneinander zu schreiben. In diesem Fall wird der Vektor als **Zeilenvektor** bezeichnet.
Mit Hilfe des Satzes von Pythagoras

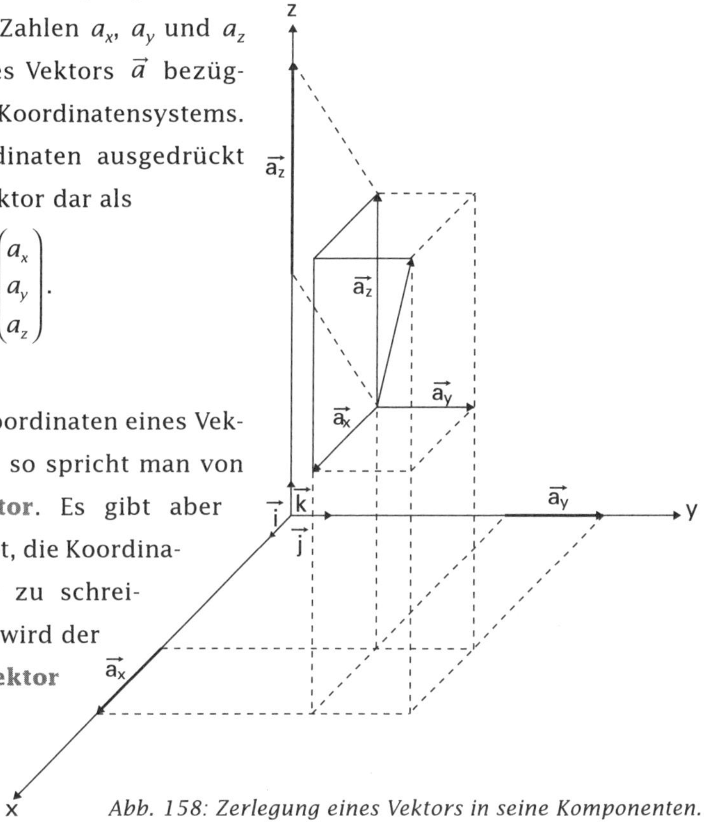

Abb. 158: Zerlegung eines Vektors in seine Komponenten.

> **Betrag eines Vektors**
>
> $|\vec{a}| = \sqrt{a_x^2 + a_y^2 + a_z^2}$

lässt sich aus den Koordinaten eines Vektors sein Betrag errechnen.

Da man bei einem gegebenen Koordinatensystem jedem Vektor $\vec{a}$ eindeutig seine drei Koordinaten zuordnen kann und auch umgekehrt jedem Tripel von reellen Zahlen eindeutig einen Vektor $\vec{a}$, so könnte man den Vektorraum V_3 als gleichwertig mit dem Raum $\mathbb{R}^3$ aller Tripel (a_x, a_y, ... a_z) von reellen Zahlen auffassen. Dazu muss jedoch noch gezeigt werden, dass die Addition von Vektoren und die Multiplikation von Vektoren mit Skalaren in $\mathbb{R}^3$ derjenigen in V_3 entspricht. Dies ist auch tatsächlich der Fall. Dabei gilt:

> **Addition zweier Vektoren und Multiplikation eines Vektors mit einem Skalar**
>
> $\vec{a} + \vec{b} = \begin{pmatrix} a_x \\ a_y \\ a_z \end{pmatrix} + \begin{pmatrix} b_x \\ b_y \\ b_z \end{pmatrix} = \begin{pmatrix} a_x + b_x \\ a_y + b_y \\ a_z + b_z \end{pmatrix}$
>
> $c\vec{a} = c \begin{pmatrix} a_x \\ a_y \\ a_z \end{pmatrix} = \begin{pmatrix} ca_x \\ ca_y \\ ca_z \end{pmatrix}$

Von der Gültigkeit kann man sich leicht anhand der Abb. 159 überzeugen.

Die drei Einheitsvektoren des Koordinatensystems sind dabei

$$\vec{i} = \begin{pmatrix} 1 \\ 0 \\ 0 \end{pmatrix}; \quad \vec{j} = \begin{pmatrix} 0 \\ 1 \\ 0 \end{pmatrix}; \quad \vec{k} = \begin{pmatrix} 0 \\ 0 \\ 1 \end{pmatrix}.$$

Die beiden Räume V_3 und $\mathbb{R}_3$ verhalten sich zwar völlig analog, sind aber nicht gleich, da sie verschiedene Elemente beinhalten.

13.9 Produkte von Vektoren

Die Multiplikation von zwei Skalaren miteinander und die Multiplikation eines Vektors mit einem Skalar sind bereits erklärt. Man kann aber auch zwei Vektoren $\vec{a}$ und $\vec{b}$ miteinander multiplizieren. Dazu gibt es zwei Arten des Produkts. Die eine bezeichnet man als **Skalarprodukt**, Punktprodukt oder inneres Produkt, und wird als $\vec{a} \cdot \vec{b}$ geschrieben und als $\vec{a}$ Punkt $\vec{b}$ gelesen. Daher auch der Name Punktprodukt.

Das Ergebnis dieser Produktbildung ist immer ein Skalar, deshalb auch der Name Skalarprodukt. Die zweite Art der Multiplikation heißt **Vektorprodukt**, Kreuzprodukt oder äußeres Produkt und wird als $\vec{a} \times \vec{b}$ geschrieben und als $\vec{a}$ Kreuz $\vec{b}$ gelesen. Hier ist der Operator ein Kreuz, das dem Produkt seinen Namen gibt. Das Ergebnis dieser Art der Produktbildung ist immer ein Vektor, daher auch der Name Vektorprodukt.

Von zwei Vektoren $\vec{a}$ und $\vec{b}$, die beide verschieden vom Nullvektor sind, werden zwei Repräsentanten $\vec{PQ}$ und $\vec{PR}$ so ausgewählt, dass sie einen gemeinsamen Anfangspunkt P haben. Die beiden Repräsentanten der Vektoren sind die Schenkel zweier Winkel, die zusammen 360° ergeben. Unter dem **eingeschlossenen Winkel** $\sphericalangle (\vec{a},\vec{b})$ versteht man immer den kleineren der beiden, d. h. für den eingeschlossenen Winkel gilt immer $\sphericalangle (\vec{a},\vec{b}) \leq 180°$.

Das Skalarprodukt $\vec{a} \cdot \vec{b}$ zweier von $\vec{0}$ verschiedener Vektoren $\vec{a}$

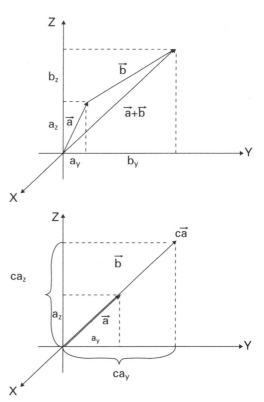

Abb. 159: Vektorkoordinaten bei der Addition zweier Vektoren und bei der Multiplikation eines Vektors mit einem Skalar.

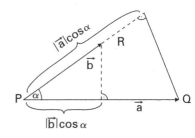

Abb. 160: Skalarprodukt zweier Vektoren.

und $\vec{b}$ ist definiert als $\vec{a} \cdot \vec{b} = |\vec{a}|\,|\vec{b}|\cos\sphericalangle(\vec{a},\vec{b})$. Falls mindestens einer der beiden Vektoren der Nullvektor ist, so beträgt das Skalarprodukt 0.

Geometrisch kann man sich das Skalarprodukt als die Länge des ersten Vektors $|\vec{a}|$ multipliziert mit der Länge der senkrechten Projektion $|\vec{b}|\cos\sphericalangle(\vec{a},\vec{b})$ des zweiten Vektors auf den ersten Vektor vorstellen. Doch auch der umgekehrte Fall ist möglich: Das Skalarprodukt ist gleich der Länge des zweiten Vektors $|\vec{b}|$ multipliziert mit der Länge der senkrechten Projektion $|\vec{a}|\cos\sphericalangle(\vec{a},\vec{b})$ des ersten Vektors auf den zweiten Vektor.

> **Skalarprodukt**
> Kommutativgesetz: $\vec{a}\cdot\vec{b} = \vec{b}\cdot\vec{a}$
> Distributivgesetz: $\vec{a}\cdot(\vec{b}+\vec{c}) = \vec{a}\cdot\vec{b} + \vec{a}\cdot\vec{c}$.

Für das Skalarprodukt gilt das Kommutativgesetz. Es ist also $\vec{a}\cdot\vec{b} = \vec{b}\cdot\vec{a}$. Das Assoziativgesetz hingegen ist nicht gültig, denn $\vec{a}\cdot(\vec{b}\cdot\vec{c})$ ist ein Vielfaches des Vektors $\vec{a}$, während $(\vec{a}\cdot\vec{b})\cdot\vec{c}$ ein Vielfaches von $\vec{c}$ ist. Die beiden Vektoren $\vec{a}$ und $\vec{c}$ sind aber im Allgemeinen nicht Vielfache voneinander. Das Distributivgesetz wiederum ist gültig: $\vec{a}\cdot(\vec{b}+\vec{c}) = \vec{a}\cdot\vec{b} + \vec{a}\cdot\vec{c}$.

Zwei Vektoren $\vec{a}$ und $\vec{b}$ heißen **orthogonal**, wenn $\vec{a}\cdot\vec{b} = 0$ ist. Ist keiner der beiden Vektoren der Nullvektor, so bedeutet die Orthogonalität, dass zwei Repräsentanten der Vektoren, die einen gemeinsamen Anfangspunkt haben, senkrecht aufeinander stehen. Sind die Vektoren $\vec{a}$ und $\vec{b}$ gleichgerichtet, so beträgt der eingeschlossene Winkel 0°, und das Skalarprodukt ist $\vec{a}\cdot\vec{b} = |\vec{a}|\,|\vec{b}|$. Bei entgegengesetzt gerichteten Vektoren beträgt das Skalarprodukt $\vec{a}\cdot\vec{b} = -|\vec{a}|\,|\vec{b}|$.

Zur gewöhnlichen Multiplikation von zwei reellen Zahlen gibt es eine Umkehroperation: die Division. Das Skalarprodukt jedoch hat keine Umkehrung, denn es lässt sich nicht sinnvoll ein eindeutiger Vektor angeben, der bei der Division eines Skalars durch einen Vektor entstehen könnte, denn zu einem gegebenen Skalar c und einem gegebenen Vektor $\vec{a}$ gibt es beliebig viele Vektoren $\vec{b}$, die die Gleichung $\vec{a}\cdot\vec{b}=c$ erfüllen. Das bedeutet, man darf einen Skalar nicht durch einen Vektor dividieren.

Stellt man die Vektoren durch ihre Koordinaten dar, lässt sich das Skalarprodukt mit Hilfe der Einheitsvektoren des Koordinatensystems berechnen. Aus der Definition des Skalarprodukts folgt, dass $\vec{i}\cdot\vec{i}=\vec{j}\cdot\vec{j}=\vec{k}\cdot\vec{k}=1$ und $\vec{i}\cdot\vec{j}=\vec{i}\cdot\vec{k}=\vec{j}\cdot\vec{k}=0$ sein muss. Daraus ergibt sich:

$$\vec{a}\cdot\vec{b} = (a_x\vec{i}+a_y\vec{j}+a_z\vec{k})\cdot(b_x\vec{i}+b_y\vec{j}+b_z\vec{k})$$
$$= a_xb_x\vec{i}\cdot\vec{i}+a_xb_y\vec{i}\cdot\vec{j}+a_xb_z\vec{i}\cdot\vec{k}+a_yb_x\vec{j}\cdot\vec{i}+a_yb_y\vec{j}\cdot\vec{j}$$
$$+a_yb_z\vec{j}\cdot\vec{k}+a_zb_x\vec{k}\cdot\vec{i}+a_zb_y\vec{k}\cdot\vec{j}+a_zb_z\vec{k}\cdot\vec{k}$$
$$= a_xb_x+a_yb_y+a_zb_z$$

Kennt man die Vektoren $\vec{a}$ und $\vec{b}$ in ihrer Koordinatendarstellung, so kann man mit Hilfe des Skalarprodukts auch den von ihnen eingeschlossenen Winkel berechnen.

$$\cos\sphericalangle(\vec{a},\vec{b}) = \frac{\vec{a}\cdot\vec{b}}{|\vec{a}||\vec{b}|}$$

Skalarprodukt

$$\vec{a}\cdot\vec{b} = |\vec{a}||\vec{b}|\cos\sphericalangle(\vec{a},\vec{b})$$

$$\vec{a}\cdot\vec{b} = \begin{pmatrix}a_x\\a_y\\a_z\end{pmatrix}\cdot\begin{pmatrix}b_x\\b_y\\b_z\end{pmatrix} = a_xb_x+a_yb_y+a_zb_z$$

$$\cos\sphericalangle(\vec{a},\vec{b}) = \frac{\vec{a}\cdot\vec{b}}{|\vec{a}||\vec{b}|}$$

Beispiel

Die beiden Vektoren

$$\vec{a} = \begin{pmatrix} 1 \\ 2 \\ 3 \end{pmatrix} \text{ und } \vec{b} = \begin{pmatrix} 0 \\ 4 \\ 1 \end{pmatrix}$$

haben die Längen $|\vec{a}| = \sqrt{1^2 + 2^2 + 3^2} = \sqrt{14}$ und $|\vec{b}| = \sqrt{0^2 + 4^2 + 1^2} = \sqrt{17}$. Ihr Skalarprodukt beträgt $\vec{a} \cdot \vec{b} = 1 \cdot 0 + 2 \cdot 4 + 3 \cdot 1 = 11$. Die Vektoren schließen einen Winkel von $\arccos(\vec{a} \cdot \vec{b}/(|\vec{a}||\vec{b}|)) = \arccos(11/\sqrt{14 \cdot 17}) \approx 44{,}5°$ ein.

Bildet man von zwei Vektoren $\vec{a}$ und $\vec{b}$, die beide verschieden vom Nullvektor sind, das **Vektorprodukt**, so entsteht dadurch ein dritter Vektor $\vec{c}$, der folgende Eigenschaften hat:

1. $\vec{c}$ und $\vec{a}$ sind orthogonal, d. h. $\vec{c} \cdot \vec{a} = 0$.
2. $\vec{c}$ und $\vec{b}$ sind orthogonal, d. h. $\vec{c} \cdot \vec{b} = 0$.
3. Die Determinante aus den Koordinaten der Vektoren $\vec{a}$, $\vec{b}$ und $\vec{c}$ ist nicht negativ.
$$\begin{vmatrix} a_x & a_y & a_z \\ b_x & b_y & b_z \\ c_x & c_y & c_z \end{vmatrix} \geq 0$$
4. $|\vec{c}| = |\vec{a}||\vec{b}| \sin \sphericalangle(\vec{a} \cdot \vec{b})$.

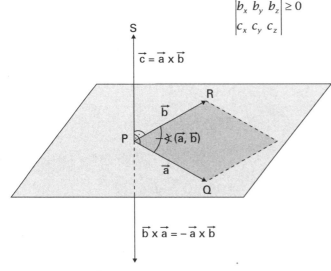

Abb. 161: Vektorprodukt zweier Vektoren.

Ist einer der beiden Vektoren der Nullvektor, so ist das Ergebnis des Kreuzprodukts auch wieder der Nullvektor.

Um das Vektorprodukt $\vec{a} \times \vec{b} = \vec{c}$ geometrisch deuten zu können, wählt man drei Repräsentanten $\vec{PQ}$, $\vec{PR}$ und $\vec{PS}$ der drei Vektoren $\vec{a}$, $\vec{b}$ und $\vec{c}$ so, dass sie einen gemeinsamen Anfangspunkt P haben.

Die erste und zweite Eigenschaft des Vektorprodukts bedeuten nun, dass der Repräsentant $\vec{PS}$ des Ergebnisvektors senkrecht auf der von $\vec{PQ}$ und $\vec{PR}$ aufgespannten Ebene steht. Dazu gibt es zwei mögliche, einander entgegengesetzte Richtungen. Durch die dritte Eigenschaft wird eine dieser beiden Richtungen so ausgewählt, dass ein **rechtshändiges System** entsteht. Das bedeutet, spreizt man den Daumen, den Zeigefinger und den Mittelfinger der rechten Hand ab und

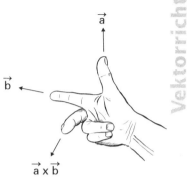

Abb. 162: Rechte-Hand-Regel zur Orientierung des Vektorprodukts.

dreht die Hand so, dass der Daumen in Richtung des ersten Vektors $\vec{a}$ zeigt und der Zeigefinger in Richtung des zweiten Vektors $\vec{b}$, dann zeigt der Mittelfinger in die Richtung von $\vec{a} \times \vec{b} = \vec{c}$.

Die vierte Eigenschaft schließlich besagt, dass die Länge von $\vec{PS}$ dem Flächeninhalt des von $\vec{PQ}$ und $\vec{PR}$ aufgespannten Parallelogramms entspricht.

Das Kommutativgesetz gilt für das Vektorprodukt nicht. Aus der dritten Eigenschaft folgt die **Antikommutativität** $\vec{a} \times \vec{b} = -\vec{b} \times \vec{a}$.. Dies ist auch mit Hilfe der Rechte-Hand-Regel sofort ersichtlich.

Auch das Assoziativgesetz ist nicht gültig. Stattdessen gilt die **Jacobi-Identität** $(\vec{a} \times \vec{b}) \times \vec{c} + (\vec{b} \times \vec{c}) \times \vec{a} + (\vec{c} \times \vec{a}) \times \vec{b} = \vec{0}$. Sie ist nach dem deut-

Vektorprodukt	
Antikommutativgesetz:	$\vec{a} \times \vec{b} = -\vec{b} \times \vec{a}$.
Jacobi-Identität:	$(\vec{a} \times \vec{b}) \times \vec{c} + (\vec{b} \times \vec{c}) \times \vec{a} + (\vec{c} \times \vec{a}) \times \vec{b} = \vec{0}$.
Distributivgesetz:	$\vec{a} \times (\vec{b} \times \vec{c}) = \vec{a} \times \vec{b} + \vec{a} \times \vec{c}$

schen Mathematiker Carl Gustav Jacob Jacobi (1804–1851) benannt. Das Distributivgesetz wiederum ist auch für das Vektorprodukt richtig: $\vec{a}\times(\vec{b}\times\vec{c}) = \vec{a}\times\vec{b}+\vec{a}\times\vec{c}$.

Stellt man die Vektoren durch ihre Koordinaten dar, lässt sich das Vektorprodukt mit Hilfe der Einheitsvektoren des Koordinatensystems berechnen. Aus der Definition des Vektorprodukts folgt $\vec{i}\times\vec{i} = \vec{j}\times\vec{j} = \vec{k}\times\vec{k} = \vec{0}$, $\vec{i}\times\vec{j} = \vec{k}$, $\vec{j}\times\vec{k} = \vec{i}$ und $\vec{k}\times\vec{i} = \vec{j}$. Daraus ergibt sich:

$$\vec{a}\times\vec{b} = (a_x\vec{i} + a_y\vec{j} + a_z\vec{k})\times(b_x\vec{i} + b_y\vec{j} + b_z\vec{k})$$

$$= a_xb_x\vec{i}\times\vec{i} + a_xb_y\vec{i}\times\vec{j} + a_xb_z\vec{i}\times\vec{k} + a_yb_x\vec{j}\times\vec{i} + a_yb_y\vec{j}\times\vec{j}$$

$$+ a_yb_z\vec{j}\times\vec{k} + a_zb_x\vec{k}\times\vec{i} + a_zb_y\vec{k}\times\vec{j} + a_zb_z\vec{k}\times\vec{k}$$

$$= (a_yb_z - a_zb_y)\vec{i} + (a_zb_x - a_xb_z)\vec{j} + (a_xb_y - a_yb_x)\vec{k}$$

Lässt man als Elemente einer Determinante nicht nur Zahlen, sondern auch Vektoren zu, so kann man das Vektorprodukt auch schreiben als

$$\vec{a}\times\vec{b} = \begin{vmatrix} \vec{i} & \vec{j} & \vec{k} \\ a_x & a_y & a_z \\ b_x & b_y & b_z \end{vmatrix}.$$

Vektorprodukt

$|\vec{a}\times\vec{b}| = |\vec{a}|\,|\vec{b}|\,\sin\sphericalangle(\vec{a},\vec{b})$

$\vec{a}\times\vec{b} = \begin{pmatrix} a_x \\ a_y \\ a_z \end{pmatrix} \times \begin{pmatrix} b_x \\ b_y \\ b_z \end{pmatrix} = \begin{pmatrix} a_yb_z - a_zb_y \\ a_zb_x - a_xb_z \\ a_xb_y - a_yb_x \end{pmatrix}$

Beispiel

$\begin{pmatrix} 1 \\ 2 \\ 3 \end{pmatrix} \times \begin{pmatrix} 0 \\ 4 \\ 2 \end{pmatrix} = \begin{pmatrix} 2\cdot 1 - 3\cdot 4 \\ 3\cdot 0 - 1\cdot 1 \\ 1\cdot 4 - 2\cdot 0 \end{pmatrix} = \begin{pmatrix} -10 \\ -1 \\ 4 \end{pmatrix}$

Sind $\vec{a}$, $\vec{b}$ und $\vec{c}$ drei von $\vec{0}$ verschiedene Vektoren und $\vec{PQ}$, $\vec{PR}$ und $\vec{PS}$ drei ihrer Repräsentanten, die einen gemeinsamen Anfangspunkt P haben, so spannen diese einen Spat oder Parallelepiped auf (→ Abb. 163).

Das Volumen des Spats ist das Produkt aus dem Inhalt seiner Grundfläche und der Länge seiner Höhe. Angenommen, man betrachtet als Grundfläche das Parallelogramm, das von den beiden Repräsentanten $\vec{PQ}$ und $\vec{PR}$ aufge-

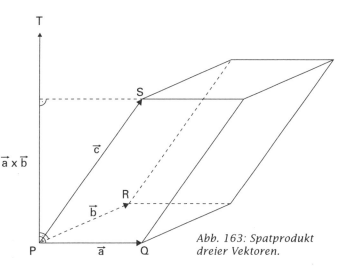

Abb. 163: Spatprodukt dreier Vektoren.

spannt wird, so hat es den Inhalt $|\vec{a} \times \vec{b}| = |\vec{a}| \, |\vec{b}| \sin \sphericalangle(\vec{a}, \vec{b})$. Die Höhe des Spates ist die senkrechte Projektion des Repräsentanten $\vec{PS}$ von $\vec{c}$ auf den Repräsentanten $\vec{PT}$ von $\vec{a} \times \vec{b}$. Das bedeutet, der Spat hat ein Volumen von $V = |(\vec{a} \times \vec{b}) \cdot \vec{c}|$. Die Betragsstriche sind notwendig, da der Ausdruck $(\vec{a} \times \vec{b}) \cdot \vec{c}$ auch negativ sein kann, das Volumen aber immer positiv ist.

Die Größe $(\vec{a} \times \vec{b}) \cdot \vec{c}$ bezeichnet man als **Spatprodukt** und kürzt sie mit $(\vec{a}\vec{b}\vec{c})$ ab. Vertauscht man die drei Vektoren eines Spatprodukts zyklisch, so ändert sich das Ergebnis nicht: $(\vec{a}\vec{b}\vec{c}) = (\vec{b}\vec{c}\vec{a}) = (\vec{c}\vec{a}\vec{b})$. In den drei anderen Vertauschungen kommt es zu einem Vorzeichenwechsel: $(\vec{a}\vec{b}\vec{c}) = -(\vec{b}\vec{a}\vec{c}) = -(\vec{a}\vec{c}\vec{b}) = -(\vec{c}\vec{b}\vec{a})$.

Auch das Spatprodukt kann durch eine dreireihige Determinante dargestellt werden, wie sich leicht überprüfen lässt.

$$(\vec{a}\vec{b}\vec{c}) = \begin{vmatrix} a_x & a_y & a_z \\ b_x & b_y & b_z \\ c_x & c_y & c_z \end{vmatrix}$$

Spatprodukt

$$(\vec{a}\vec{b}\vec{c}) = (\vec{a} \times \vec{b}) \cdot \vec{c}$$

$$(\vec{a}\vec{b}\vec{c}) = (\vec{b}\vec{c}\vec{a}) = (\vec{c}\vec{a}\vec{b}) = -(\vec{b}\vec{a}\vec{c}) = -(\vec{a}\vec{c}\vec{b}) = -(\vec{c}\vec{b}\vec{a})$$

$$(\vec{a}\vec{b}\vec{c}) = \begin{vmatrix} a_x & a_y & a_z \\ b_x & b_y & b_z \\ c_x & c_y & c_z \end{vmatrix}$$

Drei Vektoren $\vec{a}$, $\vec{b}$ und $\vec{c}$ sind **komplanar**, d. h. es gibt Repräsentanten dieser Vektoren, die in einer Ebene liegen, wenn ihr Spatprodukt 0 ist.

Beispiele

1. Die drei Vektoren

$$\vec{a} = \begin{pmatrix} 1 \\ 2 \\ 3 \end{pmatrix}, \quad \vec{b} = \begin{pmatrix} 4 \\ 0 \\ 1 \end{pmatrix}, \quad \vec{c} = \begin{pmatrix} 2 \\ 2 \\ 1 \end{pmatrix}$$

bilden das Spatprodukt

$$(\vec{a}\vec{b}\vec{c}) = \begin{vmatrix} 1 & 2 & 3 \\ 4 & 0 & 1 \\ 2 & 2 & 1 \end{vmatrix} = 18.$$

Sie sind somit nicht komplanar.

2. Die drei Vektoren

$$\vec{a} = \begin{pmatrix} 1 \\ 2 \\ 3 \end{pmatrix}, \quad \vec{b} = \begin{pmatrix} 1 \\ 1 \\ 2 \end{pmatrix}, \quad \vec{c} = \begin{pmatrix} 2 \\ 3 \\ 5 \end{pmatrix}$$

bilden das Spatprodukt

$$(\vec{a}\vec{b}\vec{c}) = \begin{vmatrix} 1 & 2 & 3 \\ 1 & 1 & 2 \\ 2 & 3 & 5 \end{vmatrix} = 0.$$

Sie sind folglich komplanar.

13.10 Beliebige Vektorräume

Die meisten Begriffe, die für den Vektorraum V_3 definiert wurden, lassen sich auf andere Vektorräume übertragen. Eine Ausnahme ist das Vektorprodukt. Es kommt in allgemeinen Vektorräumen nicht vor.

Sind $\vec{x}_1, \vec{x}_2, \ldots \vec{x}_{n-1}$ Vektoren eines beliebigen Vektorraums V, so heißt ein Vektor $\vec{x}_n$ **linear abhängig** von $\vec{x}_1, \vec{x}_2, \ldots \vec{x}_{n-1}$, wenn es Zahlen $a_1, a_2, \ldots, a_{n-1}$ gibt, so dass $\vec{x}_n = a_1\vec{x}_1 + a_2\vec{x}_2 + \ldots + a_{n-1}\vec{x}_{n-1}$ ist. Den Term auf der rechten Seite der Gleichung bezeichnet man als **Linearkombination** von $\vec{x}_1, \vec{x}_2, \ldots, \vec{x}_{n-1}$. Der Nullvektor $\vec{0}$ des Vektorraums ist stets von allen denkbaren Kombinationen von Vektoren linear abhängig. Man braucht nur alle $a_i = 0$ zu setzen.

Beispiel

Im V_3 lassen sich alle Vektoren $\vec{a}$ als Linearkombination der drei Einheitsvektoren $\vec{i}$, $\vec{j}$ und $\vec{k}$ des Koordinatensystems darstellen: $\vec{a} = a_x \vec{i} + a_y \vec{j} + a_z \vec{k}$.

Wenn $\vec{x}_n$ linear abhängig ist von $\vec{x}_1, \vec{x}_2, \ldots, \vec{x}_{n-1}$, so gibt es Zahlen $a_1, a_2, \ldots, a_{n-1}$ und eine Zahl $a_n = -1$, so dass $a_1\vec{x}_1 + a_2\vec{x}_2 + \ldots + a_n\vec{x}_n = \vec{0}$ ist. Etwas verallgemeinert sagt man deshalb:
Ein System $\vec{x}_1, \vec{x}_2, \ldots \vec{x}_n$ von Vektoren ist linear abhängig, wenn es Zahlen $a_1, a_2, \ldots, a_{n-1}$ gibt, von denen mindestens eine ungleich 0 ist, so dass gilt

$$a_1\vec{x}_1 + a_2\vec{x}_2 + \ldots + a_n\vec{x}_n = \vec{0}.$$

Andernfalls nennt man das System **linear unabhängig**.

Beispiel

Im V_3 sind die drei Einheitsvektoren $\vec{i}$, $\vec{j}$ und $\vec{k}$ des Koordinatensystems linear unabhängig, denn der Nullvektor lässt sich durch sie nur mit den skalaren Faktoren 0 darstellen.

$$0 \cdot \vec{i} + 0 \cdot \vec{j} + 0 \cdot \vec{k} = \vec{0}$$

Eine **Basis** eines Vektorraums V ist ein geordnetes, linear unabhängiges System B von Vektoren aus V mit der Eigenschaft, dass sich jeder Vektor aus V auf genau eine Weise als Linearkombination der Elemente von B darstellen lässt.

Beispiel

Die drei Einheitsvektoren $\vec{i}$, $\vec{j}$ und $\vec{k}$ des Koordinatensystems bilden in dieser Reihenfolge eine Basis des V_3, denn jeder Vektor $\vec{a}$ aus V_3 lässt sich eindeutig als $\vec{a} = a_x\vec{i} + a_y\vec{j} + a_z\vec{k}$ schreiben.

Jeder Vektorraum V hat Basen. Alle Basen eines Vektorraum bestehen aus gleich vielen Elementen. Diese Anzahl nennt man die **Dimension** von V. Es gibt auch Vektorräume, die unendlichdimensional sind. Der Vektorraum V_3 beispielsweise hat die Dimension 3. Ein Vektorraum, der nur den Nullvektor enthält, bekommt die Dimension 0 zugeordnet.

Eine Teilmenge W von V, die mindestens ein Element enthält, nennt man genau dann einen **Teilraum** von V, wenn zu allen ihren Elementpaaren $\vec{x}_i$ und $\vec{x}_j$ auch die Summen $\vec{x}_i + \vec{x}_j$ und zu jedem Element $\vec{x}_i$ auch alle skalaren Vielfachen $c\vec{x}_i$ Elemente von W sind.
Jeder Vektorraum ist Teilraum von sich selbst. Die Menge, die nur den Nullvektor enthält, ist ein Teilraum jedes Vektorraums. Diese beiden Teilräume werden als triviale Teilräume bezeichnet.

Ist $\vec{x}_1, \vec{x}_2, \ldots, \vec{x}_n$ eine Basis des Vektorraums V, so kann man jeden Vektor $\vec{x}$ eindeutig als $\vec{x} = a_1\vec{x}_1 + a_2\vec{x}_2 + \ldots + a_n\vec{x}_n$ schreiben. Die Skalare $a_1, a_2, \ldots, a_n$ nennt man die Koordinaten von $\vec{x}$ bezüglich der Basis $\vec{x}_1, \vec{x}_2, \ldots, \vec{x}_n$. Wählt man eine andere Basis, so haben auch die Koordinaten von $\vec{x}$ andere Werte. Sind $\vec{x}$ und $\vec{y}$ zwei Vektoren, deren Koordinaten in derselben Basis angegeben sind, so kann man sie wie im V_3

ihre Summe bilden lassen, indem man ihre entsprechenden Koordinaten addiert, und man kann einen Vektor $\vec{x}$ mit einem Skalar c multiplizieren, indem man jede seiner Koordinaten mit c multipliziert.

Addition von Vektoren und Multiplikation eines Vektors mit einem Skalar

$$\vec{x} + \vec{y} = \begin{pmatrix} x_1 \\ x_2 \\ \vdots \\ x_n \end{pmatrix} + \begin{pmatrix} y_1 \\ y_2 \\ \vdots \\ y_n \end{pmatrix} = \begin{pmatrix} x_1 + y_1 \\ x_2 + y_2 \\ \vdots \\ x_n + y_n \end{pmatrix}$$

Durch die Koordinatendarstellung kann man jedem Vektorraum V der Dimension n mit einer festen Basis die Menge aller n-Tupel eindeutig zuordnen und umgekehrt. Diese Abbildung von V auf $\mathbb{R}^n$ ist ein Isomorphismus ($\rightarrow$ Kap. 13.11).

$$c\vec{x} = c \cdot \begin{pmatrix} x_1 \\ x_2 \\ \vdots \\ x_n \end{pmatrix} = \begin{pmatrix} cx_1 \\ cx_2 \\ \vdots \\ cx_n \end{pmatrix}$$

Im Vektorraum $\mathbb{R}^n$ versteht man unter der **kanonischen Basis** $\vec{e}_1, \vec{e}_2, \ldots, \vec{e}_n$ folgende Einheitsvektoren:

$$\vec{e}_1 = \begin{pmatrix} 1 \\ 0 \\ 0 \\ \vdots \\ 0 \end{pmatrix}, \quad \vec{e}_2 = \begin{pmatrix} 0 \\ 1 \\ 0 \\ \vdots \\ 0 \end{pmatrix}, \quad \ldots, \quad \vec{e}_n = \begin{pmatrix} 0 \\ 0 \\ 0 \\ \vdots \\ n \end{pmatrix}$$

Dadurch lässt sich jeder Vektor schreiben als

$$\vec{x} = \begin{pmatrix} x_1 \\ \vdots \\ x_n \end{pmatrix} = x_1 \vec{e}_1 + \ldots + x_n \vec{e}_n = \sum_{i=1}^{n} x_i \vec{e}_i \; .$$

Im Folgenden gilt für den $\mathbb{R}^n$ immer die kanonische Basis.
Das **Skalarprodukt** aus dem Vektorraum V_3 kann ohne weiteres auf den $\mathbb{R}^n$ verallgemeinert werden. Es gilt

$$\vec{x} \cdot \vec{y} = \begin{pmatrix} x_1 \\ x_2 \\ \vdots \\ x_n \end{pmatrix} \cdot \begin{pmatrix} y_1 \\ y_2 \\ \vdots \\ y_n \end{pmatrix} = x_1 y_1 + x_2 y_2 + \ldots + x_n y_n = \sum_{i=1}^{n} x_i y_i \; .$$

Genau wie im V_3 sind auch im $\mathbb{R}^n$ das Kommutativgesetz und das Distributivgesetz gültig, während das Assoziativgesetz nicht gilt.
Auch der **Betrag** lässt sich problemlos verallgemeinern.

$$|\vec{x}| = \sqrt{x_1^2 + x_2^2 + \ldots + x_n^2} = \sqrt{\sum_{i=1}^{n} x_i^2}$$

Stellt man im V_3 die beiden Vektoren $\vec{a}$ und $\vec{b}$ durch die Repräsentanten $\vec{PQ}$ und $\vec{QR}$ dar, so ist $\vec{PR}$ ein Repräsentant der Summe $\vec{a}+\vec{b}$. Die drei Repräsentanten bilden ein Dreieck, und es ist offensichtlich, dass die Länge einer Seite nicht größer sein kann als die Summe der Längen der beiden anderen Seiten, d. h. $|\vec{a}+\vec{b}| \leq |\vec{a}|+|\vec{b}|$. Diese Ungleichung wird deshalb als **Dreiecksungleichung** bezeichnet. Sie lässt sich auch auf den $\mathbb{R}^n$ und auf m Vektoren erweitern.

$$|\vec{x}_1 + \vec{x}_2 + \ldots + \vec{x}_m| \leq |\vec{x}_1| + |\vec{x}_2| + \ldots + |\vec{x}_m|$$

Den von zwei Vektoren $\vec{a}$ und $\vec{b}$ eingeschlossenen **Winkel** $\sphericalangle(\vec{a},\vec{b})$, der zwischen 0° und 180° liegen muss, erhält man im V_3 eindeutig über die Rechnung

$$\sphericalangle(\vec{a},\vec{b}) = \arccos\left(\frac{\vec{a} \cdot \vec{b}}{|\vec{a}| \cdot |\vec{b}|}\right).$$

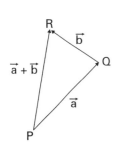

Abb. 164: Dreiecksungleichung $|a+b| \leq |a|+|b|$.

Auch wenn man diese Operation auf den $\mathbb{R}^n$ überträgt, erhält man einen eindeutigen Winkel. Damit lässt sich nun die Orthogonalität von Vektoren im $\mathbb{R}^n$ definieren: Zwei Vektoren $\vec{a}$ und $\vec{b}$ sind orthogonal, wenn sie einen Winkel von 90° einschließen bzw. wenn $\vec{a} \cdot \vec{b} = 0$ ist. Beispielsweise ist jedes Vektorenpaar der kanonischen Basis orthogonal.

Da die Größe $\cos \sphericalangle(\vec{a},\vec{b})$ immer zwischen –1 und +1 liegt, gilt für das Skalarprodukt die Ungleichung $|\vec{a} \cdot \vec{b}| \leq |\vec{a}| \cdot |\vec{b}|$. Sie wird auch nach den beiden Mathematikern Augustin Louis Cauchy (1789–1857) und Karl

Hermann Amandus Schwarz (1843–1921) als **Cauchy-Schwarzsche Ungleichung** bezeichnet.

Im Vektorraum $\mathbb{R}^n$ ordnet das Skalarprodukt zwei Vektoren $\vec{x}$ und $\vec{y}$ eindeutig eine reelle Zahl zu. Deshalb kann man das Skalarprodukt auch als reellwertige Funktion zweier Variablen $\vec{x}$ und $\vec{y}$ auffassen. Im $\mathbb{R}^n$ ist das Skalarprodukt also eine ganz bestimmte Rechenvorschrift. In allgemeinen Vektorräumen kann die Funktion »Skalarprodukt« jedoch ganz anders aussehen. Sie muss aber immer bestimmte Eigenschaften haben.

Operationen im Raum $\mathbb{R}^n$

$$\vec{x} \cdot \vec{y} = \begin{pmatrix} x_1 \\ x_2 \\ \vdots \\ x_n \end{pmatrix} \cdot \begin{pmatrix} y_1 \\ y_2 \\ \vdots \\ y_n \end{pmatrix} = x_1 y_1 + x_2 y_2 + \ldots + x_n y_n$$

$$|\vec{x}| = \sqrt{x_1^2 + x_2^2 + \ldots + x_n^2}$$

$$|\vec{x}_1 + \vec{x}_2 + \ldots + \vec{x}_m| \leq |\vec{x}_1| + |\vec{x}_2| + \ldots + |\vec{x}_m|$$

$$\cos \sphericalangle(\vec{x}, \vec{y}) = \frac{\vec{x} \cdot \vec{y}}{|\vec{x}| \cdot |\vec{y}|}$$

$$|\vec{x} \cdot \vec{y}| \leq |\vec{x}| \cdot |\vec{y}|$$

Ist V ein Vektorraum und $p(\vec{x}, \vec{y})$ eine Funktion, die zwei Vektoren aus V eine reelle Zahl zuordnet, so heißt $p(\vec{x}, \vec{y})$ Skalarprodukt in V, wenn folgende Regeln gelten:
1. $p(\vec{x}, \vec{y}) = p(\vec{y}, \vec{x})$
2. $p(\vec{x} + \vec{y}, \vec{z}) = p(\vec{x}, \vec{z}) + p(\vec{y}, \vec{z})$
3. $p(a\vec{x}, \vec{y}) = a \cdot p(\vec{y}, \vec{x})$
4. $p(\vec{x}, \vec{x}) \geq 0$, $p(\vec{x}, \vec{x}) = 0$ gilt genau dann, wenn $\vec{x} = 0$

Ein Vektorraum, in dem es ein Skalarprodukt gibt, heißt **euklidischer Vektorraum**. Die Begriffe Betrag, Winkel, Einheitsvektor und Orthogonalität sind in allgemeinen euklidischen Räumen genauso definiert wie im $\mathbb{R}^n$, nur dass das dortige spezielle Skalarprodukt durch das Skalarprodukt $p(\vec{x}, \vec{y})$ ersetzt wird.

Sind in einem euklidischen Vektorraum die Vektoren einer Basis Einheitsvektoren und sind diese paarweise orthogonal, so nennt man diese Basis eine **Orthogonalbasis**. Beispielsweise ist die kanonische Basis $\vec{e}_1, \vec{e}_2, \ldots, \vec{e}_n$ des $\mathbb{R}^n$ eine Orthogonalbasis.

13.11 Lineare Abbildungen

Eine Abbildung A von einem Vektorraum V in einen zweiten Vektorraum W wird linear genannt, wenn für jedes Vektorenpaar $\vec{x}$ und $\vec{y}$ aus V und für jede reelle Zahl a die Gleichungen $A(\vec{x}+\vec{y}) = A(\vec{x}) + A(\vec{y})$ und $A(a\vec{x}) = aA(\vec{x})$ gelten. Das bedeutet, bei einer linearen Abbildung spielt es keine Rolle, ob man die Rechenoperation zuerst im Vektorraum V ausführt und dann die Abbildung nach W macht, oder ob man zuerst die Abbildung nach W macht und dann die Rechenoperation im Vektorraum W ausführt. In beiden Fällen erhält man das gleiche Ergebnis. Der Vektor $A(\vec{x})$ aus dem Vektorraum W wird als **Bild** des Vektors $\vec{x}$ aus dem Vektorraum V bezeichnet. Umgekehrt heißt $\vec{x}$ ein **Urbild** des Vektors $A(\vec{x})$.

Beispiel
Eine Parallelprojektion des dreidimensionalen Raums auf eine Ebene ist eine lineare Abbildung. Die Gleichung $A(\vec{x}+\vec{y}) = A(\vec{x}) + A(\vec{y})$ ist gültig, weil das Dreieck ΔPQR, das die Repräsentanten der Vektoren $\vec{x}$, $\vec{y}$ und $\vec{x}+\vec{y}$ formen, auf das Dreieck $\Delta P'Q'R'$ der Repräsentanten von $A(\vec{x})$, $A(\vec{y})$ und $A(\vec{x}+\vec{y})$ abgebildet wird. Die Gültigkeit der Gleichung $A(a\vec{x}) = aA(\vec{x})$ folgt aus der Proportionalität $|PS| : |PQ| = |P'S'| : |P'Q'|$ ($\rightarrow$ Abb. 165).

Zu jeder linearen Abbildung vom Vektorraum V in den Vektorraum W gehören zwei besondere Teilräume. Der **Kern** einer linearen Abbildung A ist der Teilraum von V, der aus all jenen Vektoren besteht, die auf den Nullvektor von W abgebildet werden. In dem Beispiel sind dies alle die Vektoren des dreidimensionalen Raums, deren Repräsentanten paral-

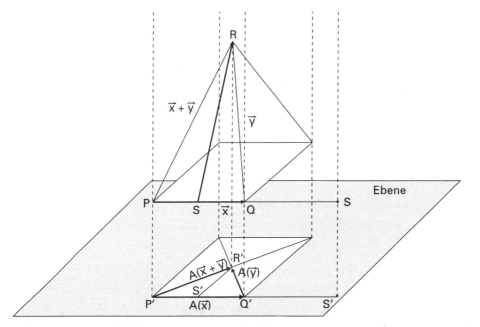

Abb. 165: Lineare Abbildung vom Raum in die Ebene.

lel zu den Projektionsstrahlen liegen. Das **Bild** der linearen Abbildung A ist der Teilraum von W, der aus all jenen Vektoren besteht, die Bilder von Vektoren aus V sind. In dem Beispiel ist das Bild von A der Vektorraum der Ebene, auf die projiziert wird. Ist V ein endlichdimensionaler Vektorraum, so bezeichnet man die Dimension des Kerns als **Defekt** und die Dimension des Bildes als **Rang** der linearen Abbildung. In dem Beispiel hat A den Defekt 1 und den Rang 2, und die Dimension von V ist 3.

Allgemein gilt:

> Defekt von A + Rang von A = Dimension von V

Daraus folgt sofort, dass die Dimension des Bildes nicht größer sein kann als die Dimension von V. Ist der Defekt einer Abbildung 0, so sind die Dimensionen vom Bild und von V gleich, und sowohl die Abbildung als auch die Umkehrabbildung sind eindeutig.

Auch lineare Gleichungssysteme stellen lineare Abbildungen dar.

$$a_{11}x_1 + a_{12}x_2 + a_{13}x_3 + \ldots + a_{1n}x_n = c_1$$
$$a_{21}x_1 + a_{22}x_2 + a_{23}x_3 + \ldots + a_{2n}x_n = c_2$$
$$\vdots$$
$$a_{m1}x_1 + a_{m2}x_2 + a_{m3}x_3 + \ldots + a_{mn}x_n = c_m$$

Durch die linke Seite des Systems wird eine lineare Abbildung A aus dem Vektorraum $\mathbb{R}^n$ in den Vektorraum $\mathbb{R}^m$ definiert, indem jedem n-Tupel $\vec{x} = (x_1, x_2, \ldots, x_n)$ das m-Tupel $A(\vec{x}) = (a_{11}x_1 + \ldots + a_{1n}x_n, \ldots, a_{m1}x_1 + \ldots + a_{mn}x_n)$ zugeordnet wird. Die Frage nach der Lösung des linearen Gleichungssystems stellt sich jetzt so: Für welche n-Tupel $\vec{x} = (x_1, x_2, \ldots, x_n)$ aus $\mathbb{R}^n$ gilt, dass $A(\vec{x})$ gleich dem festen m-Tupel $\vec{c} = (c_1, c_2, \ldots, c_m)$ ist? Gesucht sind also Vektoren, die die Gleichung $A(\vec{x}) = \vec{c}$ erfüllen.

Die Lösung des dazugehörigen homogenen Gleichungssystems sind die Vektoren $\vec{x}$, die die Gleichung $A(\vec{x}) = \vec{0}$ erfüllen. Der Vektorraum, der von den Lösungen des homogenen Systems gebildet wird, ist also der Kern von A, und seine Dimension ist der Defekt von A. Ist der Defekt 0, so hat das System nur die triviale Lösung, und das inhomogene System hat genau eine Lösung, denn die Abbildung ist umkehrbar eindeutig.

Eine lineare Abbildung, die einen Vektorraum V umkehrbar eindeutig auf einen Vektorraum W abbildet, heißt **Isomorphismus** von V nach W. Natürlich ist dann auch die Umkehrabbildung von W nach V ein Isomorphismus. Man nennt deshalb die beiden Vektorräume **isomorph** und schreibt dies als $V \cong W$. Isomorphe Vektorräume haben algebraisch völlig gleiche Eigenschaften. Die Isomorphie ist deshalb eine Äquivalenzrelation.

Gibt man der **Addition** und der **Multiplikation** von linearen Abbildungen und der Multiplikation von linearen Abbildungen mit reellen Zahlen geeignete Bedeutungen, so ist die Menge aller linearen Abbildungen eines Vektorraumes V in einen Vektorraum W selbst auch wieder ein Vektorraum.

Sind A und B zwei lineare Abbildungen von V nach W, so definiert man die Summe $A + B$ als die Abbildung, für die $(A+B)(\vec{x}) = A(\vec{x}) + B(\vec{x})$ für jeden beliebigen Vektor $\vec{x}$ gilt. Für die Multiplikation einer Abbildung A mit einer reellen Zahl a wird $(aA)(\vec{x}) = a \cdot A(\vec{x})$ festgelegt.

Die Multiplikation von zwei Abbildungen ist als die Nacheinanderausführung der beiden Abbildungen definiert. So bedeutet $(AB)(\vec{x})$, dass zuerst die Abbildung $B(\vec{x})$ ausgeführt wird und dann auf das Ergebnis die Abbildung A angewandt wird. Das heißt $(AB)(\vec{x}) = A(B(\vec{x}))$. Die Abbildungen werden also von rechts nach links abgearbeitet. Da B eine Abbildung von einem Vektorraum U in einen Vektorraum V ist, muss A eine Abbildung von V nach W sein, damit die Produktabbildung AB überhaupt sinnvoll von U nach W möglich ist.

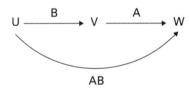

Abb. 166: Vektorräume U, V und W und die Nacheinanderausführung von linearen Abbildungen.

Für die Multiplikation von Abbildungen gilt nicht das Kommutativgesetz. Das Beispiel zeigt dies deutlich.

Beispiel

Drehungen um je 90° um die beiden Geraden g und h aus Abbildung 167 sind lineare Abbildungen A und B vom dreidimensionalen Raum in den dreidimensionalen Raum. Wendet man die beiden Abbildungen

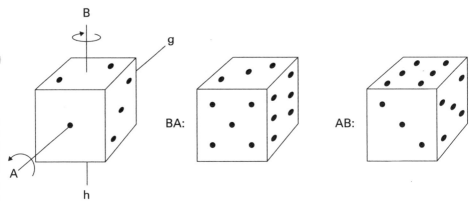

Abb. 167: *Nacheinanderausführung von zwei Drehungen eines Würfels.*

in der Reihenfolge *AB* auf einen Würfel an, erhält man ein anderes Bild als bei der Reihenfolge *BA*.

Es gelten jedoch das Assoziativgesetz $(AB)C = A(BC)$ und das Distributivgesetz $A(B + C) = AB + AC$.

Die linearen Abbildungen eines Vektorraums *V*, die diesen auf sich selbst abbilden, werden als **lineare Operatoren** oder **lineare Transformationen** dieses Raums bezeichnet. Bei linearen Operatoren *A* und *B* sind die Multiplikationen *AB* und *BA* immer möglich. Ein spezieller linearer Operator ist der **Einsoperator** *E*, der auch als identische Abbildung bezeichnet wird. Er bildet jeden Vektor $\vec{x}$ des Raums auf sich selbst ab: $E(\vec{x}) = \vec{x}$.

Alle linearen Operatoren, die einen Vektorraum isomorph auf sich selbst abbilden, werden **reguläre Operatoren** genannt. Ein linearer Operator *A* ist genau dann regulär, wenn es zu *A* einen linearen Operator *B* gibt, so $AB = BA = E$ ist. Der Operator *B* ist in diesem Fall eindeutig bestimmt und wird der zu *A* **inverse Operator** genannt und als als A^{-1} geschrieben. A^{-1} ist also die Abbildung, die die Abbildung *A* wieder rückgängig macht.

13.12 Matrizen

Bei einem linearen Gleichungssystem aus m Gleichungen mit n Variablen hängt das Lösungsverhalten im Wesentlichen von den Koeffizienten ab.

$$a_{11}x_1 + a_{12}x_2 + a_{13}x_3 + \ldots + a_{1n}x_n = c_1$$
$$a_{21}x_1 + a_{22}x_2 + a_{23}x_3 + \ldots + a_{2n}x_n = c_2$$
$$\vdots$$
$$a_{m1}x_1 + a_{m2}x_2 + a_{m3}x_3 + \ldots + a_{mn}x_n = c_m$$

Um sie systematisch untersuchen zu können, ordnet man sie zu einem rechteckigen Raster an und umschließt sie mit runden Klammern. Ein solches Raster nennt man eine **Matrix** vom Typ (m, n). Abgekürzt wird sie in der Regel durch einen fettgedruckten Großbuchstaben.

$$\mathbf{A} = \begin{pmatrix} a_{11} & a_{12} & \ldots & a_{1n} \\ a_{21} & a_{22} & \ldots & a_{2n} \\ \vdots & \vdots & & \vdots \\ a_{m1} & a_{m2} & \ldots & a_{mn} \end{pmatrix}$$

Die a_{ij} werden **Elemente** der Matrix genannt. Die horizontalen n-Tupel von Elementen heißen **Zeilen** und die vertikalen m-Tupel **Spalten** der Matrix. Ist die Matrix vom Typ (n, n), nennt man die Matrix **quadratisch**, ansonsten heißt sie **rechteckig**. Eine Matrix $\mathbf{A}$ vom Typ (m, n) mit den Elementen a_{ij} schreibt man auch kurz als $\mathbf{A} = (a_{ij})_{m,n}$ oder, wenn der Typ eindeutig ist, als $\mathbf{A} = (a_{ij})$.

13.13 Rechenoperationen mit Matrizen

Matrizen vom gleichen Typ kann man addieren, indem man die einander entsprechenden Elemente addiert. Matrizen verschiedenen Typs lassen sich nicht addieren. Um eine Matrix mit einer reellen Zahl zu multiplizieren, multipliziert man jedes Element der Matrix mit dieser Zahl.

Für die Addition von Matrizen und für die Multiplikation von Matrizen mit reellen Zahlen gelten das Kommutativ-, das Assoziativ- und das Distributivgesetz.

Addition von Matrizen gleichen Typs

$$A + B = \begin{pmatrix} a_{11} & \cdots & a_{1n} \\ a_{21} & \cdots & a_{2n} \\ \vdots & & \vdots \\ a_{m1} & \cdots & a_{mn} \end{pmatrix} + \begin{pmatrix} b_{11} & \cdots & b_{1n} \\ b_{21} & \cdots & b_{2n} \\ \vdots & & \vdots \\ b_{m1} & \cdots & b_{mn} \end{pmatrix} = \begin{pmatrix} a_{11}+b_{11} & \cdots & a_{1n}+b_{1n} \\ a_{21}+b_{21} & \cdots & a_{2n}+b_{2n} \\ \vdots & & \vdots \\ a_{m1}+b_{m1} & \cdots & a_{mn}+b_{mn} \end{pmatrix}$$

Beispiel

$$\begin{pmatrix} 2 & -3 & -2 \\ -1 & 4 & 2 \end{pmatrix} + \begin{pmatrix} 2 & 1 & 5 \\ 3 & 0 & 1 \end{pmatrix} = \begin{pmatrix} 4 & -2 & 3 \\ 2 & 4 & 3 \end{pmatrix}$$

Multiplikation einer Matrix mit einer reellen Zahl

$$cA = c \cdot \begin{pmatrix} a_{11} & \cdots & a_{1n} \\ a_{21} & \cdots & a_{2n} \\ \vdots & & \vdots \\ a_{m1} & \cdots & a_{mn} \end{pmatrix} = \begin{pmatrix} ca_{11} & \cdots & ca_{1n} \\ ca_{21} & \cdots & ca_{2n} \\ \vdots & & \vdots \\ ca_{m1} & \cdots & ca_{mn} \end{pmatrix}$$

Beispiel

$$3 \cdot \begin{pmatrix} 2 & -3 & -3 \\ -1 & 4 & 2 \end{pmatrix} = \begin{pmatrix} 6 & -9 & -6 \\ -3 & 12 & 6 \end{pmatrix}$$

Die Menge aller Matrizen vom Typ (m, n) bilden einen Vektorraum der Dimension $n \cdot m$. Der Nullvektor dieses Vektorraumes ist die **Nullmatrix** O, deren Elemente ausschließlich Nullen sind.

Ähnlich wie die Addition ist auch die Multiplikation von zwei Matrizen $A = (a_{ij})_{m,n}$ und $B = (b_{ij})_{p,q}$ nicht immer möglich. Das Produkt AB ist nur dann erklärt, wenn die Spaltenzahl n von A gleich der Zeilenzahl p von

B ist. Wenn dies erfüllt ist, so ist das Ergebnis der Multiplikation eine Matrix $C = (c_{ij})_{m,q}$ vom Typ (m, q), deren Elemente die Werte

$$c_{ij} = a_{i1}b_{1j} + a_{i2}b_{2j} + \ldots + a_{in}b_{nj} = \sum_{k=1}^{n} a_{ik}b_{kj}$$

haben. Das Element c_{ij} der Matrix C wird also genauso berechnet wie das Skalarprodukt aus dem i-ten Zeilenvektor von A und dem j-ten Spaltenvektor von B.

Beispiel

$$\begin{pmatrix} 2 & 3 \\ 1 & 4 \end{pmatrix} \cdot \begin{pmatrix} 1 & 2 & 2 \\ 0 & 1 & 2 \end{pmatrix} = \begin{pmatrix} 2\cdot1+3\cdot0 & 2\cdot2+3\cdot1 & 2\cdot2+3\cdot2 \\ 1\cdot1+4\cdot0 & 1\cdot2+4\cdot1 & 1\cdot2+4\cdot2 \end{pmatrix} = \begin{pmatrix} 2 & 7 & 10 \\ 1 & 6 & 10 \end{pmatrix}$$

Wenn die Matrix A vom Typ (m, n) und die Matrix B vom Typ (n, m) ist, dann lässt sich sowohl das Produkt AB als auch das Produkt BA bilden. Diese stimmen in der Regel jedoch nicht überein. Die Matrizenmultiplikation ist also nicht kommutativ.

Beispiel

$$\begin{pmatrix} 1 & 2 \\ 3 & 4 \end{pmatrix} \cdot \begin{pmatrix} 1 & 3 \\ 4 & 0 \end{pmatrix} = \begin{pmatrix} 9 & 3 \\ 19 & 9 \end{pmatrix} \qquad \begin{pmatrix} 1 & 3 \\ 4 & 0 \end{pmatrix} \cdot \begin{pmatrix} 1 & 2 \\ 3 & 4 \end{pmatrix} = \begin{pmatrix} 10 & 14 \\ 4 & 8 \end{pmatrix}$$

Das Assoziativgesetz und die Distributivgesetze sind jedoch gültig.

Multiplikation von Matrizen

$(a_{ij})_{m,n} \cdot (b_{ij})_{p,q} = (c_{ij})_{m,q}$ Die Multiplikation ist möglich, falls $n = p$ ist.

$$c_{ij} = a_{i1}b_{1j} + a_{i2}b_{2j} + \ldots + a_{in}b_{nj} = \sum_{k=1}^{n} a_{ik}b_{kj}$$

Assoziativgesetz: $(AB)C = A(BC)$
1. Distributivgesetz: $A(B + C) = AB + AC$
2. Distributivgesetz: $(A + B)C = AC + BC$

Für quadratische Matrizen gleichen Typs ist die Multiplikation stets ausführbar. Eine spezielle quadratische Matrix ist die **Einheitsmatrix** E, die auf ihrer Hauptdiagonalen lauter Einsen hat und ansonsten nur aus Nullen besteht.

$$E = \begin{pmatrix} 1 & 0 & \dots & 0 \\ 0 & 1 & \dots & 0 \\ \vdots & \vdots & & \vdots \\ 0 & 0 & \dots & 1 \end{pmatrix}$$

Sie hat die Eigenschaft, alle quadratischen Matrizen gleichen Typs bei der Multiplikation von links oder von rechts unverändert zu lassen: **EA = AE = A**.

Eine quadratische Matrix **A** wird **regulär** genannt, wenn es zu **A** eine quadratische Matrix **B** gibt, so dass **AB = BA = E** ist. Die durch **A** eindeutig festgelegte Matrix **B** wird als die zu **A inverse Matrix** bezeichnet und als $\mathbf{A}^{-1}$ geschrieben.

Beispiel
Die zu $\mathbf{A} = \begin{pmatrix} 1 & 2 \\ 3 & 4 \end{pmatrix}$ inverse Matrix ist $\mathbf{A}^{-1} = \begin{pmatrix} -2 & 1 \\ 3/2 & -1/2 \end{pmatrix}$, denn es gilt $\mathbf{A}\mathbf{A}^{-1} = \begin{pmatrix} 1 & 0 \\ 0 & 1 \end{pmatrix}$.

Jeder Matrix **A** vom Typ (m, n) kann eine zweite Matrix vom Typ (n, m) zugeordnet werden, die man **transponierte Matrix** $\mathbf{A}^T$ nennt. Man erhält sie, indem man bei **A** die Zeilen und Spalten vertauscht.

$$\mathbf{A} = \begin{pmatrix} a_{11} & a_{12} & \dots & a_{1n} \\ a_{21} & a_{22} & \dots & a_{2n} \\ \vdots & \vdots & & \vdots \\ a_{m1} & a_{m2} & \dots & a_{mn} \end{pmatrix} \quad \mathbf{A}^T = \begin{pmatrix} a_{11} & a_{12} & \dots & a_{m1} \\ a_{21} & a_{22} & \dots & a_{m2} \\ \vdots & \vdots & & \vdots \\ a_{1n} & a_{2n} & \dots & a_{mn} \end{pmatrix}$$

Beispiel

$$\mathbf{A} = \begin{pmatrix} 1 & 4 \\ 2 & 5 \\ 3 & 6 \end{pmatrix} \quad \mathbf{A}^T = \begin{pmatrix} 1 & 2 & 3 \\ 4 & 5 & 6 \end{pmatrix}$$

Transponierte Matrizen

$(\mathbf{A} + \mathbf{B})^T = \mathbf{A}^T + \mathbf{B}^T \quad (\mathbf{AB})^T = \mathbf{B}^T \mathbf{A}^T$
$(a\mathbf{A})^T = a\mathbf{A}^T \qquad\qquad (\mathbf{A}^T)^T = \mathbf{A}$

Für die Beziehungen von transponierten Matrizen gelten einige Gesetze (→ Kasten links).

Von jeder quadratischen Matrix **A** kann man die **Determinante** det **A** bilden. Sie ordnet der Matrix eindeutig eine reelle Zahl zu.

$$A = \begin{pmatrix} a_{11} & a_{12} & \cdots & a_{1n} \\ a_{21} & a_{22} & \cdots & a_{2n} \\ \vdots & \vdots & & \vdots \\ a_{n1} & a_{n2} & \cdots & a_{nn} \end{pmatrix} \qquad \det A = \begin{vmatrix} a_{11} & a_{12} & \cdots & a_{1n} \\ a_{21} & a_{22} & \cdots & a_{2n} \\ \vdots & \vdots & & \vdots \\ a_{n1} & a_{n2} & \cdots & a_{nn} \end{vmatrix}$$

Zwischen den Determinanten von zwei quadratischen Matrizen **A** und **B** und der ihres Produkts besteht ein einfacher Zusammenhang, der als Produktsatz bezeichnet wird.

Produktsatz

$$\det(AB) = \det A \cdot \det B$$

Die Einheitsmatrix **E** hat die Determinante det **E** = 1. Daraus folgt nach dem Produktsatz für eine reguläre Matrix **A**, dass $\det A \cdot \det A^{-1} = 1$ ist. Dies wiederum hat zur Folge, dass die Determinanten von regulären Matrizen nicht 0 sein können. Auch die Umkehrung gilt: Ist die Determinante einer quadratischen Matrix **A** ungleich 0, so ist **A** regulär. Wenn **A** regulär ist, kann man die inverse Matrix A^{-1} auf folgende Weise berechnen:

Inverse Matrix

$$A = \begin{pmatrix} a_{11} & \cdots & a_{1n} \\ \vdots & & \vdots \\ a_{n1} & \cdots & a_{nn} \end{pmatrix} \qquad A^{-1} = \frac{1}{\det A} \begin{pmatrix} \text{cof}_{11} A & \cdots & \text{cof}_{1n} A \\ \vdots & & \vdots \\ \text{cof}_{n1} A & \cdots & \text{cof}_{nn} A \end{pmatrix}$$

Beispiel

Die zweireihige reguläre Matrix

$$A = \begin{pmatrix} a_{11} & a_{12} \\ a_{21} & a_{22} \end{pmatrix}$$

hat die Kofaktoren $\text{cof}_{11} A = a_{22}$, $\text{cof}_{12} A = -a_{21}$, $\text{cof}_{21} A = -a_{12}$ und $\text{cof}_{22} A = a_{11}$. Ihre Determinante beträgt $\det A = a_{11} a_{22} - a_{12} a_{21}$. Daraus ergibt sich die inverse Matrix

$$A^{-1} = \frac{1}{a_{11} a_{22} - a_{12} a_{21}} \begin{pmatrix} a_{22} & -a_{21} \\ -a_{12} & a_{11} \end{pmatrix}.$$

Es gibt noch weitere Möglichkeiten, die inverse Matrix zu bestimmen. Eine läuft über das Lösen eines linearen Gleichungssystems. Dazu fasst man die Koeffizienten x_{ij} der inversen Matrix A^{-1} als Variablen auf und löst die Gleichung $\mathbf{AA}^{-1} = \mathbf{E}$.

$$\begin{pmatrix} a_{11} & \cdots & a_{1n} \\ \vdots & & \vdots \\ a_{n1} & \cdots & a_{nn} \end{pmatrix} \cdot \begin{pmatrix} x_{11} & \cdots & x_{1n} \\ \vdots & & \vdots \\ x_{n1} & \cdots & x_{nn} \end{pmatrix} = \begin{pmatrix} 1 & \cdots & 0 \\ \vdots & & \vdots \\ 0 & \cdots & 1 \end{pmatrix}$$

Multipliziert man die beiden Matrizen auf der linken Seite der Gleichung aus, so erhält man ein lineares Gleichungssystem mit n^2 Variablen und n^2 Gleichungen, die alle entweder 0 oder 1 sind. Dieses System kann man nun beispielsweise mit dem Gaußalgorithmus lösen.

13.14 Rang einer Matrix

Fasst man die m Zeilen einer Matrix $\mathbf{A}$ vom Typ (m, n) als Vektoren des Vektorraums $\mathbb{R}^m$ auf, so kann man davon die Maximalzahl der linear unabhängigen Vektoren bestimmen. Auch die n Spalten der Matrix kann man als Vektoren des Vektorraums $\mathbb{R}^n$ ansehen und auch hier die Maximalzahl der linear unabhängigen Vektoren ermitteln. Diese beiden Maximalzahlen stimmen bei jeder Matrix überein und werden als **Rang** der Matrix $\mathbf{A}$ bezeichnet und als r($\mathbf{A}$) geschrieben.

Um den Rang einer Matrix zu berechnen, kann man folgende Rechenregeln anwenden: Der Rang bleibt unverändert, wenn man ein Vielfaches einer Zeile zu einer anderen Zeile addiert. Er bleibt auch erhalten, wenn man zwei Zeilen vertauscht. Beide Regeln dürfen auch auf Spalten angewandt werden. Mit Hilfe dieser Regeln lässt sich die Matrix in eine Form bringen, bei der höchstens Elemente mit gleichem Zeilen- und Spaltenindex von 0 verschieden sind. Die Anzahl der von 0 verschiedenen Elemente ist dann der Rang der Matrix.

Bei einer quadratischen Matrix reicht es auch schon aus, sie auf Dreiecksform zu bringen. Das bedeutet, es müssen entweder alle Elemente oberhalb oder alle unterhalb der Hauptdiagonalen Nullen sein. Der Rang ist dann die Anzahl der von 0 verschiedenen Elemente auf der Hauptdiagonalen.

Beispiele
1. Rechteckige Matrix:
$$A = \begin{pmatrix} 1 & 3 & 2 \\ 3 & 2 & 6 \end{pmatrix}$$

Zuerst wird das (–3)-fache der ersten Zeile zur zweiten Zeile addiert.

$$A_1 = \begin{pmatrix} 1 & 3 & 2 \\ 0 & -7 & 0 \end{pmatrix}$$

Dann wird das (–3)-fache der ersten Spalte zur zweiten Spalte und das (–2)-fache der ersten Spalte zur dritten Spalte addiert.

$$A_2 = \begin{pmatrix} 1 & 0 & 0 \\ 0 & -7 & 0 \end{pmatrix}$$

Somit gilt $r(A) = 2$.

2. Quadratische Matrix:
$$B = \begin{pmatrix} 1 & 0 & -2 \\ 3 & 2 & 1 \\ -2 & 0 & 4 \end{pmatrix}$$

Zuerst wird das (–3)-fache der ersten Zeile zur zweiten Zeile und dann das Doppelte der ersten Zeile zur dritten addiert.

$$B_1 = \begin{pmatrix} 1 & 0 & -2 \\ 0 & 2 & 7 \\ 0 & 0 & 0 \end{pmatrix}$$

B_1 hat bereits Dreiecksform.
Da auf der Hauptdiagonalen zwei von 0 verschiedene Elemente stehen, ist $r(B) = 2$.

13.15 Darstellung linearer Abbildungen durch Matrizen

Lineare Abbildungen und Operationen zwischen Matrizen verhalten sich analog. Um mit linearen Abbildungen konkrete Berechnungen anzustellen, muss man sie auch durch Zahlen ausdrücken können. Dies ist mit Hilfe von Matrizen möglich.

Eine lineare Abbildung von einem n-dimensionalen Vektorraum V in einen m-dimensionalen Vektorraum W kann man durch eine Matrix vom Typ (m, n) darstellen. Sind $\vec{x}_1, \vec{x}_2, \ldots, \vec{x}_n$ eine Basis von V und $\vec{y}_1, \vec{y}_2, \ldots, \vec{y}_m$ eine Basis von W, so kann man die Bilder der Vektoren $\vec{x}_1, \vec{x}_2, \ldots, \vec{x}_n$ durch die Basis W ausdrücken.

$$\begin{pmatrix} A(\vec{x}_1) \\ \vdots \\ A(\vec{x}_n) \end{pmatrix} = \begin{pmatrix} a_{11}\vec{y}_1 + \ldots + a_{m1}\vec{y}_m \\ \vdots \\ a_{1n}\vec{y}_1 + \ldots + a_{mn}\vec{y}_m \end{pmatrix}$$

Eine lineare Abbildung A von V nach W ist eindeutig festgelegt durch die Bilder $A(\vec{x}_i)$ der Vektoren $\vec{x}_1, \vec{x}_2, \ldots, \vec{x}_n$ einer Basis von V. Der Grund dafür ist, dass ein beliebiger Vektor $\vec{x} = (a_1\vec{x}_1 + a_2\vec{x}_2 + \ldots + a_n\vec{x}_n)$ das Bild

$$A(\vec{x}) = A(a_1\vec{x}_1 + a_2\vec{x}_2 + \ldots + a_n\vec{x}_n) = a_1 A(\vec{x}_1) + a_2 A(\vec{x}_2) + \ldots + a_n A(\vec{x}_n)$$

hat. Deshalb wird die Abbildung eindeutig charakterisiert durch die $m \cdot n$ Zahlen. Daher ordnet man der linearen Abbildung A die Matrix **A** zu, die durch das Transponieren der Koeffizientenmatrix von A entsteht.

$$\mathbf{A} = \begin{pmatrix} a_{11} & \ldots & a_{1n} \\ \vdots & & \vdots \\ a_{m1} & \ldots & a_{mn} \end{pmatrix}$$

In der i-ten Spalte dieser Matrix **A** stehen also die Koordinaten des Vektors $A(\vec{x}_i)$ bezüglich der Basis $\vec{y}_1, \vec{y}_2, \ldots, \vec{y}_m$.

Für zwei Vektorräume V und W mit festen Basen entspricht die Addition der linearen Abbildungen $A+B$ der Addition der entsprechenden Matrizen **A+B** und die Multiplikation der linearen Abbildung aA mit einer reellen Zahl der Multiplikation der entsprechenden Matrix **A** mit dieser reellen Zahl a. Es gilt sogar ganz allgemein: Der Vektorraum der linearen Abbildungen von V nach W ist zu dem Vektorraum der Matrizen vom Typ (m, n) isomorph.

Das Gleiche gilt auch für die Multiplikation. Die Hintereinanderausführung bzw. Multiplikation von zwei linearen Abbildungen AB entspricht der Multiplikation der dazugehörigen Matrizen **AB**.
Ist nun eine lineare Abbildung A von V nach W mit zwei festen Basen durch die Matrix **A** dargestellt, so lassen sich Gleichungen der Form $A(\vec{x}_i) = \vec{c}$ lösen. Das heißt, es werden all jene Vektoren $\vec{x}$ aus V gesucht, die durch A auf einen festen Vektor $\vec{c}$ aus W abgebildet werden. Mit den Koordinaten $x_1, x_2, \ldots x_n$ von $\vec{x}$ und $c_1, c_2, \ldots, c_m$ von $\vec{c}$ erhält man folgende Gleichungen mit den Matrizen vom Typ (m, n), $(n, 1)$ und $(m, 1)$:

$$\begin{pmatrix} a_{11} & \cdots & a_{1n} \\ \vdots & & \vdots \\ a_{m1} & \cdots & a_{mn} \end{pmatrix} \cdot \begin{pmatrix} x_1 \\ \vdots \\ x_n \end{pmatrix} = \begin{pmatrix} c_1 \\ \vdots \\ c_m \end{pmatrix}$$

Um einem linearen Operator A eines n-dimensionalen Vektorraums V eine Matrix zuzuordnen, reicht es, in V eine Basis $\vec{x}_1, \vec{x}_2, \ldots, \vec{x}_n$ festzulegen. Aus den Koeffizienten der Gleichung

$$\begin{pmatrix} A(\vec{x}_1) \\ \vdots \\ A(\vec{x}_n) \end{pmatrix} = \begin{pmatrix} a_{11}\vec{x}_1 + \ldots + a_{n1}\vec{x}_n \\ \vdots \\ a_{1n}\vec{x}_1 + \ldots + a_{nn}\vec{x}_n \end{pmatrix}$$

erhält man durch Transponieren die entsprechende Matrix

$$\mathbf{A} = \begin{pmatrix} a_{11} & \cdots & a_{1n} \\ \vdots & & \vdots \\ a_{n1} & \cdots & a_{nn} \end{pmatrix}.$$

Ist ein Operator regulär, so ist auch die entsprechende Matrix regulär und umgekehrt. Dem inversen Operator entspricht dabei die inverse Matrix.

13.16 Koordinatentransformation

Wie eine Matrix aussieht, die einen bestimmten linearen Operator A beschreibt, hängt von der gewählten Basis ab. Sind **A** und **B** zwei Matrizen, die die Abbildung A in den Basen $\vec{x}_1, \vec{x}_2, \ldots, \vec{x}_n$ bzw. $\vec{y}_1, \vec{y}_2, \ldots, \vec{y}_n$ darstellen, so lässt sich ein Operator C finden, der die beiden Basen ineinander überführt.

$$C(\vec{x}_1) = \vec{y}_1, \quad C(\vec{x}_2) = \vec{y}_2, \quad \ldots, \quad C(\vec{x}_n) = \vec{y}_n$$

Wird der Operator C selbst in der Basis $\vec{x}_1, \vec{x}_2, \ldots, \vec{x}_n$ durch die Matrix C dargestellt, so gilt die Transformationsregel $B = C^{-1}AC$ zwischen den Matrizen.

Sind in einem Vektorraum V die Vektoren $\vec{x}_1, \vec{x}_2, \ldots, \vec{x}_n$ und $\vec{y}_1, \vec{y}_2, \ldots, \vec{y}_n$ zwei Basen, so kann jeder beliebige Vektor $\vec{x}$ aus V in beiden Basen durch Koordinaten ausgedrückt werden.

$$\vec{x} = x_1\vec{x}_1 + x_2\vec{x}_2 + \ldots + x_n\vec{x}_n = y_1\vec{y}_1 + y_2\vec{y}_2 + \ldots + y_n\vec{y}_n$$

Die Transformation von einer Basis in die andere wird dabei durch folgendes lineare Gleichungssystem beschrieben:

$$y_1 = c'_{11}x_1 + \ldots + c'_{n1}x_n$$
$$\vdots$$
$$y_n = c'_{1n}x_1 + \ldots + c'_{nn}x_n$$

Transformation von einer Basis $\vec{x}_1, \ldots, \vec{x}_n$ in eine Basis $\vec{y}_1, \ldots, \vec{y}_n$

Transformation von Basisvektoren	Transformation von Koordinaten
$\vec{y}_j = \sum_{i=1}^{n} c_{ij}\vec{x}_i$ mit $(c_{ij}) = C$	$\vec{y}_j = \sum_{i=0}^{n} c'_{ji}\vec{x}_i$ mit $(c'_{ji}) = (C^{-1})^T$
$\vec{x}_j = \sum_{i=1}^{n} c'_{ij}\vec{y}_i$ mit $(c'_{ij}) = C^{-1}$	$\vec{x}_j = \sum_{i=0}^{n} c_{ji}\vec{y}_i$ mit $(c_{ji}) = C^T$

13.17 Eigenwertprobleme

In der Praxis stellt sich oft die Frage, welche Vektoren nach einer Transformation ihre Richtung beibehalten, aber nicht unbedingt ihre Länge. Gesucht sind also jene Vektoren x, wo $A(x)$ ein Vielfaches von x ist. Das führt zu den Begriffen Eigenwert und Eigenvektoren.

Eine Zahl λ wird **Eigenwert** eines linearen Operators A genannt, wenn ein vom Nullvektor verschiedener Vektor existiert, so dass $A(\vec{x}) = \lambda\vec{x}$ gilt. Der Vektor $\vec{x}$ ist ein zu dem Eigenwert λ gehörender **Eigenvektor** des Operators A. Die zu allen λ gehörenden Eigenvektoren bilden zusammen mit dem Nullvektor einen Vektorraum, der als **Eigenraum** von A bezeichnet wird.

Die Eigenwertgleichung lässt sich zu $(A - \lambda E)(\vec{x}) = \vec{0}$ umformen. Daraus folgt sofort:

> Eine Zahl λ ist genau dann ein Eigenwert des Operators A, wenn der Operator $(A - \lambda E)$ nicht regulär ist.

Man kann nun den Eigenwertbegriff vom Operator A auch auf die diesem Operator zugeordnete Matrix **A** übertragen: Die Zahl λ ist genau dann ein Eigenwert der Matrix **A**, wenn die Matrix $(\mathbf{A} - \lambda \mathbf{E})$ nicht regulär ist.

Hat man im Vektorraum V eine Basis festgelegt, dann ergibt sich aus der Gleichung $(A - \lambda E)(\vec{x}) = \vec{0}$ ein lineares Gleichungssystem mit den Koordinaten $x_1, x_2, \ldots, x_n$ des Eigenvektors als Variablen.

$$\begin{aligned}
(a_{11} - \lambda)x_1 + a_{12}x_2 + \ldots + a_{1n}x_n &= 0 \\
a_{21}x_1 + (a_{22} - \lambda)x_2 + \ldots + a_{2n}x_n &= 0 \\
&\vdots \\
a_{n1}x_1 + a_{n2}x_2 + \ldots + (a_{nn} - \lambda)x_n &= 0
\end{aligned}$$

Die Koeffizientenmatrix ist gerade die dem Operator $(A - \lambda E)$ entsprechende Matrix $(\mathbf{A} - \lambda \mathbf{E})$. Dieses homogene Gleichungssystem hat genau dann nicht triviale Lösungen, wenn die Determinante der Koeffizientenmatrix gleich 0 ist, d. h. wenn $(\mathbf{A} - \lambda \mathbf{E}) = 0$ ist.

> Eine Zahl λ ist genau dann ein Eigenwert der Matrix **A**, wenn $\det(\mathbf{A} - \lambda \mathbf{E}) = 0$ ist.

Bei der Berechnung der Determinante erhält man ein Polynom n-ten Grades von λ.

$$\det(\mathbf{A} - \lambda \mathbf{E}) = a_n \lambda^n + a_{n-1} \lambda^{n-1} + \ldots + a_0$$

Dieses Polynom heißt das **charakteristische Polynom** der Matrix **A**. Auch wenn man für den Vektorraum V eine andere Basis gewählt hätte und die Matrix des Operators A dadurch die Form $\mathbf{B} = \mathbf{C}^{-1}\mathbf{A}\mathbf{C}$ bekommen hätte, so würde das charakteristische Polynom dennoch genau die gleiche Form haben.

$$\det(B - \lambda E) = \det(C^{-1}AC - \lambda E) = \det(C^{-1}(A - \lambda E)C) = \det(A - \lambda E)$$

Um einen Eigenvektor $\vec{x}$ zu ermitteln, bestimmt man zunächst die Eigenwerte λ als Nullstellen des charakteristischen Polynoms. Anschließend löst man das lineare Gleichungssystem und erhält dadurch die Koordinaten $x_1, x_2, ..., x_n$ der Eigenvektoren.

Beispiel
Die Matrix

$$A = \begin{pmatrix} 1 & 2 \\ 8 & 1 \end{pmatrix}$$

hat die charakteristische Gleichung

$$\det(A - \lambda E) = \begin{vmatrix} 1-\lambda & 2 \\ 8 & 1-\lambda \end{vmatrix} = \lambda^2 - 2\lambda - 15 = 0$$

Löst man die charakteristische Gleichung, erhält man die beiden Eigenwerte −3 und 5. Für den Eigenwert −3 bekommt man somit folgendes Gleichungssystem:

$$4x_1 + 2x_2 = 0$$
$$8x_1 + 4x_1 = 0$$

Daraus ergibt sich der Eigenvektor

$$\vec{x} = a \begin{pmatrix} 1 \\ -2 \end{pmatrix},$$

der nur bis auf einen beliebigen Faktor a festlegt. Zum Eigenwert 5 gehört das Gleichungssystem

$$-4x_1 + 2x_2 = 0$$
$$8x_1 - 4x_1 = 0$$

mit dem Eigenvektor

$$\vec{x} = b \begin{pmatrix} 1 \\ 2 \end{pmatrix}.$$

14 Folgen und Reihen

14.1 Folgen

Nimmt man aus einer nichtleeren Zahlenmenge A Elemente heraus und bringt sie in eine feste Reihenfolge a_1, a_2, a_3, ... , so spricht man von einer **Zahlenfolge**. Die Elemente a_1, a_2, a_3, ... heißen die **Glieder** der Folge. Statt durch eine Auflistung a_1, a_2, a_3, ... kann man eine Folge auch kurz als $\{a_n\}$ darstellen. Nimmt man beispielsweise aus der Menge der natürlichen Zahlen $\mathbb{N}$ die Primzahlen heraus und ordnet sie der Größe nach, so erhält man die Folge 2, 3, 5, 7, 11, 13, ...

Eine Folge darf auch ein Element der Menge mehrfach enthalten, z. B. 1, 0, 2, 0, 3, 0, 4, 0. Besteht die Folge ausschließlich aus gleichen Gliedern, so spricht man von einer **konstanten Folge**.

Beispiel 1, 1, 1, 1, 1, 1, 1.

Eine Folge kann endlich viele, aber auch unendlich viele Glieder haben. Entsprechend bezeichnet man die Folgen als **endliche Folgen** oder als **unendliche Folgen**. Da die Glieder einer Folge mit den positiven natürlichen Zahlen durchnummeriert werden, kann man Folgen auch als Funktionen auffassen, deren Definitionsbereich bei endlichen Folgen mit N Gliedern das Intervall [1; N] der natürlichen Zahlen ist und bei unendlichen Folgen die Menge $\mathbb{N}^*$ der natürlichen Zahlen.

Um eine Folge eindeutig zu beschreiben, kann man bei endlichen Folgen mit nur wenigen Gliedern die Folge vollständig auflisten. Bei endlichen Folgen mit sehr vielen Gliedern oder bei unendlichen Folgen ist dies nicht mehr möglich. Darum beschreibt man die Folge durch ein Bildungsgesetz, das eine eindeutige Zuordnung zwischen dem Glied a_n und der Gliednummer n herstellt.

Beispiele
1. Die Folge der ungeraden Zahlen 1, 3, 5, 7, 9, ...
   Bildungsgesetz: $a_n = 2n - 1$
2. Die Folge der Quadratzahlen 1, 4, 9, 16, 25, 36, ...
   Bildungsgesetz: $a_n = n^2$

3. Die Folge der Stammbrüche $\frac{1}{1}, \frac{1}{2}, \frac{1}{3}, \frac{1}{4}, \frac{1}{5}, \frac{1}{6}, \frac{1}{7}, \frac{1}{8}, ...$
Bildungsgesetz: $a_n = \frac{1}{n}$

Nicht immer lässt sich ein Bildungsgesetz angeben, mit dem man das n-te Glied direkt aus der Nummer n ermitteln kann, sondern manchmal nur eine Rekursionsformel, mit der sich das n-te Glied aus den vorangegangenen Gliedern bestimmen lässt.

Beispiel
Die Folge der Fibonacci-Zahlen: 1, 1, 2, 3, 5, 8, 13, 21, 34, ...
Bildungsgesetz: $a_1 = a_2 = 1$, und für $n > 2$ gilt $a_n = a_{n-2} + a_{n-1}$.

Es gibt jedoch auch Folgen, für die weder ein analytisches noch ein rekursives Bildungsgesetz angegeben werden kann, beispielsweise für die Folge der Ziffern von π: 3, 1, 4, 1, 5, 9, 2, 6, 5, ...

14.2 Monotone und beschränkte Folgen

Monotone Folgen	
$a_{n+1} \geq a_n$	monoton wachsend
$a_{n+1} > a_n$	streng monoton wachsend
$a_{n+1} \leq a_n$	monoton fallend
$a_{n+1} < a_n$	streng monoton fallend
(für alle n)	

Eine Folge heißt **monoton wachsend**, wenn jedes ihrer Glieder gleich oder größer ist als das vorhergehende, wenn also für alle n gilt $a_{n+1} \geq a_n$. Sie heißt **monoton fallend**, wenn für alle n gilt $a_{n+1} \leq a_n$. Gilt sogar für jedes n, dass $a_{n+1} > a_n$ oder $a_{n+1} < a_n$, so nennt man die Folge **streng monoton wachsend** bzw. **streng monoton fallend**.

Beispiele
1. Die Folge der Fibonacci-Zahlen 1, 1, 2, 3, 5, 8, 13, 21, ... ist monoton wachsend.
2. Die Folge der geraden Zahlen 2, 4, 6, 8, 10, 12, ... ist streng monoton wachsend.
3. Die Folge der Stammbrüche $\frac{1}{2}, \frac{2}{3}, \frac{3}{4}, \frac{4}{5}, \frac{5}{6}, \frac{6}{7}, \frac{7}{8}, ...$ ist streng monoton fallend.

Folgen, deren Glieder alle größer sind als eine Konstante k und kleiner als eine Konstante K, heißen **beschränkt**, und die Konstanten k und K werden als **untere Schranke** bzw. **obere Schranke** bezeichnet. Für eine beschränkte Folge gilt also für alle n die Ungleichung $k \leq a_n \leq K$.

Beispiel
Die Folge $\frac{1}{2}, \frac{2}{3}, \frac{3}{4}, \frac{4}{5}, \frac{5}{6}, \frac{6}{7}, \frac{7}{8}, \ldots$ mit dem Bildungsgesetz $a_n = \frac{n}{n+1}$ ist beschränkt. Eine untere Schranke diese Folge ist 1/2 und eine obere ist 1.

Ist die Folge $\{a_n\}$ beschränkt mit der unteren Schranke k und der oberen Schranke K, so gibt es stets eine positive Zahl M, für die für alle n gilt, dass $|a_n| \leq M = \max(|k|, |K|)$ ist. (Der Ausdruck $\max(a, b)$ hat den Wert der größeren der beiden Zahlen a und b.)

> **Beschränkte Folgen**
> Eine Folge $\{a_n\}$ ist beschränkt, wenn es eine positive Zahl M gibt, deren Größe vom Betrag keines Gliedes überschritten wird.

Die Zahlen k, K und M sind nicht eindeutig. Jede Zahl $l < k$ ist auch eine untere Schranke, und jede Zahl $L > K$ ist auch eine obere Schranke der Folge. Die kleinste obere Schranke wird **obere Grenze** G oder **Supremum** $\sup\{a_n\}$ und die größte untere Schranke wird **untere Grenze** g oder **Infimum** $\inf\{a_n\}$ genannt.
Endliche Folgen sind stets beschränkt. Das größte ihrer Glieder ist die obere Grenze und das kleinste die untere Grenze.

14.3 Arithmetische Folgen

Eine Folge, deren jeweils benachbarte Glieder eine konstante Differenz $d \neq 0$ haben, heißt **arithmetische Folge**. Für eine arithmetische Folge gilt also $a_{n+1} - a_n = d$ für alle n.

Beispiel
Die ungeraden Zahlen 1, 3, 5, 7, 9, ... bilden eine arithmetische Folge mit der Differenz $d = 2$.

Alle arithmetischen Folgen mit einem positiven d sind streng monoton wachsend und alle mit einem negativen d streng monoton fallend. Außerdem sind alle unendlichen arithmetischen Folgen unbeschränkt. Durch $(n - 1)$-malige Anwendung des Rekursionsgesetzes erhält man die Gleichung $a_n = a_1 + (n - 1)d$.

> **Arithmetische Folge**
> $a_{n+1} - a_n = d$
> $a_n = a_1 + (n - 1)d$
> mit $d \neq 0$

Berechnet man von einer Folge die Differenzen jeweils benachbarter Glieder, entsteht eine weitere Folge, die man als erste **Differenzenfolge** Δ^1 der Folge bezeichnet. Natürlich kann man von der Differenzenfolge auch wieder eine Differenzenfolge bestimmen und erhält somit die zweite Differenzenfolge Δ^2 der ursprünglichen Folge. Auf diese Weise kann man immer weiter verfahren.

Beispiel

$\{a_n\}$	−3	−2	10	35	75	132	208	...
Δ^1		1	12	25	40	57	76	...
Δ^2			11	13	15	17	19	...
Δ^3				2	2	2	2	...

Über die Differenzenfolgen kann man auch die arithmetischen Folgen definieren: Arithmetische Folgen sind Folgen, deren erste Differenzenfolge eine konstante Folge ist.

14.4 Geometrische Folgen

Eine Folge, deren jeweils benachbarte Glieder einen konstanten Quotienten $a_{n+1}/a_n = q \neq 1$ haben, heißt **geometrische Folge**.

Beispiel
Die Zweierpotenzen 1, 2, 4, 8, 16, 32, 64, ... bilden eine geometrische Folge mit dem Quotienten $q = 2$.

Geometrische Folge
$$\frac{a_{n+1}}{a_n} = q$$
$$a_n = a_1 \cdot q^{n-1}$$
mit $q \neq 1$

Ist q positiv, so haben alle Glieder das gleiche Vorzeichen wie a_1. Ist q hingegen negativ, so wechselt das Vorzeichen von Glied zu Glied und man erhält eine **alternierende geometrische Folge**.
Falls $|q| < 1$ ist, sind geometrische Folgen beschränkt, ansonsten sind sie unbeschränkt. Sie wachsen monoton, falls $a_1 > 0$ und $q > 1$ ist oder falls $a_1 < 0$ und $0 < q < 1$ ist. Die Folgen sind monoton fallend, falls $a_1 > 0$ und $q < 0 < 1$ ist oder falls $a_1 < 0$ und $q > 1$ ist. Durch $(n-1)$-malige Anwendung des Rekursionsgesetzes erhält man die Gleichung $a_n = a_1 q^{n-1}$.

Beispiel
Die Frequenzen der Töne einer wohltemperierten Tonleiter bilden eine geometrische Folge mit dem Quotienten $\sqrt[12]{2} \approx 1{,}059463$, wobei der Ton a' auf 440 Hz festgelegt ist.

Ton:	Frequenz:
c'	261,63 Hz
cis' des'	277,18 Hz
d'	293,66 Hz
dis', es'	311,13 Hz
e'	329,63 Hz
f'	349,23 Hz
fis', ges'	369,99 Hz
g'	392,00 Hz
gis', as'	415,30 Hz
a'	440,00 Hz
ais', b'	466,16 Hz
h'	493,88 Hz
c''	523,25 Hz

14.5 Konvergenz und Divergenz

Die Glieder der Folge $\frac{1}{2}, \frac{2}{3}, \frac{3}{4}, \frac{4}{5}, \frac{5}{6}, \frac{6}{7}, \frac{7}{8}, \ldots$ mit dem Bildungsgesetz $a_n = n/(n+1)$ nähern sich dem Wert 1 umso mehr, je größer die Gliednummer n wird. Man kann die Abweichung von 1 sogar beliebig klein machen, d. h. es lässt sich immer eine Nummer n finden, ab der für alle Glieder gilt, dass $|a_n - 1|$ kleiner ist als eine beliebig kleine positive Zahl ε. Muss beispielsweise die Abweichung von 1 kleiner als $\varepsilon = 0{,}1$ sein, so ist dies ab $n = 10$ für jedes Glied erfüllt und bei $\varepsilon = 0{,}001$ ab dem Glied mit der Nummer $n = 1000$. Die Zahl 1 wird von den Folgengliedern zwar nie erreicht, aber sie kommen beliebig nahe an sie heran. Man sagt, die Folge **konvergiert** gegen den **Grenzwert** oder **Limes** 1.

> **Konvergente Folgen**
>
> Eine unendliche Folge $\{a_n\}$ ist konvergent mit dem Grenzwert a, wenn es zu jeder beliebig kleinen positiven Zahl ε stets eine Folgennummer $N(\varepsilon)$ gibt, so dass für alle Glieder a_n mit $n > N(\varepsilon)$ die Ungleichung $|a_n - a| < \varepsilon$ erfüllt ist.

Dass eine Folge $\{a_n\}$ gegen einen Grenzwert a konvergiert, schreibt man als $\lim_{n\to\infty} a_n = a$ oder $\{a_n\} \to a$. Die linke Seite des ersten Ausdrucks wird dabei als »Limes von a_n für n gegen unendlich« gelesen.

Konvergiert eine unendliche Folge $\{a_n\}$ gegen einen Grenzwert a, so gibt es nur endlich viele Glieder, deren Abweichung vom Grenzwert größer ist als ε, ganz egal, wie klein man ε auch wählt. Man sagt deshalb, es liegen nur endlich viele Glieder außerhalb der ε-**Umgebung** von a. Man spricht auch davon, dass fast alle Glieder in der ε-Umgebung von a liegen, wobei mit »**fast alle**« in der Mathematik immer »alle, bis auf endlich viele« gemeint ist.

Beispiel
Bei der Folge $\frac{1}{2}, \frac{2}{3}, \frac{3}{4}, \frac{4}{5}, \frac{5}{6}, \frac{6}{7}, \frac{7}{8}, \ldots$ mit dem Bildungsgesetz $a_n = \frac{n}{n+1}$ und einem $\varepsilon = 0{,}1$ liegen alle Glieder außer $\frac{1}{2}, \frac{2}{3}, \frac{3}{4}, \frac{4}{5}, \frac{5}{6}, \frac{6}{7}, \frac{7}{8}, \frac{8}{9}$ und $\frac{9}{10}$ in der ε-Umgebung des Grenzwertes 1.

Konvergente Folgen, deren Grenzwert 0 ist, heißen **Nullfolgen**. Folgen, die nicht konvergieren, werden **divergente Folgen** genannt.
Alle unendlichen arithmetischen Folgen mit dem Bildungsgesetz $a_n = a_1 + (n-1)d$ sind divergent. Für positive Differenzen d wachsen die Glieder über alle Grenzen und für negative d fallen sie unter alle Grenzen. Man schreibt dies auch als $\lim_{n\to\infty} a_n = \infty$ bzw. $\lim_{n\to\infty} a_n = -\infty$. Solche Folgen, die entweder gegen $+\infty$ oder gegen $-\infty$ streben, heißen **bestimmt divergent**. Ansonsten nennt man sie **unbestimmt divergent**.

Unendliche geometrische Folgen mit dem Bildungsgesetz $a_n = a_1 \cdot q^{n-1}$ konvergieren gegen 0, wenn $|q| < 1$ ist. Mit $q < 1$ divergieren sie bestimmt und mit $q < -1$ unbestimmt.

14.6 Konvergente Folgen

Ist $m_1, m_2, m_3, m_4, \ldots$ eine streng monoton wachsende Folge von natürlichen Zahlen, so nennt man sie eine **Teilfolge** der Folge der positiven natürlichen Zahlen. So ist beispielsweise die Folge der Primzahlen 2, 3, 5, 7, 11, ... eine Teilfolge der Folge der positiven natürlichen Zahlen 1, 2, 3, 4, 5, ... Wählt man eine solche Teilfolge der positiven natürlichen Zahlen als Indizes von Folgengliedern, so ergibt sich aus jeder beliebigen Folge eine ihrer Teilfolgen. Unter Teilfolgen versteht man stets unendliche Folgen.

Beispiel
Mit der Indexfolge $\{m_n\}$ = 2, 4, 6, 8, ... der geraden Zahlen erhält man aus der Folge der Stammbrüche $\{a_n\}$ = 1/1, 1/2, 1/3, 1/4, ... mit dem Bildungsgesetz $a_n = 1/n$ die Teilfolge $\{a_{m_n}\}$ = 1/2, 1/4, 1/6, 1/8, ...
Jede Teilfolge $\{a_{m_n}\}$ einer konvergenten Folge $\{a_n\}$ konvergiert gegen denselben Grenzwert a.

Bei einer konvergenten Folge $\{a_n\}$ mit dem Grenzwert a liegen fast alle Glieder in einer ε-Umgebung von a. Also liegen nur endlich viele Glieder außerhalb der ε-Umgebung von a, und weil es nur endlich viele Glieder sind, sind diese auch beschränkt. Folglich sind konvergente Folgen immer auch beschränkte Folgen.
Hat eine konvergente Folge $\{a_n\}$ die obere Schranke K, so kann ihr Grenzwert a nicht größer sein als K, denn sonst gäbe es eine ε-Umgebung von a, die oberhalb von K liegt und unendlich viele Glieder der Folge enthält, was ein Widerspruch wäre. Aus einem entsprechenden Grund kann der Grenzwert auch nicht kleiner sein als eine untere Schranke k.

Hätte eine Folge $\{a_n\}$ zwei Grenzwerte a und b, so könnte man ε so klein wählen, dass sich die beiden ε-Umgebungen von a und b nicht überlappen. Da aber außerhalb der ε-Umgebung von a nur endlich viele Glieder liegen, in der ε-Umgebung von b hingegen unendlich viele sein müssen, ist dies ein Widerspruch. Folglich kann eine Folge nur höchstens einen Grenzwert besitzen.
Haben die Folgen $\{a_n\}$ und $\{b_n\}$ die Grenzwerte a und b, so konvergieren auch die Folgen $\{a_n + b_n\}$, $\{a_n - b_n\}$ und $\{a_n \cdot b_n\}$. Ihre Grenzwerte sind $a + b$, $a - b$ bzw. ab. Falls der Grenzwert $b \neq 0$ und auch alle $b_n \neq 0$ sind, existiert auch die Folge $\{a_n / b_n\}$ und konvergiert gegen a/b.

Um zu beweisen, dass $a + b$ der Grenzwert der Folge $\{a_n + b_n\}$ ist, sucht man einen Index N_1, so dass für alle $n > N_1$ die Ungleichung $|a_n - a| < \varepsilon/2$, und einen Index N_2, so dass für alle $n > N_2$ die Ungleichung $|b_n - b| < \varepsilon/2$ erfüllt ist. Nach der Dreiecksungleichung gilt nun für alle $n > \max(N_1, N_2)$:

$$|(a_n + b_n) - (a + b)| = |(a_n - a) + (b_n - b)| \leq |a_n - a| + |b_n - b| < \varepsilon$$

Damit wäre die Behauptung bewiesen.
Die anderen drei Behauptungen lassen sich auf ähnliche Weise bestätigen.

Verknüpfung von konvergenten Folgen

$\{a_n\} \to a$, $\{b_n\} \to b$: $\{a_n\} + \{b_n\} \to a + b$

$\{a_n\} - \{b_n\} \to a - b$

$\{a_n\} \cdot \{b_n\} \to ab$

$\dfrac{\{a_n\}}{\{b_n\}} \to \dfrac{a}{b}$ (falls b und alle b_i ungleich 0 sind)

Zwei wichtige Spezialfälle dieser Sätze sind:
1. Sind $\{a_n\}$ und $\{b_n\}$ zwei konvergente Folgen mit den Grenzwerten a und b und c_1 und c_2 zwei Konstanten, so gilt stets $\{c_1 a_n\} \to c_1 a_n$ und $\{c_1 a_n + c_2 b_n\} \to c_1 a_n + c_2 b_n$.
2. Sind $\{a_n\}$ und $\{b_n\}$ zwei Nullfolgen, so sind auch $\{a_n + b_n\}$, $\{a_n - b_n\}$ und $\{a_n \cdot b_n\}$ Nullfolgen.

14.7 Konvergenzkriterien

Glaubt man den Grenzwert a einer Folge $\{a_n\}$ zu kennen, so ist es leicht zu überprüfen, ob er es auch tatsächlich ist. Ist hingegen kein Grenzwert a bekannt, muss man allgemeingültige Konvergenzkriterien anwenden, um festzustellen, ob eine Folge konvergiert oder divergiert. Diese Kriterien liefern aber nicht den Grenzwert selbst. Allgemeingültige Verfahren zur Bestimmung des Grenzwertes gibt es auch nicht.

Konvergenzkriterium
Eine monotone und beschränkte Folge ist immer konvergent.

Die Glieder einer streng monoton wachsenden, unbeschränkten Folge werden beliebig groß. Die Folge ist somit bestimmt divergent. Das Gleiche ist auch für eine streng monoton fallende, unbeschränkte Folge richtig. Eine monotone, beschränkte Folge jedoch ist immer konvergent.

Beispiel
Die Folge 0,1; 0,11; 0,111; 0,1111; 0,1111; ... ist streng monoton wach-

send und beschränkt, denn 0 ist eine untere und 1 eine obere Schranke. Folglich ist die Folge auch konvergent.

Ein zweites Konvergenzkriterium stammt von dem französischen Mathematiker Augustin Louis Cauchy (1789–1857) und wird nach ihm als **Cauchy-Kriterium** bezeichnet. Sind ab einem Glied $N(\varepsilon)$ die Beträge der Differenzen aller möglichen Gliederpaare kleiner als die positive Zahl ε, so liegen die Beträge fast aller Glieder in einem Intervall der Breite ε. Das bedeutet:

Cauchy-Kriterium
Eine Folge $\{a_n\}$ ist genau dann konvergent, wenn es zu jeder beliebig kleinen positiven Zahl ε stets eine Folgenummer $N(\varepsilon)$ gibt, so dass für Indizes n_1 und n_2, die größer sind als $N(\varepsilon)$, stets gilt:
$$|a_{n_2} - a_{n_1}| < \varepsilon$$

Beispiel
Die Folge
$$-\frac{1}{1}, +\frac{1}{2}, -\frac{1}{3}, +\frac{1}{4}, -\frac{1}{5}, \ldots$$

mit dem Bildungsgesetz
$$a_n = (-1)^n \cdot \frac{1}{n}$$

ist zwar beschränkt, aber nicht monoton. Also kann man nicht das erste Konvergenzkriterium anwenden. Mit dem Cauchy-Kriterium jedoch lässt sich die Konvergenz der Folge beweisen.

$$|a_{n+1} - a_n| = \left|(-1)^{n+1}\frac{1}{n+1} - (-1)^n\frac{1}{n}\right| = \left|\frac{1}{n+1} + \frac{1}{n}\right|$$
$$< \left|\frac{1}{n} + \frac{1}{n}\right| = \frac{2}{n} < \varepsilon$$

Diese Ungleichung ist für jedes $n > 2/\varepsilon$ erfüllt. Da aus dem Bildungsgesetz folgt, dass alle auf a_{n+1} folgenden Glieder zwischen a_n und a_{n+1} liegen, ist das Cauchy-Kriterium erfüllt und die Folge konvergent.

14.8 Häufungswert

Bei der Folge 0,9; 1,9; 2,9; 0,99; 1,99; 2,99; 0,999; 1,999; 2,999; ... befinden sich in ε-Umgebungen der Zahlen 1, 2 und 3 jeweils unendlich viele Glieder. Man sagt, die Glieder häufen sich an den Stellen 1, 2 und 3 und nennt deshalb 1, 2 und 3 die **Häufungswerte** der Folge.

> **Häufungswert**
> Eine Zahl a heißt Häufungswert einer Folge $\{a_n\}$, wenn die Ungleichung
> $$|a_n - a| < \varepsilon$$
> für jede beliebig kleine positive Zahl ε für unendlich viele Glieder der Folge erfüllt ist.

Jeder Grenzwert einer Folge ist somit auch ein Häufungspunkt. Umgekehrt muss aber nicht jeder Häufungspunkt auch ein Grenzwert sein, denn in der ε-Umgebung eines Grenzwertes müssen alle Glieder bis auf endlich viele liegen, während in der ε-Umgebung eines Häufungspunktes nur unendlich viele liegen müssen.

Hat eine Folge genau einen Häufungspunkt a im Endlichen, so ist sie konvergent und ihr Grenzwert ist a. Hat sie nur einen Häufungspunkt im Unendlichen oder mehr als einen, so divergiert sie.

> **Satz von Bolzano-Weierstraß**
> Jede beschränkte unendliche Folge hat mindestens einen Häufungspunkt.

Ist eine unendliche Folge beschränkt, so gilt ein Satz von Bernhard Bolzano (1781–1848) und Karl Theodor Wilhelm Weierstraß (1815–1897).

14.9 Reihen

Verbindet man die Glieder einer Zahlenfolge durch Pluszeichen, so erhält man eine **Reihe**.

> **Reihe**
> $$\sum_i a_i = a_1 + a_2 + a_3 + a_4 + \ldots$$

Wenn es eindeutig ist, was der Laufindex, der Startwert und der Endwert der Summation ist, so kann man sie knapp als Σa_i schreiben (→ Kap. 5.2).

Werden bei einer Reihe endlich viele Zahlen addiert, spricht man von einer **endlichen Reihe**, und werden unendlich viele Zahlen addiert, von einer **unendlichen Reihe**. Zu jeder Reihe gehört eine **Partialsummenfolge** $\{s_n\}$.

Unter der Summe S einer endlichen Reihe versteht man die Summe ihre Glieder.

Eine unendliche Reihe Σa_i heißt konvergent, wenn die Folge ihrer Partialsummen $\{s_n\}$ konvergent ist. Der Grenzwert S der Partialsummenfolge ist die Summe der Reihe.

Ist die Folge der Partialsummen hingegen divergent, so ist auch die Reihe divergent und hat keine Summe.

Partialsummenfolge

$$s_1 = a_1 \qquad = \sum_{i=1}^{1} a_i$$

$$s_2 = a_1 + a_2 \qquad = \sum_{i=1}^{2} a_i$$

$$s_3 = a_1 + a_2 + a_3 \qquad = \sum_{i=1}^{3} a_i$$

$$s_4 = a_1 + a_2 + a_3 + a_4 = \sum_{i=1}^{4} a_i$$

$$\vdots$$

Summe S einer Reihe

$$S = \sum_{i=1}^{\infty} a_i = \lim_{n \to \infty} s_n$$

Beispiel
Die unendliche Reihe 1/2 + 1/4 + 1/8 + 1/16 + 1/32 ... mit dem allgemeinen Glied $a_n = 1/2^n$ hat die Partialsummenfolge 1/2, 3/4, 7/8, 15/16, 31/32, ... Sie ist konvergent und hat den Grenzwert 1. Folglich ist auch die Reihe konvergent und hat die Summe 1.

14.10 Arithmetische Reihen

Verbindet man die Glieder einer arithmetischen Folge durch Pluszeichen, erhält man eine **arithmetische Reihe**. Unendliche arithmetische Reihen sind immer divergent, endliche Reihen mit n Gliedern hingegen haben immer eine Summe s_n.

$$s_n = a_1 + (a_1 + d) + (a_1 + 2d) + (a_1 + 3d) + \ldots + (a_1 + [n-1]d)$$

Schreibt man unter dieser Reihe die gleiche Reihe noch einmal in umgekehrter Reihenfolge, so kann man die Summenformel leicht ermitteln.

$$s_n = a_1 + (a_1 + d) + (a_1 + 2d) + (a_1 + 3d) + \ldots + (a_1 + [n-1]d)$$
$$\underline{s_n = a_n + (a_n - d) + (a_n - 2d) + (a_n - 3d) + \ldots + (a_n - [n-1]d)}$$
$$2s_n = n(a_1 + a_n)$$

Endliche arithmetische Reihe

$$a_n = a_1 + (n-1)d$$
$$s_n = \frac{1}{2}n(a_1 + a_n)$$

Addiert man aus beiden Reihen die jeweils untereinander stehenden Summanden, erhält man als Summe jedes Mal $a_1 + a_n$. Die Summe beider Reihen beträgt somit $2s_n = n(a_1 + a_n)$ und die Summe einer Reihe $s_n = n(a_1 + a_n)/2$.

Beispiel

Als der Mathematiker Carl Friedrich Gauß ein Kind von 9 Jahren war und zur Anfängerschule ging, brauchte sein Lehrer eines Tages für längere Zeit Ruhe und stellte deshalb der Klasse die Aufgabe, alle Zahlen von 1 bis 100 zu addieren. Wenige Minuten später legte der kleine Gauß dem Lehrer seine Tafel aufs Pult, auf der nur eine einzige Zahl stand: 5050. Der kleine Gauß hatte im Kopf die Formel für die Summe der arithmetischen Reihe entwickelt und sie auf die Aufgabe des Lehrers angewandt. Mit $d = 1$, $a_1 = 1$ und $a_{100} = 100$ erhält man $s_{100} = 100 \cdot (1 + 100)/2 = 5050$.

14.11 Geometrische Reihe

Verbindet man die Glieder einer geometrischen Folge durch Pluszeichen, erhält man eine geometrische Reihe. Ist die Reihe endlich, so kann man ihre Summe nach folgendem Schema berechnen:

$$s_n \quad = a_1 + a_1 q + a_1 q^2 + a_1 q^3 + \ldots + a_1 q^{n-1}$$
$$\underline{s_n q \quad = \quad\quad a_1 q + a_1 q^2 + a_1 q^3 + \ldots + a_1 q^{n-1} + a_1 q^n}$$
$$s_n - s_n q = a_1 - a_1 q^n$$

Endliche geometrische Reihe

$$a_n = a_1 \cdot q^{n-1}$$
$$s_n = a_1 \cdot \frac{1 - q^n}{1 - q}$$

Die gleiche Reihe wird mit q multipliziert und dann um ein Glied versetzt unter die ursprüngliche Reihe geschrieben. Anschließend werden beide Reihen spaltenweise voneinander abgezogen. Stellt man schließlich noch das Ergebnis nach s_n um, erhält man $s_n = a_1 (1-q^n)/(1-q)$.

Beispiel
Nach einer alten Sage erbat sich der Erfinder des Schachspiels von seinem König als Belohnung für das erste Feld des Schachbrettes 1 Weizenkorn, für das zweite 2 Körner, für das dritte 4 Körner, für das vierte 8 Körner usw. und schließlich für das vierundsechzigste Feld 2^{63} Körner. Wie viele Weizenkörner wollte der Erfinder insgesamt haben? Dies ist eine geometrische Reihe mit $a_1 = 1$, $n = 64$ und $q = 2$. Die Summe beträgt somit $s_{64} = 1 \cdot (1 - 2^{64})/(1 - 2) = 2^{64} - 1 \approx 1{,}845 \cdot 10^{19}$ Weizenkörner. Dies ist eine so große Menge Weizen, dass sie der König unmöglich beschaffen konnte.

Verknüpft man die Glieder einer unendlichen geometrischen Folge durch Pluszeichen, erhält man eine **unendlich geometrische Reihe**. Die n-te Partialsumme dieser Reihe beträgt $s_n = a_1(1-q^n)/(1 - q)$. Da der Faktor a_1 und und der Quotient $(1 - q)$ Konstanten sind, hängt es nur von dem Term $(1 - q^n)$ ab, ob die Partialsummenfolge konvergiert oder divergiert. Für $|q| > 1$ ist die Folge $\{q_n\}$ divergent, und die geometrische Reihe hat keine Summe. Für $|q| < 1$ hingegen ist $\{q_n\}$ eine Nullfolge, und die geometrische Reihe hat die Summe $s = a_1/(1 - q)$.

> **Unendliche geometrische Reihe**
> $|q| < 1$
> $$s = \frac{a_1}{1-q}$$

Beispiel
Der periodische Dezimalbruch $0{,}\overline{17}$ kann als geometrische Reihe geschrieben werden: $17/100 + 17/10000 + 17/1000000 + \ldots$ Sie hat das Anfangsglied $17/100$ und den Quotienten $1/100$. Somit beträgt ihre Summe $(17/100) / (1 - 1/100) = (17/100) / (99/100) = 17/99$.

14.12 Konvergenzkriterien

Man sieht es einer Reihe nicht ohne weiteres an, ob sie konvergiert oder divergiert. Darum kennt man eine Reihe von Konvergenzkriterien, mit denen man dies feststellen kann. Dabei unterscheidet man drei Arten von Kriterien: die notwendigen Kriterien, die hinreichenden Kriterien und die Kriterien, die notwendig und hinreichend sind.
Ein notwendiges Kriterium bedeutet, dieses Kriterium muss erfüllt sein, damit die Reihe konvergiert. Ist es nicht erfüllt, so konvergiert die Reihe mit Sicherheit nicht. Allerdings kann die Reihe durchaus divergie-

ren, wenn das Kriterium erfüllt ist. Ein hinreichendes Kriterium bedeutet, dass eine Reihe, die dieses Kriterium erfüllt, garantiert konvergiert. Allerdings kann eine Reihe, die das Kriterium nicht erfüllt, trotzdem konvergieren. Kriterien, die notwendig und hinreichend sind, sind eindeutig: Wird das Kriterium erfüllt, ist die Reihe konvergent, wird es nicht erfüllt, ist die Reihe divergent.

Eine Reihe konvergiert, wenn ihre Partialsummenfolge konvergiert. Da die Partialsumme s_{n+1} durch Addition von a_{n+1} zu s_n entsteht, muss die Folge $\{a_n\}$ der Reihenglieder gegen 0 streben, damit $\{s_n\}$ konvergieren kann.

Konvergenzkriterium

Damit die unendliche Reihe Σa_n konvergiert, ist es notwendig, dass ihre Glieder eine Nullfolge bilden.

Damit erhält man ein notwendiges, aber nicht hinreichendes Konvergenzkriterium.

Beispiel

Die Reihe $1/1 + 1/2 + 1/3 + 1/4 + \ldots$ wird als **harmonische Reihe** bezeichnet. Ihre Glieder sind eine Nullfolge und erfüllen damit ein notwendiges Kriterium zur Konvergenz. Ob die harmonische Reihe auch tatsächlich konvergent ist, lässt sich damit aber noch nicht entscheiden.

Erstes Hauptkriterium

Damit die unendliche Reihe Σa_n mit nur nichtnegativen Gliedern konvergiert, ist es notwendig und hinreichend, dass ihre Partialsummenfolge beschränkt ist.

Hat eine Reihe nur nichtnegative Glieder, so wächst ihre Partialsummenfolge monoton. Ist sie außerdem noch beschränkt, so konvergiert sie. Daraus ergibt sich ein Konvergenzkriterium, das als erstes Hauptkriterium bezeichnet wird.

Beispiel

Die Glieder der harmonischen Reihe $1/1 + 1/2 + 1/3 + 1/4 + \ldots$ sind alle nichtnegativ. Ihre Partialsummenfolge ist jedoch unbeschränkt. Um dies zu sehen, gruppiert man ihre Glieder ab dem dritten Glied nacheinander in Zweier-, Vierer-, Achter-, Sechzehnergruppen usw. Nach der letzten Gruppe gibt es meistens noch einige Glieder, die sich nicht mehr zu einer vollständigen Gruppen zusammenfassen lassen, was aber für diese Betrachtung keine Rolle spielt.

$$s_n = \frac{1}{1} + \frac{1}{2} + \left(\frac{1}{3} + \frac{1}{4}\right) + \left(\frac{1}{5} + \frac{1}{6} + \frac{1}{7} + \frac{1}{8}\right) + \ldots + \left(\ldots + \frac{1}{2^m}\right) + (\ldots)$$

Mit Hilfe des Endgliedes jeder Gruppe lässt sich die Partialsumme abschätzen.

$$s_n > 1 + \frac{1}{2} + 2 \cdot \frac{1}{4} + 4 \cdot \frac{1}{8} + 8 \cdot \frac{1}{16} + \ldots + 2^{m-1} \cdot \frac{1}{2^m}$$

$$s_n > \frac{m}{2}$$

Das bedeutet, s_n überschreitet jeden Wert $m/2$, wenn $n > 2^m$ ist. Die harmonische Reihe ist folglich divergent.

Eine Reihe, deren Glieder jeweils mindestens so groß sind wie die entsprechenden Glieder eine zweiten Reihe, heißt **Majorante** dieser zweiten Reihe. Hat eine Reihe nur positive Glieder und konvergiert eine Majorante dieser Reihe, so konvergiert auch die Reihe selbst.
Umkehrt wird eine Reihe, deren Glieder jeweils höchstens so groß sind wie die entsprechenden Glieder einer anderen Reihe, **Minorante** dieser Reihe genannt. Hat eine Reihe nur positive Glieder und divergiert eine Minorante dieser Reihe, so divergiert auch die Reihe selbst.

Damit erhält man ein hinreichendes Konvergenz- bzw. Divergenzkriterium.

Beispiel
Angenommen, es ist bekannt, dass die unendliche Reihe $\Sigma(1/n^2)$ konvergiert, dann lässt sich damit beweisen, dass alle unendlichen Reihen $\Sigma(1/n^c)$ mit $c > 2$ konvergieren. Da für alle positiven Werte von n die Größe $1/n^2$ größer ist als $1/n^c$, ist $\Sigma(1/n^2)$ eine Majorante von $\Sigma(1/n^c)$. Folglich ist $\Sigma(1/n^c)$ konvergent.

> **Konvergenz- und Divergenzkriterium**
>
> Hinreichend für die Konvergenz einer Reihe mit nur positiven Gliedern ist das Vorhandensein einer konvergenten Majorante, und hinreichend für die Divergenz einer Reihe ist das Vorhandensein einer divergenten Minorante mit nur positiven Gliedern.

Dies lässt sich sogar noch für die Divergenz erweitern.

Gibt es für eine Reihe mit nur positiven Gliedern eine Zahl $q < 1$, so dass ab einem Index N für alle Glieder dieser Reihe $a_{n+1}/a_n \leq q$ gilt, so folgt

> **Die unendliche Reihe**
> $$\sum_{n=1}^{\infty}\frac{1}{n^c}$$
> ist konvergent für $c > 1$ und divergent für $c \leq 1$.

> **Quotientenkriterium**
> Hat eine Reihe nur positive Glieder und gibt es eine Zahl $q < 1$, so dass von einem Index N an für alle Glieder der Reihe $a_{n+1}/a_n \leq q$ gilt, so konvergiert die Reihe.
> Gilt hingegen ab einem Index N für alle Glieder der Reihe $a_{n+1}/a_n > 1$, so divergiert sie.

daraus $a_{N+1} \leq qa_N$ und $a_{N+2} \leq qa_{N+1}$. Zusammen ergeben diese beiden Ungleichungen $a_{N+2} \leq qa_{N+1} \leq qa_N$.

Das gleiche Verfahren lässt sich auch auf alle weiteren auf das N-te Glied folgenden Glieder der Reihe anwenden. Die geometrische Reihe $\Sigma a_N q^i$ ist folglich eine Majorante der Reihe, und da die geometrische Reihe konvergent ist, ist auch die Reihe selbst konvergent. Aus $a_{n+1}/a_n \geq 1$ hingegen folgt, dass die Glieder der Reihe keine Nullfolge sind und die Reihe deshalb divergiert.
Daraus ergibt sich das **Quotientenkriterium**.

Beispiel
Bei der Reihe
$$\sum_{n=1}^{\infty}\frac{n!}{n^n} = \frac{1!}{1^1} + \frac{2!}{2^2} + \frac{3!}{3^3} + \frac{4!}{4^4} + \dots$$

gilt für den Quotienten aus dem $(n+1)$-ten und dem n-ten Glied:
$$\frac{(n+1)! \cdot n^n}{(n+1)^{n+1} \cdot n!} = \frac{(n+1)n^n}{(n+1)^{n+1}} = \left(\frac{n}{n+1}\right)^n = \frac{1}{(1+1/n)^n} \leq \frac{1}{2}$$

Die letzte Ungleichung erhält man mit Hilfe des binomischen Lehrsatzes.
$$\left(1+\frac{1}{n}\right)^n = 1 + \binom{n}{1}\frac{1}{n} + \dots = 1 + 1 + \dots \geq 2$$

Das Quotientenkriterium ist also erfüllt, und somit ist die Reihe konvergent.
Ein weiteres hinreichendes Konvergenzkriterium ist das **Wurzelkriterium**.

Wurzelkriterium

Hat eine Reihe nur positive Glieder und gibt es eine Zahl $q < 1$, so dass von einem Index N an für alle Glieder der Reihe gilt

$$\sqrt[n]{a_n} \leq q,$$

so konvergiert die Reihe. Gilt dagegen ab einem Index N für alle Glieder

$$\sqrt[n]{a_n} \geq 1,$$

so divergiert die Reihe.

Dieses Kriterium ist leicht zu beweisen. Falls für alle Glieder einer Reihe ab einem Index N gerade $\sqrt[n]{a_n} \leq q < 1$ ist, so folgt daraus, dass dann auch $a_n \leq q^n$ gilt und somit die geometrische Reihe $\sum_{n=N}^{\infty} q^n$ eine konvergente Majorante vom Rest der Reihe ist. Für $\sqrt[n]{a_n} \geq 1$ ergeben die Glieder der Reihe keine Nullfolge, und folglich ist die Reihe divergent.

Beispiel
Ist die Reihe $\Sigma(c/n)^n$ für feste positive Werte von c konvergent? Nach dem Wurzelkriterium gilt

$$\sqrt[n]{\left(\frac{c}{n}\right)^n} = \frac{c}{n}.$$

Für beispielsweise $n > 10c$ ist dieser Wert kleiner als $0{,}1$. Somit ist die Reihe konvergent.

Alle bisherigen Konvergenzkriterien waren nur für Reihen mit nichtnegativen Gliedern gültig. Es werden jedoch auch Konvergenzkriterien für Reihen mit allgemeinen Gliedern benötigt.

Wendet man das Cauchy-Kriterium für Folgen (Kap. 14.7) auf die Partialsummenfolgen von Reihen an, erhält man ein solches allgemeines Konvergenzkriterium (→ Seite 292).

Dieses Konvergenzkriterium ist allerdings für das Rechnen nicht sehr praktisch. Meistens ist es einfacher zu beweisen, dass die Majorante $\Sigma |a_n|$ konvergiert. Damit lassen sich das Quotientenkriterium und das Wurzelkriterium auf allgemeine Reihen erweitern.

Zweites Hauptkriterium

Damit die unendliche Reihe Σa_n konvergiert, ist es notwendig und hinreichend, dass es zu jeder beliebig kleinen positiven Zahl ε einen Index $N(\varepsilon)$ gibt, so dass für alle $n > N(\varepsilon)$ und alle $m > 0$ gilt:

$$\left|s_{n+m} - s_n\right| = \left|\sum_{i=n+1}^{n+m} a_i\right| < \varepsilon.$$

Quotientenkriterium für allgemeine Reihen

Gibt es eine Zahl $q < 1$, so dass von einem Index N an für alle Glieder der Reihe $\left|a_{n+1}/a_n\right| \leq q$ gilt, so konvergiert die Reihe. Gilt hingegen ab einem Index N für alle der Glieder der Reihe $\left|a_{n+1}/a_n\right| \geq 1$, so divergiert sie.

Wurzelkriterium für allgemeine Reihen

Gibt es eine Zahl $q < 1$, so dass von einem Index N an für alle Glieder der Reihe gilt

$$\sqrt[n]{|a_n|} \leq q,$$

so konvergiert die Reihe. Gilt dagegen ab einem Index N für alle Glieder

$$\sqrt[n]{|a_n|} \geq 1,$$

so divergiert die Reihe.

Alternierende Reihen kann man allgemein in der Form $a_1 - a_2 + a_3 - a_4 + a_5 - \ldots$ schreiben. Dabei sind alle Glieder positiv und man bezeichnet sie deshalb auch als die absoluten Glieder der alternierenden Reihe. (Sollte die Reihe mit einem negativen Glied beginnen, wird die komplette Reihe und auch ihre Summe mit -1 multipliziert.) Bilden die absoluten Glieder eine monoton fallende Nullfolge, so wächst die Teilfolge $s_2, s_4, s_6, s_8, \ldots$ ihrer Partialsummen monoton an, denn es gilt

$$s_{2n+2} = s_{2n} + (a_{2n+1} - a_{2n+2}) \geq s_{2n},$$

weil der Klammerausdruck positiv ist. Aus dem gleichen Grund gilt auch

$$s_{2n} = a_1 - (a_2 - a_3) - (a_4 - a_5) - (a_6 - a_7) - \ldots - (a_{2n-2} - a_{2n-1}) - a_{2n} \leq a_1.$$

Da die Teilpartialsummenfolge $\{s_{2n}\}$ also monoton wachsend und beschränkt ist, ist sie konvergent und hat einen Grenzwert s. Somit ist auch die Teilfolge $\{s_{2n-1}\}$ konvergent und hat denselben Grenzwert s. Folglich konvergiert die Partialsummenfolge $\{s_n\}$.

> **Leibniz-Kriterium für alternierende Reihen**
>
> Eine alternierende Reihe ist konvergent, wenn die Beträge ihrer Glieder eine monoton fallende Nullfolge bilden.

Es gilt somit das nach dem deutschen Philosophen und Mathematiker Gottfried Wilhelm Leibniz (1646–1716) benannte Leibniz-Kriterium.

Beispiel
Die Reihe

$$\sum_{n=1}^{\infty}(-1)^{n-1}\cdot\frac{1}{n}=\frac{1}{1}-\frac{1}{2}+\frac{1}{3}-\frac{1}{4}+\frac{1}{5}-\frac{1}{6}+\ldots$$

konvergiert, denn 1/1, 1/2, 1/3, 1/4, 1/5, 1/6, ... ist eine Nullfolge.

14.13 Rechenregeln für konvergente Reihen

Die Sätze, die für Summen mit einer endlichen Anzahl von Summanden gelten, sind nicht unbedingt alle auch für eine unendliche Anzahl von Summanden gültig. Das heißt, für unendliche Reihen kann es Einschränkungen geben.
Es gelten folgende Sätze:

> Multipliziert man jedes Glied einer konvergenten Reihe, die die Summe s hat, mit einer Konstanten c, so erhält man eine konvergente Reihe mit der Summe cs.

> Addiert man zwei konvergente Reihen Σa_i und Σb_i, die die Summen s_1 und s_2 haben, so erhält man eine konvergente Reihe $\Sigma(a_i + b_i)$ mit der Summe $s_1 + s_2$.

> Bei einer konvergenten Reihe darf man die Glieder beliebig durch Klammern zusammenfassen, ohne dass sich der Grenzwert dadurch ändert. Die Reihenfolge der Glieder darf dabei jedoch nicht geändert werden.

Falls nicht nur eine Reihe Σa_i mit beliebigen Gliedern konvergiert, sondern auch die Reihe $\Sigma |a_i|$ mit den Beträgen der Glieder, so nennt man die Reihe **absolut konvergent**. Die Reihe 1/1 − 1/2 + 1/3 −1/4 + 1/5 − ... ist zwar konvergent, nicht aber absolut konvergent, da die harmonische Reihe 1/1 + 1/2 + 1/3 + 1/4 + 1/5 + ... divergiert.

In dem letzten der drei Sätze wurde das Umordnen der Glieder einer Reihe verboten. Warum gilt das Kommutativgesetz der Addition bei unendlichen Reihen nicht unbedingt? Angenommen, $m_1, m_2, m_3, m_4, \ldots$ sei eine unendliche Folge positiver natürlicher Zahlen, die jede positive natürliche Zahl genau einmal enthält. Dann nennt man die unendliche Reihe Σa_{m_n} eine **Umordnung** der Reihe Σa_n.

Beispiel
Die beiden Reihen 1/1 − 1/2 + 1/3 − 1/4 + 1/5 −+ ... und 1/1 + 1/3 − 1/2 + 1/5 + 1/7 − 1/4 + − ... sind offensichtlich Umordnungen voneinander. Beide Reihen sind auch konvergent, aber sie haben verschiedene Summen.

$$s_1 = \frac{1}{1} - \frac{1}{2} + \frac{1}{3} - \frac{1}{4} + \frac{1}{5} - \frac{1}{6} + \frac{1}{7} - + \ldots$$

$$= \frac{1}{1} - \frac{1}{2} + \frac{1}{3} - \left(\frac{1}{4} - \frac{1}{5}\right) - \left(\frac{1}{6} - \frac{1}{7}\right) - \ldots$$

$$= \frac{10}{12} - \left(\frac{1}{4} - \frac{1}{5}\right) - \left(\frac{1}{6} - \frac{1}{7}\right) - \ldots$$

$$< \frac{5}{6}$$

$$s_2 = \frac{1}{1} + \frac{1}{3} - \frac{1}{2} + \frac{1}{5} + \frac{1}{7} - \frac{1}{4} + \frac{1}{9} + \frac{1}{11} - \frac{1}{6} + + - \ldots$$

$$= \frac{1}{1} + \frac{1}{3} - \frac{1}{2} + \left(\frac{1}{5} + \frac{1}{7} - \frac{1}{4}\right) + \left(\frac{1}{9} + \frac{1}{11} - \frac{1}{6}\right) + + - \ldots$$

$$= \frac{5}{6} + \left(\frac{1}{5} + \frac{1}{7} - \frac{1}{4}\right) + \left(\frac{1}{9} + \frac{1}{11} - \frac{1}{6}\right) + + - \ldots$$

$$> \frac{5}{6}$$

Konvergente Reihen, so wie die aus dem Beispiel, deren Summen von der Reihenfolge ihrer Glieder abhängen, nennt man **bedingt konver-**

gente Reihen. Es gibt auch Reihen, deren Summe nicht von der Reihenfolge ihrer Glieder abhängt. Sie heißen **unbedingt konvergent**. Zwischen der unbedingten und der absoluten Konvergenz von Reihen gibt es einen einfachen Zusammenhang, der hier aber nicht bewiesen werden soll.

> **Absolute und unbedingte Konvergenz**
>
> Jede absolut konvergente Reihe ist auch unbedingt konvergent, und jede nicht absolut konvergente Reihe ist nur bedingt konvergent.

Multipliziert man zwei unendliche Reihen Σa_i und Σb_i miteinander, so heißt das, dass jedes Glied der einen Reihe mit jedem Glied der anderen Reihe zu multiplizieren ist. Dies geschieht nach folgendem Schema:

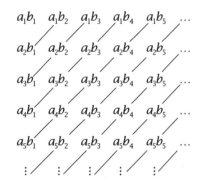

Das Ergebnis der Multiplikation von Σa_i und Σb_i ist die unendliche Reihe Σc_i, deren Glieder c_i die Summe der auf der i-ten Diagonalen stehenden Teilprodukte sind. Dabei ist die Reihenfolge auf den Diagonalen stets von rechts oben nach links unten. Die ersten drei Glieder von Σc_i sind somit $c_1 = a_1 b_1$, $c_2 = a_1 b_2 + a_2 b_1$ und $c_3 = a_1 b_3 + a_2 b_2 + a_3 b_1$. Für die Multiplikation von absolut konvergenten Reihen gilt folgender Satz:

> **Produkt zweier absolut konvergenter Reihen**
>
> Multipliziert man zwei absolut konvergente Reihen Σa_i und Σb_i, deren Summen s_1 und s_2 sind, so erhält man eine absolut konvergente Reihe Σc_i mit der Summe $s_1 s_2$.

15 Grenzwert und Stetigkeit einer Funktion

Grenzwerte und Stetigkeit von Funktionen sind Begriffe, ohne die die höhere Mathematik nicht auskommt. Beide Begriffe lassen sich auf die Grenzwerte von Folgen zurückführen.

15.1 Grenzwert einer Funktion

Die Funktion $y = f(x)$ hat für $x \to a$ den Grenzwert G, wenn es für jedes beliebig kleine $\varepsilon > 0$ eine Zahl $\delta(\varepsilon) > 0$ gibt, so dass für jedes x, für das $0 < |x - a| < \delta(\varepsilon)$ gilt, die Ungleichung $|f(x) - G| < \varepsilon$ erfüllt ist.

Durchläuft bei einer Funktion $y = f(x)$ die unabhängige Variable x eine Zahlenfolge $\{x_n\}$, **Abszissenfolge** genannt, die gegen den Grenzwert a konvergiert, so durchlaufen die zu jedem x_i-Wert gehörenden y_i-Werte auch eine Folge, die **Ordinatenfolge** genannt wird. Ist das Konvergenzverhalten der Ordinatenfolge von der Auswahl der Abszissenfolge abhängig, hat die Funktion $y = f(x)$ für $x \to a$ keinen Grenzwert. Konvergiert jedoch für jede beliebige Abszissenfolge $\{x_n\} \to a$ die dazugehörige Ordinatenfolge gegen den gleichen Grenzwert G, so hat die Funktion $y = f(x)$ für $x \to a$ den Grenzwert G. Dies bedeutet anschaulich: Je näher man mit dem Argument x an den Wert a kommt, um so dichter kommt der Funktionswert y an den Wert G.

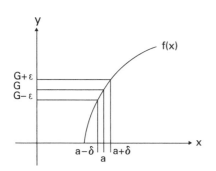

Abb. 168: Geometrische Veranschaulichung des Grenzwertes eines Funktion.

Beispiele
1. Die Funktion $y = 2x$ hat für $x \to 1$ den Grenzwert 2, denn es ist $|2x - 2| < \varepsilon$ für alle x, für die gilt $|x - 1| < \delta(\varepsilon) \leq \varepsilon/2$.
2. Die Funktion $y = (x^2 - 1)/(x - 1)$ ist an der Stelle $x = 1$ nicht definiert, denn der Nenner hat dort den Wert 0. Dennoch lässt sich der Grenzwert der Funktion $x \to 1$ zu $G = 2$ bestimmen, denn es gilt

$$\left|\frac{x^2-1}{x-1} - 2\right| = \left|\frac{(x+1)(x-1)}{x-1} - 2\right| = |x-1| < \varepsilon$$

für alle x, für die gilt $|x-1| < \delta(\varepsilon) \leq \varepsilon$.

Manchmal spielt es eine Rolle, ob die unabhängige Variable x von links oder von rechts, also mit größer werdenden bzw. kleiner werdenden Werten gegen den Grenzwert a konvergiert. Dies stellt man durch $x \to a-$ bzw. $x \to a+$ dar. Der Grenzwert kann in den beiden Fällen verschieden groß sein. Man spricht von einem **linksseitigen Grenzwert** g^-, wenn für alle x mit $a - \delta(\varepsilon) < x < a$ gerade $|f(x) - g^-| < \varepsilon$ gilt und von einem **rechtsseitigen Grenzwert** g^+, wenn für alle x mit $a < x < a + \delta(\varepsilon)$ gerade $|f(x) - g^+| < \varepsilon$ gilt.

$$\lim_{x \to a-} f(x) = g^-$$

$$\lim_{x \to a+} f(x) = g^+$$

An **Sprungstellen** einer Funktion sind der links- und der rechtsseitige Grenzwert unterschiedlich. Sind hingegen beide Grenzwerte gleich, so hat die Funktion an dieser Stelle keinen Sprung.

Konvergiert die Variable der Funktion $f(x) = 1/x^2$ gegen 0, so strebt der Funktionswert gegen unendlich. Man schreibt dies als

$$\lim_{x \to 0} = +\infty$$

und spricht von dem **uneigentlichen Grenzwert** $+\infty$. Eine Funktion kann auch den uneigentlichen Grenzwert $-\infty$ besitzen, wie beispielsweise $f(x) = -1/x^2$ an der Stelle 0.

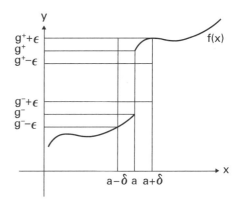

Abb. 169: Einseitige Grenzwerte einer Funktion.

Beispiel
Die Funktion $f(x) = \tan x$ ist für $x = (1/2 + k)\pi$ mit $k \in \mathbb{Z}$ nicht definiert. Sie hat an diesen Stellen jeweils einen links- und einen rechtsseitigen uneigentlichen Grenzwert (→ Abb. 170).

$$\lim_{x \to (½+k)\pi-} = +\infty \qquad \lim_{x \to (½+k)\pi+} = -\infty$$

Abb. 170: Einseitige uneigentliche Grenzwerte der Funktion y = tan x.

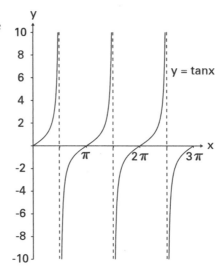

Bei der Funktion $f(x) = 1/x^2 + 1$ kommt der Funktionswert dem Wert 1 beliebig nahe, wenn die Variable nur genügend groß gewählt wird. Um dieses Verhalten einer Funktion im Unendlichen zu beschreiben, wird der Begriff des Grenzwertes um $x \to +\infty$ und $x \to -\infty$ erweitert.

> Ein Funktion $f(x)$ hat im Unendlichen den Grenzwert G,
> $$\lim_{x \to \infty} = G,$$
> wenn es zu jedem $\varepsilon > 0$ eine Zahl $\omega(\varepsilon) > 0$ gibt, so dass für jedes $x > \omega(\varepsilon)$ die Ungleichung $|f(x) - G| < \varepsilon$ erfüllt ist. Entsprechend gilt
> $$\lim_{x \to -\infty} = G,$$
> wenn es zu jedem $\varepsilon > 0$ eine Zahl $\omega(\varepsilon) > 0$ gibt, so dass für jedes $x < -\omega(\varepsilon)$ die Ungleichung $|f(x) - G| < \varepsilon$ erfüllt ist.

15.2 Rechnen mit Grenzwerten

Für das Rechnen mit Grenzwerten von Funktionen gelten die gleichen Regeln wie bei denen von Folgen (→ Kap. 14.6).

Rechenregeln für Grenzwerte

Falls $\lim\limits_{x \to a} f(x) = F$ und $\lim\limits_{x \to a} g(x) = G$ ist, dann gilt:

$$\lim_{x \to a}[f(x) + g(x)] = \lim_{x \to a} f(x) + \lim_{x \to a} g(x) = F + G$$

$$\lim_{x \to a}[f(x) - g(x)] = \lim_{x \to a} f(x) - \lim_{x \to a} g(x) = F - G$$

$$\lim_{x \to a}[f(x) \cdot g(x)] = \lim_{x \to a} f(x) \cdot \lim_{x \to a} g(x) = F \cdot G$$

Und falls außerdem $G \neq 0$:

$$\lim_{x \to a} \frac{f(x)}{g(x)} = \frac{\lim\limits_{x \to a} f(x)}{\lim\limits_{x \to a} g(x)} = \frac{F}{G}$$

15.3 Stetigkeit

Anschaulich bedeutet die **Stetigkeit** einer Funktion $y = f(x)$, dass das Bild der Funktion keine Lücken und Sprünge aufweist, dass man es also zeichnen kann, ohne den Stift absetzen zu müssen.
Die mathematische Definition der Stetigkeit ist etwas präziser formuliert.

Stetigkeit
Ist eine Funktion $y = f(x)$ an einer Stelle $x = \xi$ definiert, so heißt sie an dieser Stelle stetig, wenn es zu jedem beliebig kleinen positiven ε stets eine positive Zahl $\delta(\varepsilon)$ gibt, so dass $|f(x) - f(\xi)| < \varepsilon$ ist für alle x mit $|x - \xi| < \delta(\varepsilon)$.

Dies bedeutet, eine Funktion ist an der Stelle $x = \xi$ stetig, wenn der linksseitige Grenzwert, der rechtsseitige Grenzwert und der Funktionswert an dieser Stelle gleich sind (→ Abb. 171).

Wenn für $x \to \xi$ nur der linksseitige bzw. der rechtsseitige Grenzwert existiert und gleich dem Funktionswert an dieser Stelle ist, so spricht man von einer **links-** bzw. **rechtsseitigen Stetigkeit**. So ist beispielsweise die Funktion $y = \sqrt{x}$ für $x = 0$ rechtsseitig stetig, da ein linksseitiger Grenzwert nicht existiert und der rechtsseitige Grenzwert und der Funktionswert beide 0 sind (→ Abb. 172).

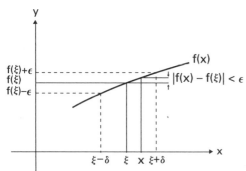
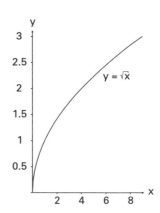

Abb. 171: Stetigkeit einer Funktion f(x) an der Stelle ξ.

Abb. 172: Die Funktion $y = \sqrt{x}$ ist an der Stelle $\xi = 0$ nur rechtsseitig stetig.

Eine Funktion ist in einem ganzen Intervall stetig, wenn sie in jedem Punkt des Intervalls stetig ist. So ist beispielsweise die Funktion $y = 1/x^2$ in jedem beliebigen Intervall stetig, das nicht den Punkt 0 enthält.

Die Stellen, an denen eine Funktion f(x) nicht stetig ist, heißen **Unstetigkeitsstellen**. An ihnen gibt es entweder keinen Funktionswert oder keinen Grenzwert oder aber der linksseitige und der rechtsseitige Grenzwert sind verschieden. Falls es keinen Funktionswert gibt, jedoch der linksseitige und der rechtsseitige Grenzwert existieren und gleich sind, kann man die Unstetigkeit beheben. Das bedeutet, man definiert eine Ersatzfunktion $\bar{f}(x)$, die identisch ist mit der Funktion f(x), außer an der Unstetigkeitsstelle, denn dort hat $\bar{f}(x)$ einen Funktionswert, der gleich dem Grenzwert ist.

Beispiel
Die Funktion $y = (\sin x)/x$ ist an der Stelle $x = 0$ nicht definiert. Der Grenzwert an dieser Stelle ist jedoch 1. Somit hat die Funktion eine behebbare Unstetigkeit, und man kann folgende Ersatzfunktion definieren:

$$\bar{f}(x) = \begin{cases} \dfrac{\sin x}{x} & \text{falls } x \neq 0 \\ 1 & \text{falls } x = 0 \end{cases}$$

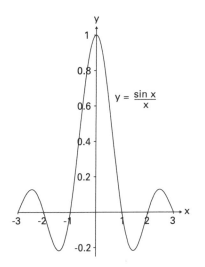

Abb. 173: Bild der Funktion y = (sin x)/x mit einer behebbaren Unstetigkeit an der Stelle x = 0.

Existieren an der Stelle ξ ein linksseitiger und ein rechtsseitiger Grenzwert, die aber verschieden sind, so ist ξ eine **Sprungstelle**.

Beispiel
Die Funktion $y = x/|x|$ hat an der Stelle $x = 0$ eine Sprungstelle. Der linksseitige Grenzwert beträgt -1 und der rechtsseitige $+1$.
Aus den Regeln über das Rechnen mit Grenzwerten ergibt sich ein nützlicher Satz (→ Kasten).
Die konstante Funktion $f(x) = a$ und die Funktion $g(x) = x$ sind überall stetig. Daraus folgt auf Grund des obigen Satzes:
1. Jede ganzrationale Funktion $f(x) = a_n x^n + a_{n-1} x^{n-1} + \ldots + a_1 x + a_0$ ist überall stetig.
2. Jede gebrochenrationale Funktion $f(x) = p(x)/q(x)$ ist überall stetig, außer an den Stellen, an denen $q(\xi) = 0$ ist.

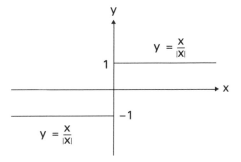

Abb. 174: Bild der Funktion $y = x/|x|$ mit einer Sprungstelle bei $x = 0$.

Sind $f(x)$ und $g(x)$ zwei an der Stelle $x = \xi$ stetige Funktionen, so sind die Funktionen $f(x) + g(x)$, $f(x) - g(x)$, $f(x) \cdot g(x)$ auch an der Stelle $x = \xi$ stetig.
Das Gleiche gilt auch für $f(x)/g(x)$, falls zusätzlich noch $g(\xi) \neq 0$ ist.

Der Begriff der Stetigkeit kann auch auf **Funktionen mehrerer Variablen** erweitert werden. Ist $y = f(x_1, x_2, ..., x_n)$ eine reelle Funktion mit einem Definitionsbereich $\mathbb{D} \in \mathbb{R}^n$, so ordnet die Funktion jedem n-Tupel $x = (x_1, x_2, ..., x_n) \in \mathbb{D}$ genau eine reelle Zahl y zu.

Eine Funktion $y = f(x_1, x_2, ..., x_n)$ ist an der Stelle $\xi = (\xi_1, \xi_2, ..., \xi_n)$ stetig, wenn es zu jedem beliebig kleinen positiven ε eine positive Zahl $\delta(\varepsilon)$ gibt, so dass für alle n-Tupel $x = (x_1, x_2, ..., x_n) \in \mathbb{D}$ mit

$$\sum_{i=1}^{n}(x_i - \xi_i)^2 < \delta^2$$

gilt:

$$|f(x_1, x_2, ..., x_n) - f(\xi_1, \xi_2, ..., \xi_n)| < \varepsilon$$

Der Abstand der beiden Punkte $x = (x_1, x_2, ..., x_n)$ und $\xi = (\xi_1, \xi_2, ..., \xi_n)$ des n-dimensionalen Raums ist also kleiner als δ.

16 Differentialrechnung

Eine Gerade kann in einem x–y–Diagramm flach oder steil verlaufen, je nachdem, wie groß der Winkel ist, den sie mit der positiven x-Achse einschließt. Auch eine Kurve oder das Bild einer Funktion kann eine kleine oder große Steigung haben. Diese ist allerdings nicht überall auf der Kurve gleich groß. In der Differentialrechnung wird nun untersucht, wie sich die Steigungen von Funktionen verhalten.

16.1 Differentialquotient

Angenommen, $y = f(x)$ ist eine Funktion, die in einem Intervall von $\mathbb{R}$ definiert ist, und K ihre Bildkurve. Der Punkt $P_0=(x_0,f(x_0))$ sei ein fester Punkt auf der Bildkurve K und $\{P_1, P_2, P_3, ...\}$ eine beliebige Punktfolge auf der Bildkurve.

Aus den Koordinaten der Punkte ergeben sich die Differenzen $\Delta x_n = x_n - x_0$ und $\Delta y_n = y_n - y_0$. Teilt man die beiden Differenzen durch-

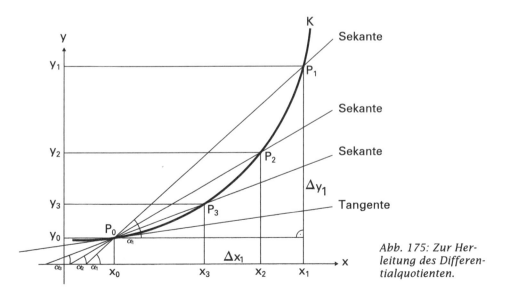

Abb. 175: Zur Herleitung des Differentialquotienten.

einander, erhält man die Größe $\Delta y_n/\Delta x_n = (y_n - y_0)/(x_n - x_0)$, die man als den **Differenzenquotienten** bezeichnet. Dabei muss immer $x_n \neq x_0$ sein. Kürzt man die Differenz der x-Werte mit $h_n = x_n - x_0$ ab, so kann man den Differenzenquotienten als

$$\frac{\Delta y_n}{\Delta x_n} = \frac{f(x_0 + h_n) - f(x_0)}{h_n}$$

schreiben.
Der Differenzenquotient $\Delta y_n/\Delta x_n$ lässt sich geometrisch deuten: Zeichnet man eine Sekante durch die beiden Punkte P_0 und P_n der Bildkurve, so schließt diese mit der positiven x-Achse den Winkel α_n ein. Der Winkel wird dabei von der x-Achse aus im Gegenuhrzeigersinn gemessen. Den Tangens dieses Winkels kann man aus dem rechtwinkligen Dreieck mit der Hypotenuse P_0P_n und den Kathetenlängen Δy_n und Δx_n zu $\alpha_n = \Delta y_n/\Delta x_n$ berechnen. Dieses Dreieck bezeichnet man auch als **Steigungsdreieck** und den Tangens des Steigungswinkels α_n als die **Steigung** der Sekante.

Gilt für jede beliebige Punktfolge $\{P_1, P_2, P_3, ...\}$ der Bildkurve, deren x-Komponenten gegen x_0 konvergieren,

$$\lim_{n \to \infty} x_n = x_0 ,$$

dass auch die Folge der dazugehörigen Differenzenquotienten gegen denselben Grenzwert a konvergiert,

$$\lim_{n \to \infty} \frac{\Delta y_n}{\Delta x_n} = a$$

so nennt man diesen Grenzwert a den **Differentialquotienten** oder die **Ableitung** der Funktion im Punkt x_0.

Es gibt für den Differentialquotienten oder die Ableitung mehrere übliche und gleichwertige Schreibweisen.

Differentialquotient oder Ableitung

$$f'(x_0) = \frac{df}{dx}(x_0) = \left(\frac{dy}{dx}\right)_{x=x_0} = \lim_{n \to \infty} \frac{\Delta y_n}{\Delta x_n} = \lim_{h \to 0} \frac{f(x_0 + h) - f(x_0)}{h}$$

Der erste Term in dieser Gleichung wird gelesen als »f Strich von x_0«, der zweite als »df nach dx an der Stelle $x = x_0$« und der dritte als »dy nach dx an der Stelle $x = x_0$«.

Existiert der Differentialquotient einer Funktion $f(x)$ im Punkt, so heißt die Funktion an der Stelle x_0 **differenzierbar**.

Existieren nur der linksseitige oder nur der rechtsseitige Grenzwert, so heißt die Funktion **linksseitig** bzw. **rechtsseitig differenzierbar** an der Stelle x_0.
Geometrisch gesehen läuft der Punkt P_n der Bildkurve auf den Punkt P_0 zu, bis er schließlich im Grenzfall mit ihm zusammenfällt. Aus der Sekante durch die beiden Punkte P_0 und P_n wird die **Tangente** der Kurve im Punkt P_0. Der Differentialquotient oder die Ableitung ist die Steigung der Tangente und damit auch die Steigung der Kurve im Punkt P_0.

Ist eine Funktion $f(x)$ in x_0 differenzierbar, so ist sie an dieser Stelle auch stetig. Die Umkehrung gilt jedoch nicht. Nicht jede stetige Funktion ist auch unbedingt differenzierbar.

Beispiele
1. Die Funktion $y = ax$ hat an jeder beliebigen Stelle x_0 die Ableitung

$$f'(x_0) = \lim_{h \to 0} \frac{a(x_0 + h) - ax_0}{h} = \lim_{h \to 0} a = a\,.$$

2. Die Funktion $y = ax^2$ hat an jeder beliebigen Stelle x_0 die Ableitung

$$f'(x_0) = \lim_{h \to 0} \frac{a(x_0 + h)^2 - ax_0^2}{h} = \lim_{h \to 0} \frac{ax_0^2 + 2ax_0 h + ah^2 - ax_0^2}{h}$$
$$= \lim_{h \to 0} (2ax_0 + ah) = 2ax_0$$

3. Die Funktion $y = |x|$ ist für alle reellen Werte von x stetig, aber sie ist an der Stelle $x = 0$ nicht differenzierbar, denn der linksseitige Grenzwert des Differenzenquotienten beträgt -1 und der rechtsseitige $+1$ ($\to$ Abb. 176).

Die Funktion $f(x)$ sei in dem abgeschlossenen Intervall $[a, b]$ stetig und in dem offenen Intervall $]a, b[$ differenzierbar. Die Sekante durch die beiden Kurvenpunkte $P_1(a, f(a))$ und $P_2(b, f(b))$ hat eine Steigung, die gerade dem Differenzenquotienten $(f(b) - f(a))/(b - a)$ entspricht ($\to$ Abb. 177).

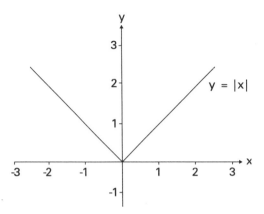

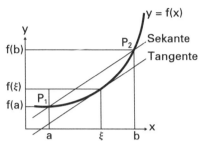

Abb. 177: Veranschaulichung des Mittelwertsatzes.

Abb. 176: Die Funktion y = |x| ist bei x = 0 zwar stetig, nicht aber differenzierbar.

Verschiebt man diese Sekante parallel, so wird es mindestens eine Lage geben, in der sie die Kurve an einer Stelle ξ aus dem Intervall $]a, b[$ nur berührt, aber dort nicht schneidet. Sie ist dann in diesem Punkt eine Tangente der Kurve. Die Steigung bzw. die Ableitung der Kurve an dieser Stelle ist folglich

$$f'(\xi) = \frac{f(b) - f(a)}{b - a}.$$

Dieser Zusammenhang wird als **Mittelwertsatz** bezeichnet.

16.2 Die Ableitungsfunktion

Existiert für eine Funktion $f(x)$ der Differentialquotient für alle x-Werte aus einem Intervall I, so heißt die Funktion in dem Intervall differenzierbar. Jedem x-Wert aus dem Intervall kann somit ein Differentialquotient $f'(x) = df(x)/dx$ zugeordnet werden. Folglich ist $f'(x)$ eine Funktion von x mit dem Definitionsbereich I.

Ist die Ableitungsfunktion $f'(x)$ in dem Intervall I stetig, so heißt die Funktion $f(x)$ in diesem Intervall **stetig differenzierbar**.
Falls die Ableitungsfunktion einer Funktion $f(x)$ in dem Intervall I auch wieder differenzierbar ist, kann man die Ableitungsfunktion der Ableitungsfunktion bilden. Man bezeichnet sie als **zweite Ableitung** und schreibt sie als

$$f''(x) = \frac{d^2 f}{dx^2}(x) = \frac{d^2}{dx^2} f(x).$$

Natürlich kann man noch höhere Ableitungen als die zweite bilden, solange die vorherige Ableitung differenzierbar ist. Wenn man eine hohe Ableitung darstellen möchte und die Anzahl der Striche deshalb sehr groß würde, schreibt man an Stelle der Striche einen geklammerten, hochgestellten Index. Die zwanzigste Ableitung von $f(x)$ wird also als $f^{(20)}(x)$ geschrieben.

16.3 Ableitung elementarer Funktionen

Die konstante Funktion $f(x) = a$ hat für alle $x \in \mathbb{R}$ die Ableitung

$$f'(x) = \lim_{h \to 0} \frac{a-a}{h} = \lim_{h \to 0} \frac{0}{h} = 0.$$

Die Ableitung der Potenzfunktion $f(x) = x^n$ mit $n \in \mathbb{N}^*$ für alle $x \in \mathbb{R}$ erhält man mit Hilfe des binomischen Lehrsatzes.

$$\begin{aligned}
f'(x) &= \lim_{h \to 0} \frac{(x+h)^n - x^n}{h} \\
&= \lim_{h \to 0} \frac{1}{h} \sum_{i=0}^{n} \binom{n}{i} x^{n-i} h^i \\
&= \lim_{h \to 0} \frac{1}{h} \sum_{i=0}^{n} \binom{n}{i} x^{n-i} h^{i-1} \\
&= \binom{n}{1} x^{n-1} \\
&= n x^{n-1}
\end{aligned}$$

Bei den weiteren Funktionen wird auf die Herleitung der Ableitung verzichtet.

Ableitungen einiger Funktionen			
$y = a$	$y' = 0$	$y = \sin x$	$y' = \cos x$
$y = x^n$	$y' = n x^{n-1}$	$y = \cos x$	$y' = -\sin x$
$y = a^x$	$y' = a^x \ln a$	$y = \ln x$	$y' = \dfrac{1}{x}$

Ein wichtiger Spezialfall der Exponentialfunktion ist die e-Funktion $y = e^x$. Sie ist die einzige Funktion (abgesehen von $y = ae^x$), die gleich ihrer Ableitung ist.

$$y = e^x \qquad y' = e^x$$

16.4 Ableitungsregeln

Sind zwei Funktionen $u(x)$ und $v(x)$ an der Stelle x_0 differenzierbar, dann gilt

$$\lim_{h \to 0} \frac{u(x_0 + h) - u(x_0)}{h} = u'(x_0)$$

und

$$\lim_{h \to 0} \frac{v(x_0 + h) - v(x_0)}{h} = v'(x_0)$$

und somit nach den Regeln für das Rechnen mit Grenzwerten

$$(au + bv)'(x_0) = \lim_{h \to 0} \frac{(au(x_0 + h) + bv(x_0 + h)) - (au(x_0) - bv(x_0))}{h}$$

$$= a \cdot \lim_{h \to 0} \frac{u(x_0 + h) - u(x_0)}{h} + b \cdot \lim_{h \to 0} \frac{v(x_0 + h) - v(x_0)}{h}$$

$$= au'(x_0) + bv'(x_0).$$

Diese Regel wird als **Linearkombinationsregel** bezeichnet. Aus ihr folgt sofort, dass die Ableitung einer Summe von endlich vielen Funktionen gleich der Summe der Ableitungen dieser Funktionen ist.

Beispiel
Die Funktion $y = 2x^2 + 5\cos x$ hat nach der Linearkombinationsregel die Ableitung $y' = 4x - 5\sin x$.

Sind zwei Funktionen $u(x)$ und $v(x)$ an der Stelle x_0 differenzierbar, so gilt nach den Regeln für das Rechnen mit Grenzwerten:

$$(u \cdot v)'(x_0) = \lim_{h \to 0} \frac{u(x_0 + h) \cdot v(x_0 + h) - u(x_0) \cdot v(x_0)}{h}$$

$$(u \cdot v)'(x_0) = \lim_{h \to 0} \frac{u(x_0 + h)v(x_0 + h) - u(x_0)v(x_0 + h) + u(x_0)v(x_0 + h) - u(x_0)v(x_0)}{h}$$

$$(u \cdot v)'(x_0) = \lim_{h \to 0}\left(v(x_0+h)\frac{u(x_0+h)-u(x_0)}{h} + u(x_0)\frac{v(x_0+h)-v(x_0)}{h}\right)$$

$$(u \cdot v)'(x_0) = v(x_0) \cdot u'(x_0) + u(x_0) \cdot v'(x_0)$$

Diese Regel heißt **Produktregel**.

Beispiel

Mit Hilfe der Produktregel erhält man für die Funktion $y = 5^x \cdot \sin x$ die Ableitung $y' = \sin x \cdot 5^x \ln 5 + 5^x \cdot \cos x = 5^x(\ln 5 \cdot \sin x + \cos x)$.

Sind zwei Funktionen $u(x)$ und $v(x)$ an der Stelle x_0 differenzierbar und ist außerdem $v(x_0) \neq 0$, so gilt:

$$\lim_{h \to 0} \frac{1}{h}\left(\frac{1}{v(x_0+h)} - \frac{1}{v(x_0)}\right) = -\lim_{h \to 0}\left(\frac{1}{v(x_0+h)v(x_0)} \cdot \frac{v(x_0+h)-v(x_0)}{h}\right)$$

$$= -\lim_{h \to 0}\frac{1}{v(x_0+h)v(x_0)} \cdot \lim_{h \to 0}\frac{v(x_0+h)-v(x_0)}{h}$$

$$= -\frac{v'(x_0)}{v^2(x_0)}$$

Nun kann man die Produktregel auf die beiden Funktionen $u(x)$ und $1/v(x)$ anwenden.

$$\left(\frac{u}{v}\right)'(x_0) = -\frac{u'(x_0)}{v(x_0)} + \left(\frac{1}{v}\right)'(x_0) \cdot u(x_0) = \frac{u'(x_0) \cdot v(x_0) - u(x_0) \cdot v'(x_0)}{v^2(x_0)}$$

Diese Regel wird **Quotientenregel** genannt.

Beispiele

1. Die Ableitung von $y = \cot x$ erhält man mit Hilfe der Quotientenregel aus $\cot x = \cos x / \sin x$ für alle $x \neq k\pi$.

$$\cot' x = \frac{\cos' x \sin x - \cos x \sin' x}{\sin^2 x} = -\frac{\sin^2 x + \cos^2 x}{\sin^2 x} = -\frac{1}{\sin^2 x}$$

2. Die Ableitung der Funktion $y = x^{-m} = \frac{1}{x^m}$ mit $m \in \mathbb{N}^*$ ist

$$y' = \frac{0 \cdot x^m - 1 \cdot mx^{m-1}}{x^{2m}} = -mx^{-m-1}.$$

Aus dem zweiten Beispiel folgt: Die Ableitung von $y = x^n$ ist nicht nur für positive Werte von n, sondern auch für negative Werte gerade $y' = nx^{n-1}$. Und da sie auch $n = 0$ richtig ist, gilt sie für alle ganzen Zahlen.

Ist die Funktion $v(x)$ an der Stelle x_0 differenzierbar und die Funktion $u(z)$ an der Stelle $z_0 = v(x_0)$ differenzierbar, dann ist auch die mittelbare Funktion $w(x) = u(v(x))$ an der Stelle x_0 differenzierbar. Für ihre Ableitung gilt die **Kettenregel**.

$$w'(x_0) = \left(\frac{du(v(x))}{dx}\right)_{x=x_0} = u'(v(x_0)) \cdot v'(x_0)$$

Die Kettenregel ist auch unter der Merkregel »äußere Ableitung mal innere Ableitung« bekannt.

Beispiele

1. Die Funktion $y = \sin x^2$ hat die äußere Funktion $u(z) = \sin z$ und die innere Funktion $v(x) = x^2$. Ihre Ableitung beträgt somit nach der Kettenregel

$$y' = \cos z \cdot 2x = 2x\cos x^2 .$$

2. Die Funktion $y = e^{\sin x}$ hat die äußere Funktion $u(z) = e^z$ und die innere Funktion $v(x) = \sin x$. Ihre Ableitung beträgt folglich

$$y' = e^z \cdot \cos x = e^{\sin x}\cos x .$$

3. Die Kettenregel kann auch bei tiefer verschachtelten Funktionen angewandt werden. $y = \cos(\sin x^3)$ hat die äußere Funktion $u(z) = \cos z$, die mittlere Funktion $v(t) = \sin t$ und die innere Funktion $w(x) = x^3$. Ihre Ableitung hat deshalb die Form

$$y' = -\sin(\sin x^3) \cdot \cos x^3 \cdot 3x^2 .$$

Ableitungsregeln	
Linearkombinationsregel:	$(au + bv)'(x_0) = au'(x_0) + bv'(x_0)$
Produktregel:	$(u \cdot v)'(x_0) = v(x_0) \cdot u'(x_0) + u(x_0) \cdot v'(x_0)$

Ableitungsregeln

Quotientenregel: $\left(\dfrac{u}{v}\right)'(x_0) = \dfrac{u'(x_0) \cdot v(x_0) - u(x_0) \cdot v'(x_0)}{v^2(x_0)}$

Kettenregel: $\bigl(u(v(x_0))\bigr)' = u'\bigl(v(x_0)\bigr) \cdot v'(x_0)$

16.5 Ableitung von Umkehrfunktionen

Ist eine Funktion $f(x)$ in einem Intervall $]x_1, x_2[$ streng monoton und differenzierbar und ist die Ableitung für alle Werte aus dem Intervall ungleich 0, so hat sie in dem Intervall $]y_1, y_2[$ eine differenzierbare Umkehrfunktion $\varphi(y)$. Haben zwei Punkte auf der Kurve der Funktion den Differenzenquotienten $\Delta y/\Delta x$, so haben die entsprechenden Punkte auf der Kurve der Umkehrfunktion den Differenzenquotienten $\Delta x/\Delta y$. Ihr Produkt ist folglich immer $(\Delta y/\Delta x)(\Delta x/\Delta y) = 1$. Nach Voraussetzung existieren die Grenzwerte $\lim\limits_{\Delta x \to 0} \Delta y / \Delta x = f'(x)$ und $\lim\limits_{\Delta y \to 0} \Delta x / \Delta y = 1/f'(x) = \varphi'(y)$.

Beispiele

Ableitung der Umkehrfunktionen $x = \varphi(y)$ einer Funktion $y = f(x)$

$$\varphi'(y) = \dfrac{1}{f'(x)}$$

1. Für die positive reellen Zahlen ist die Wurzelfunktion $x = \sqrt[n]{y}$ die Umkehrfunktion der Potenzfunktion $y = x^n$. Allerdings hat die Potenzfunktion an der Stelle 0 die Ableitung $y'(0) = 0$, so dass die Umkehrfunktion in diesem Punkt nicht differenzierbar ist. Für alle positiven reellen Zahlen aber ist die Ableitung der Wurzelfunktion

$$\dfrac{d}{dy}\sqrt[n]{y} = \dfrac{1}{\frac{d}{dx}x^n} = \dfrac{1}{nx^{n-1}} = \dfrac{1}{n\sqrt[n]{y^{n-1}}}\;.$$

2. Für die nichtnegativen reellen Zahlen ist die Funktion des natürlichen Logarithmus $x = \ln y$ die Umkehrfunktion der e-Funktion $y = e^x$. Folglich gilt für die Ableitung

$$\dfrac{d}{dy}\ln y = \dfrac{1}{\frac{d}{dx}e^x} = \dfrac{1}{e^x} = \dfrac{1}{e^{\ln y}} = \dfrac{1}{y}\;.$$

3. Die Funktion $y = x^a$ mit $x > 0$ und $a \in \mathbb{R}$ kann auch

$$y = \left(e^{\ln x}\right)^a = e^{a \ln x}$$

geschrieben werden. Mit dem Ergebnis des vorherigen Beispiels und der Kettenregel erhält man die Ableitung

$$y' = e^{a \ln x} \cdot \frac{a}{x} = x^a \cdot \frac{a}{x} = a x^{a-1} \,.$$

Das bedeutet, die Regel, dass von $y = x^n$ die Ableitung $y' = n x^{n-1}$ ist, ist nicht nur für ganze Exponenten, sondern für alle reellen Exponenten gültig.

Mit Hilfe der bisher bekannten Ableitungen und der Ableitungsregeln ist es problemlos möglich, die Ableitungen aller trigonometrischen und hyperbolischen Funktionen zu bestimmen.

Ableitungen der trigonometrischen und der hyperbolischen Funktionen

$y = \sin x$	$y' = \cos x$	$x \in \mathbb{R}$		$y = \sinh x$	$y' = \cosh x$	$x \in \mathbb{R}$
$y = \cos x$	$y' = -\sin x$	$x \in \mathbb{R}$		$y = \cosh x$	$y' = \sinh x$	$x \in \mathbb{R}$
$y = \tan x$	$y' = \dfrac{1}{\cos^2 x}$	$x \neq \dfrac{\pi}{2} + k\pi$		$y = \tanh x$	$y' = \dfrac{1}{\cosh^2 x}$	$x \in \mathbb{R}$
$y = \cot x$	$y' = -\dfrac{1}{\sin^2 x}$	$x \neq k\pi$		$y = \coth x$	$y' = -\dfrac{1}{\sinh^2 x}$	$x \neq 0$

$k \in \mathbb{Z}$

Mit Hilfe der Umkehrregel kann man auch die Ableitungen der Umkehrfunktionen der trigonometrischen und hyperbolischen Funktionen ermitteln.

Ableitung der Arkusfunktionen

$y = \arcsin x$	$y' = \dfrac{1}{\sqrt{1-x^2}}$	$|x| < 1$	$y = \arctan x$	$y' = \dfrac{1}{1+x^2}$	$x \in \mathbb{R}$
$y = \arccos x$	$y' = -\dfrac{1}{\sqrt{1-x^2}}$	$|x| < 1$	$y = \text{arccot} \, x$	$y' = -\dfrac{1}{1+x^2}$	$x \in \mathbb{R}$

Ableitung der Areafunktionen					
$y = \operatorname{arsinh} x$	$y' = \dfrac{1}{\sqrt{1+x^2}}$	$x \in \mathbb{R}$	$y = \operatorname{artanh} x$	$y' = \dfrac{1}{1-x^2}$	$|x| < 1$
$y = \operatorname{arcosh} x$	$y' = \dfrac{1}{\sqrt{x^2-1}}$	$x > 1$	$y = \operatorname{arcoth} x$	$y' = \dfrac{1}{1-x^2}$	$|x| > 1$

16.6 Funktionen in Parameterdarstellung

Ist eine Funktion $y = f(x)$ durch einen Parameter t als $x = g(t)$ und $y = h(t)$ gegeben, so kann man y auch als mittelbare Funktion $y = f(g(t))$ auffassen und darauf die Kettenregel anwenden. Dadurch erhält man

$$\frac{dy}{dt} = \frac{dy}{dx} \cdot \frac{dx}{dt},$$

und nach dem Umstellen

$$\frac{dy}{dx} = \frac{dy/dt}{dx/dt}.$$

Das bedeutet:

Ableitung einer Funktion in Parameterdarstellung

Ist eine Funktion $y = f(x)$ durch den Parameter t als $x = g(t)$ und $y = h(t)$ dargestellt, so hat die Ableitung die Form

$$f'(x) = \frac{h'(t)}{g'(t)}.$$

Beispiel

Ein Kreis mit dem Radius r und dem Mittelpunkt im Koordinatenursprung hat die Gleichung $x^2 + y^2 = r^2$. Mit dem Winkel t, den ein Radius mit der positiven x-Achse einschließt, kann er auch in Parameterform dargestellt werden: $x = \cos t$ und $y = \sin t$. Die Ableitungen hiervon sind $dx/dt = -\sin t$ und $dy/dt = \cos t$. Die Ableitung dy/dx und damit die Steigung einer Tangente an dem Kreis beträgt somit

$$\frac{dy}{dx} = \frac{\cos t}{-\sin t} = -\cot t.$$

16.7 Differentiale

Angenommen, $f(x)$ sei eine in einem Intervall differenzierbare Funktion. Der Unterschied zwischen dem Differenzenquotienten $\Delta y/\Delta x$ und dem Differentialquotienten $f'(x_0)$ an einer Stelle x_0 ist von der Größe von Δx abhängig. Der Unterschied ist somit eine Funktion $g(\Delta x)$.

$$\frac{\Delta y}{\Delta x} = f'(x_0) = \frac{f(x_0 + \Delta x) - f(x_0)}{\Delta x} - f'(x_0) = g(\Delta x)$$

Geht man also von der Stelle x_0 aus um Δx weiter, so verändert sich der Funktionswert um

$$\Delta y = f'(x_0) \cdot \Delta x + g(\Delta x) \cdot \Delta x.$$

Da $f'(x_0)$ konstant ist, besteht die Funktionswertänderung somit aus einem in Δx linearen Term $f'(x_0) \cdot \Delta x$ und einem Term höherer Ordnung $g(\Delta x) \cdot \Delta x$. Lässt man Δx gegen 0 gehen, so verschwindet auch $g(\Delta x)$ und somit $g(\Delta x) \cdot \Delta x$. Den linearen Anteil des Zuwachses nennt man das **Differential** der Funktion an der Stelle x_0 und schreibt es als $dy = df(x_0) = f'(x_0) \cdot dx$. Die Größe dx heißt dabei das Differential der unabhängigen Variablen. Den Differentialquotienten kann man nun auch als Division des Differentials dy durch das Differential dx auffassen.

Beispiel
Die Funktion $y = 2x^3$ hat an der Stelle x_0 das Differential $dy = 6x^2 \cdot dx$.

16.8 Monotonie und Konvexität

Ist eine Funktion in dem Intervall $[a,b]$ stetig und in dem Intervall $]a, b[$ differenzierbar und die Ableitung $f'(x_0)$ für jeden Wert x_0 des Intervalls $]a, b[$ gleich oder größer 0, so gibt es nach dem Mittelwertsatz ein x_0 aus $]a,b[$, so dass gilt

$$\frac{f(b) - f(a)}{b - a} = f'(x_0) \geq 0.$$

Das bedeutet, für $a < b$ muss $f(a) \leq f(b)$ sein. Für je zwei beliebige Punkte c und d aus dem Intervall $[a,b]$ mit $c < d$ gilt natürlich, dass die Funktion im Intervall $]c,d[$ differenzierbar ist. Nach dem Mittelwertsatz gibt es daher ein x_0 aus $]c,d[$, so dass $(f(d) - f(c))/(d - c) = f'(x_0) \geq 0$ gilt. Das bedeutet, dass $f(c) < f(d)$ ist. Folglich ist die Funktion in dem Intervall **monoton wachsend**. Verschwindet die Ableitung in keinem Teilintervall von $]a, b[$, so ist die Funktion sogar streng monoton wachsend. Entsprechend gilt, wenn für alle x_0 aus dem Intervall $f'(x_0) \leq 0$ oder $f'(x_0) < 0$ ist, dass die Funktion dann dort monoton fallend ist bzw. streng monoton fallend ist. Die Umkehrung gilt nicht: Es gibt sehr wohl streng monoton wachsende Funktionen, deren Ableitungen 0 werden können, etwa $y = x^3$.

Beispiele
1. Die Funktion $y = x^3$ ist für alle reellen Zahlen monoton wachsend, denn für alle Werte von x ist $y' = 3x^2 \geq 0$.
2. Die Funktion $y = x^2$ ist für $x < 0$ streng monoton fallend und für $x > 0$ streng monoton steigend, denn $y' = 2x < 0$ für $x < 0$ und $y' = 2x > 0$ für $x > 0$.

Das Krümmungsverhalten einer Funktion wird durch die Begriffe **Konvexität** und **Konkavität** beschrieben. Anschaulich kann man sie sich in folgender Weise vorstellen: Bewegt man sich auf der Bildkurve einer Funktion von links nach rechts und durchläuft dabei ständig eine Linkskurve, so ist die Funktion konvex. Durchläuft man hingegen ständig eine Rechtskurve, heißt die Funktion konkav. Mathematisch präziser ausgedrückt bedeutet dies: Ist eine Funktion $f(x)$ in einem Intervall $]a, b[$ differenzierbar und liegt die Bildkurve von $f(x)$ mit Ausnahme der jeweiligen Berührpunkte stets oberhalb aller Tangenten der Kurve, so heißt die Funktion in dem Intervall konvex ($\rightarrow$ Abb. 178).

Die Tangente an der Stelle x_1 hat die Gleichung $y = f(x_1) + f'(x_1)(x - x_1)$. Bei einer konvexen Funktion muss also für zwei beliebige Punkte $x_1 \neq x_2$ aus dem Intervall stets gelten $f(x_2) > f(x_1) + f'(x_1)(x_2 - x_1)$ und $f(x_1) > f(x_2) + f'(x_2)(x_1 - x_2)$. Addiert man diese

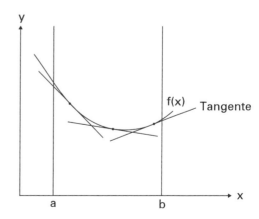

Abb. 178: Konvexe Funktion.

beiden Ungleichungen, so erhält man:

$$f(x_1) + f(x_2) > f(x_2) + f'(x_2)(x_1 - x_2) + f(x_1) + f'(x_1)(x_2 - x_1)$$
$$f(x_1) + f(x_2) > f(x_1) + f(x_2) + (f'(x_1) - f'(x_2))(x_2 - x_1)$$

Das bedeutet, dass $f'(x_1) < f'(x_2)$ ist, wenn $x_1 < x_2$ ist. Die Ableitung $f'(x)$ ist also in dem Intervall streng monoton wachsend. Aus dem Mittelwertsatz folgt auch die Umkehrung.

> **Konvexität einer Funktion**
> Eine Funktion $f(x)$, die in dem Intervall $]a,b[$ differenzierbar ist, ist genau dann konvex, wenn ihre Ableitung in dem Intervall streng monoton wachsend ist. Ist eine Funktion $f(x)$ in dem Intervall $]a,b[$ zweimal differenzierbar, so ist sie genau dann konvex, wenn im ganzen Intervall $f''(x) \geq 0$ ist und $f''(x)$ in keinem Teilintervall von $]a,b[$ verschwindet.

Beispiele
1. Die Funktion $y = x^2$ ist für alle $x \in \mathbb{R}$ konvex, denn $y'' = 2 > 0$.
2. Die Funktion $y = e^x$ ist für alle $x \in \mathbb{R}$ konvex, denn $y'' = e^x > 0$ für alle $x \in \mathbb{R}$.

Entsprechend zur Konvexität definiert man die Konkavität: Ist eine Funktion $f(x)$ in einem Intervall $]a, b[$ differenzierbar und liegt die Bildkurve von $f(x)$ mit Ausnahme der jeweiligen Berührpunkte stets unterhalb aller Tangenten der Kurve, so heißt die Funktion in dem Intervall konkav. Es gilt der Satz:

> **Konkavität einer Funktion**
> Eine Funktion $f(x)$, die in dem Intervall $]a,b[$ differenzierbar ist, ist genau dann konkav, wenn ihre Ableitung in dem Intervall streng monoton fallend ist. Ist eine Funktion $f(x)$ in dem Intervall $]a,b[$ zweimal differenzierbar, so ist sie genau dann konkav, wenn im ganzen Intervall $f''(x) \leq 0$ ist und $f''(x)$ in keinem Teilintervall von $]a,b[$ verschwindet.

Beispiele
1. Die Funktion $y = x^3$ ist für alle reellen $x < 0$ konkav, denn es gilt $y'' = 6x < 0$ für alle $x < 0$.
2. Die Funktion $y = \ln x$ ist für alle reellen $x > 0$ konkav, denn es gilt $y'' = -1/x^2 < 0$ für alle $x > 0$.

16.9 Extrema

Ein Funktionswert $f(x_{max})$ einer in einem Intervall $]a, b[$ definierten Funktion $f(x)$ wird als **relatives Maximum** bezeichnet, wenn es eine Umgebung von x_{max} gibt, so dass für alle $x \neq x_{max}$ gilt, dass $f(x) < f(x_{max})$ ist. Entsprechend nennt man einen Funktionswert $f(x_{min})$ ein **relatives Minimum**, wenn es eine Umgebung von x_{min} gibt, so dass für alle $x \neq x_{min}$ gilt, dass $f(x) > f(x_{min})$ ist.

Beispiel
Die Funktion $y = 2x^3 - 9x^2 + 12x$ hat im Bereich $\mathbb{R}$ ein relatives Maximum von $y_{max} = 5$ an der Stelle $x_{max} = 1$ und ein relatives Minimum von $y_{min} = 4$ an der Stelle $x_{min} = 2$ ($\rightarrow$ Abb. 179).

Eine Funktion kann mehrere relative Maxima und relative Minima besitzen. So hat beispielsweise die Funktion $y = \cos x$ für $x \in \mathbb{R}$ unendlich viele relative Maxima von der Größe 1, die an den Stellen $x_{max_k} = 2\pi k$ liegen, und auch unendlich viele relative Minima von der Größe -1 an den Stellen $x_{min_k} = \pi(2k - 1)$. Dabei ist $k \in \mathbb{Z}$ ($\rightarrow$ Abb.180).

Das **absolute Maximum** einer Funktion $f(x)$ in dem Intervall $[a, b]$ ist der größte Funktionswert, den die Funktion in diesem Intervall annimmt. Entsprechend ist das **absolute Minimum** der kleinste Funktionswert, den die Funktion in dem Intervall annimmt.

Beispiel
Die Funktion $y = 2x^3 - 9x^2 + 12x$ hat in dem Intervall $[0{,}9; 2{,}1]$ ein absolutes Maximum von $y_{max} = 5$ an der Stelle $x_{max} = 1$ und ein absolutes Minimum von $y_{min} = 4$ an der Stelle $x_{min} = 2$.

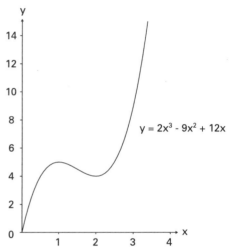

Abb. 179: Bild der Funktion $y = 2x^3 - 9x^2 + 12x$.

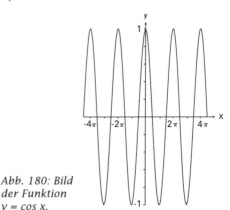

Abb. 180: Bild der Funktion $y = \cos x$.

Sie sind auch gleichzeitig relative Extrema. In dem Intervall [0; 3] hingegen liegen das absolute Maximum und absolute Minimum an den Intervallgrenzen: $y_{max} = 9$ an der Stelle $x_{max} = 3$ und $y_{min} = 0$ an der Stelle $x_{min} = 0$ ($\rightarrow$ Abb.179).

Das absolute Maximum und auch das absolute Minimum können an mehreren Stellen gleichzeitig auftreten.

Beispiel
Das absolute Maximum der Funktion $y = \cos x$ für $x \in \mathbb{R}$ ist 1 und es tritt an unendlich vielen Stellen auf.

Ist eine Funktion $f(x)$ in einem Intervall $]a, b[$ differenzierbar und hat sie an der Stelle x_0 ein relatives Maximum, so existiert eine Umgebung U um den Wert 0, so dass für alle $h \in U$ gerade $f(x_0 + h) < f(x_0)$ gilt. Der Differenzenquotient $(f(x_0 + h) - f(x_0))/h$ ist deshalb positiv für alle $h < 0$ und negativ für alle $h > 0$. Da die Funktion differenzierbar ist, können die linksseitige und die rechtsseitige Ableitung in x_0 aber nicht unterschiedliche Vorzeichen haben, folglich ist $f'(x_0) = 0$. Aus den gleichen Gründen gilt auch an Stellen, an denen relative Minima auftreten $f'(x_0) = 0$.

Eine notwendige, aber noch nicht hinreichende Bedingung für das Auftreten eines relativen Extremums bei der Funktion $f(x)$ an der Stelle x_0 ist also $f'(x_0) = 0$.

Dass die Bedingung $f'(x_0) = 0$ nur notwendig, aber noch nicht hinreichend ist, sieht man beispielsweise an der Funktion $f(x) = x^3$. Ihre Ableitung an der Stelle $x_0 = 0$ ist $f'(0) = 0$, dennoch liegt dort kein relatives Extremum vor ($\rightarrow$ Abb. 181).

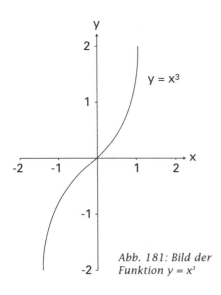

Abb. 181: Bild der Funktion $y = x^3$

Um zu einer hinreichenden Bedingung für das Auftreten eines relativen Extremums an der Stelle x_0 zu kommen, betrachtet man das Vorzeichen der Ableitung beim Durchlaufen der Stelle x_0. Vier verschiedene Fälle sind dabei möglich.

1. Die Ableitung $f'(x)$ ist nicht nur an der Stelle x_0 gleich 0, sondern sogar in einer ganzen Umgebung von x_0. Dann liegt kein relatives Extremum vor (→ Abb.182a).
2. Die Ableitung $f'(x)$ hat in einer ganzen Umgebung von x_0 das gleiche Vorzeichen. Dann ist die Funktion dort monoton und kann folglich dort kein Extremum haben (→ Abb.182b).
3. Die Ableitung $f'(x)$ ist in einer linksseitigen Umgebung von x_0 negativ und in einer rechtsseitigen Umgebung positiv. Dann liegt ein Minimum vor. Die Funktion ist also in der Umgebung konvex und, falls die Funktion in x_0 zweimal differenzierbar ist, ist $f''(x_0) > 0$ hinreichend, aber nicht notwendig (→ Abb.182c).
4. Die Ableitung $f'(x)$ in einer linksseitigen Umgebung von x_0 ist positiv und in einer rechtsseitigen Umgebung negativ. Dann liegt ein Maximum vor. Die Funktion ist also in der Umgebung konkav und, falls die Funktion in x_0 zweimal differenzierbar ist, ist $f''(x_0) <$ hinreichend, aber nicht notwendig (→ Abb.182d).

Abb. 182: Mögliches Verhalten einer Funktion, für die $f'(x_0) = 0$ gilt.

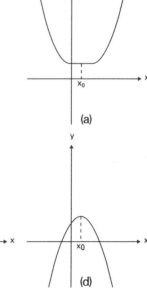
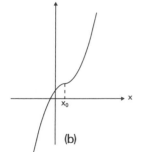
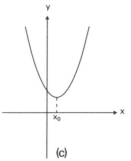

Somit hat man folgende hinreichende Kriterien für das Auftreten von Extrema:

Relative Extrema

Relatives Maximum von $f(x)$ in x_{max} : $f'(x_{max}) = 0$ und $f''(x_{max}) < 0$

Relatives Minimum von $f(x)$ in x_{min} : $f'(x_{min}) = 0$ und $f''(x_{min}) > 0$

Bei diesen Kriterien ist ein Fall offen geblieben: Wie sieht die Funktion aus, wenn $f'(x_0) = 0$ und $f''(x_0) = 0$ ist? Um diese Frage beantworten zu können, muss man höhere Ableitungen von $f(x)$ an der Stelle x_0 betrachten. Es gelten dann folgende hinreichende Kriterien:

Relative Extrema

Ist eine Funktion $f(x)$ in einer Umgebung von x_0 n-mal differenzierbar und ist

$$f'(x_0) = f''(x_0) = f'''(x_0) = \ldots = f^{(n-1)}(x_0) = 0$$

$$f^{(n)}(x_0) \neq 0 \text{ und stetig}$$

n geradzahlig

so hat die Funktion bei x_0 ein relatives Extremum. Es gilt:

$$f^{(n)}(x_0) < 0 : \text{relatives Maximum}$$

$$f^{(n)}(x_0) > 0 : \text{relatives Minimum}$$

Auf einen Beweis hierfür soll verzichtet werden.

Beispiel
Die Funktion $y = x^8$ hat an der Stelle $x_0 = 0$ die Ableitungen $y'(0) = y''(0) = \ldots = y^{(7)}(0) = 0$ und $y^{(8)}(0) = 40320 > 0$. An dieser Stelle hat die Funktion also ein relatives Minimum.

16.10 Wendepunkte

Schneidet die Tangente in einem Punkt der Bildkurve die Kurve in diesem Punkt, so bezeichnet man ihn als einen **Wendepunkt** und die Tangente als **Wendetangente**. Verläuft die Wendetangente parallel zur Abszisse, spricht man von einem **Horizontalwendepunkt** (→ Abb. 183).

Abb. 183: Wendepunkte einer Funktion.

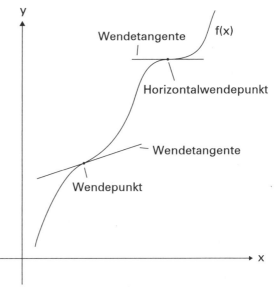

In einem Wendepunkt ändert sich das Krümmungsverhalten einer Kurve. Das heißt, in einem Wendepunkt geht ein konvexer Funktionsabschnitt in einen konkaven über oder umgekehrt. Aus den Konvexitätskriterien geht deshalb folgender Satz hervor:

> **Wendepunkt**
> Eine Funktion $f(x)$, die in dem Intervall $]a,b[$ differenzierbar ist, hat an der Stelle x_0 aus dem Intervall genau dann einen Wendepunkt, wenn $f'(x)$ in x_0 ein relatives Extremum hat.

Damit ist das Suchen von Wendepunkten auf das Suchen von Extremwerten ihrer Ableitungsfunktion zurückgeführt worden.

Beispiel
Die Funktion $y = x^3$ hat in dem Bereich $\mathbb{R}$ die Ableitung $y' = 3x^2$. Die Ableitungsfunktion besitzt bei $x_0 = 0$ ein Extremum, denn es gilt $y''(0) = 0$ und $y'''(0) = 6 \neq 0$. Folglich hat die Funktion bei $x_0 = 0$ einen Wendepunkt.

16.11 Partielle Ableitung

Die Differentiation ist nicht nur auf Funktionen mit einer Variablen beschränkt, sondern kann auf **Funktionen mehrerer Variablen** erweitert werden.

Partielle Ableitung

Eine Funktion $y = f(x_1, x_2, \ldots, x_n)$ mit einem offenen Definitionsbereich $\mathbb{D} \subseteq \mathbb{R}^n$ heißt an der Stelle $\xi = (\xi_1, \xi_2, \ldots, \xi_n) \in \mathbb{D}$ partiell nach x_i differenzierbar, wenn gilt:

$$\lim_{\Delta x \to 0} \frac{f(\xi_1, \ldots, \xi_{i-1}, \xi_i + \Delta x, \xi_{i+1}, \ldots, \xi_n) - f(\xi_1, \ldots, \xi_i, \ldots, \xi_n)}{\Delta x} = \frac{\partial f}{\partial x_i}(\xi_1, \ldots, \xi_n)$$

Dabei heißt $(\partial f / \partial x_i)(\xi_1, \ldots, \xi_n)$ die **partielle Ableitung** nach x_i. Wenn völlig klar ist, was gemeint ist, schreibt man eine partielle Ableitung auch einfach dadurch, dass man f mit dem Index x_i versieht.

$$\frac{\partial f}{\partial x_i}(\xi_1, \ldots, \xi_n) = f_{x_i}(\xi_1, \ldots, \xi_n)$$

Da bei einer partiellen Ableitung nach x_i alle Variablen bis auf x_i als konstant angesehen werden, kann man eine partielle Ableitung behandeln wie die gewöhnliche Ableitung einer Funktion mit nur einer Variablen x_i, indem man die anderen Variablen als Konstanten annimmt.

Beispiel
Die Funktion $z = x^2 \cdot \sin y$ mit den beiden Variablen x und y hat die folgenden partiellen Ableitungen:

$$\frac{\partial z}{\partial x} = 2x \sin y$$

$$\frac{\partial z}{\partial x} = x^2 \cos y$$

Eine Funktion $y = f(x_1, x_2, \ldots, x_n)$ mit einem offenen Definitionsbereich $\mathbb{D} \subseteq \mathbb{R}^n$ ist differenzierbar, wenn für jede Stelle $\xi = (\xi_1, \xi_2, \ldots, \xi_n) \in \mathbb{D}$ alle partiellen Ableitungen $f_{x_1}(\xi_1, \xi_2, \ldots, \xi_n), \ldots, f_{x_n}(\xi_1, \xi_2, \ldots, \xi_n)$ existieren.

Eine Funktion $z = f(x, y)$ mit nur zwei Variablen kann man sich in der Regel durch eine im dreidimensionalen Raum liegende gekrümmte Fläche vorstellen (→ Kap. 11.16). Ist ein Punkt (x_0, y_0) des Definitionsbereichs vorgegeben und ist dann die Funktion in jedem Punkt (x, y_0) nach x partiell differenzierbar und in jedem Punkt (x_0, y) nach y partiell differenzierbar, dann sind $f(x, y_0)$ und $f(x_0, y)$ zwei glatte Kurven K_1 und K_2, die parallel zur x–z–Ebene bzw. zur y–z–Ebene liegen. Die partielle Ableitung $f_x(x_0,y_0)$ stellt dann die Steigung der Kurve K_1 im Punkt (x_0,y_0) dar und die partielle Ableitung $f_y(x_0,y_0)$ die Steigung der Kurve K_2 im Punkt (x_0,y_0). Etwas allgemeiner kann man sagen, dass die partiellen Ableitungen $f_x(x,y)$ und $f_y(x,y)$ die Steigungen der Fläche $z = f(x,y)$ im Punkt (x, y) in x-Richtung bzw. in y-Richtung angeben (→ Abb. 184).

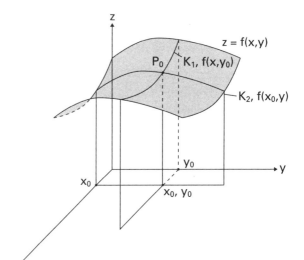

Abb. 184: Geometrische Veranschaulichung der partiellen Ableitungen einer Funktion mit zwei Variablen.

16.12 Höhere partielle Ableitungen

Ist eine Funktion $f(x_1,x_2,...,x_n)$ in einem Definitionsbereich $\mathbb{D} \subseteq \mathbb{R}^n$ partiell nach x_i differenzierbar, so kann man ihre partielle Ableitung $f_{x_i}(x_1,x_2,...,x_n)$ auch als Funktion mit dem Definitionsbereich $\mathbb{D}$ auffassen. Ist $f_{x_i}(x_1,x_2,...,x_n)$ in $\xi = (\xi_1,\xi_2,...,\xi_n) \in \mathbb{D}$ partiell nach x_j differenzierbar, so heißt $f(x_1,x_2,...,x_n)$ in ξ zweimal partiell nach x_i,x_j differenzierbar. Man schreibt dies als

$$\frac{\partial^2 f}{\partial x_i \partial x_j}(x_1,x_2,...,x_n) = \frac{\partial^2}{\partial x_i \partial x_j} f(x_1,x_2,...,x_n) = f_{x_i x_j}(x_1,x_2,...,x_n).$$

Mit Hilfe des Mittelwertsatzes kann man folgenden Satz beweisen: Ist eine Funktion $f(x_1,x_2,...,x_n)$ mit einem offenen Definitionsbereich $\mathbb{D} \subseteq \mathbb{R}^n$ stetig, existieren die partiellen Ableitungen $f_{x_i}(x_1,x_2,...,x_n)$, $f_{x_j}(x_1,x_2,...,x_n)$ und $f_{x_i x_j}(x_1,x_2,...,x_n)$ in $\mathbb{D}$, und sind diese wiederum stetig in $\xi = (\xi_1,\xi_2,...,\xi_n) \in \mathbb{D}$, dann gibt es auch $f_{x_j x_i}(x_1,x_2,...,x_n)$ und es gilt

$$f_{x_j x_i}(x_1,x_2,...,x_n) = f_{x_i x_j}(x_1,x_2,...,x_n).$$

Die Reihenfolge der partiellen Ableitungen spielt also unter diesen Voraussetzungen keine Rolle.

Beispiel
Die ersten und zweiten partiellen Ableitungen der Funktion $z = x^2 + \sin(xy)$ sind:

$$\frac{\partial z}{\partial x} = 2x + y\cos(xy)$$

$$\frac{\partial z}{\partial x} = x\cos(xy)$$

$$\frac{\partial^2 z}{\partial x^2} = 2 - y^2\sin(xy)$$

$$\frac{\partial^2 z}{\partial y^2} = -x^2 \sin(xy)$$

$$\frac{\partial^2 z}{\partial x \partial y} = \frac{\partial^2 z}{\partial y \partial x} = \cos(xy) - xy\sin(xy)$$

16.13 Differential einer Funktion mehrerer Variabler

Bei einer Funktion $f(x)$ mit nur einer Variablen, die im Punkt x_0 differenzierbar ist, kann man die Funktion in der Umgebung des Punktes x_0 durch die Gerade $y = f(x_0) + f'(x_0)(x - x_0)$ annähern und es gilt

$$\Delta y = f(x_0 + \Delta x) - f(x_0) = f'(x_0)\Delta x + g(\Delta x) \cdot \Delta x.$$

Dabei sei $g(\Delta x)$ so definiert wie in Kap. 16.7. Lässt man Δx gegen 0 gehen, so wird daraus $dy = f'(x_0) \cdot dx$, wobei dy als das Differential bezeichnet wird.

Dieser Begriff des Differentials kann auf Funktionen mit mehreren Variablen erweitert werden. Aus dem Mittelwertsatz ergibt sich folgender Satz:
Eine Funktion sei in einer Umgebung von $\xi = (\xi_1, \xi_2, ..., \xi_n) \in \mathbb{D}$ differenzierbar und alle partiellen Ableitungen $f_{x_i}(x_1, x_2, ..., x_n), ... , f_{x_n}(x_1, x_2, ..., x_n)$ im Punkt ξ seien stetig. Außerdem sei a der Abstand eines Punktes $x = (x_1, x_2, ..., x_n) \in \mathbb{D}$ vom Punkt ξ. Dann gilt für jeden Punkt $x \in \mathbb{D}$:

$$f(x_1,...,x_n) - f(\xi_1,...,\xi_n) = \sum_{i=1}^{n} \frac{\partial}{\partial x_n} f(\xi_1,...,\xi_n) \cdot (x_i - \xi_i) + g(x_1,...,x_n) \cdot a$$

Die Funktion $g(x_1, x_2, ..., x_n)$ werde dabei für gegebenes ξ durch diese Darstellung definiert.

Wählt man die Abkürzungen $\Delta x_i = x_i - \xi_i$ und $\Delta f = f(x_1, ..., x_n) - f(\xi_1, ..., \xi_n)$ so kann man dafür auch etwas kürzer schreiben:

$$\Delta f = \sum_{i=1}^{n} \frac{\partial}{\partial x_i} f(\xi_1,...,\xi_n) \cdot \Delta x_i + g(x_1,...,x_n) \cdot a$$

Das bedeutet, ändert man ξ um $\Delta x_1, \Delta x_2, ..., \Delta x_n$, so erhöht sich der Funktionswert um Δf. Den Abstand a der beiden Punkte lässt man nun gegen 0 gehen. Dann lässt sich beweisen, dass auch die Funktion $g(x_1, x_2, ..., x_n)$ stets gegen 0 geht. Wenn a gegen 0 geht, dann gehen $\Delta x_1, ..., \Delta x_n$, und Δf über in $dx_1, ..., dx_n$, und df. Eine Funktion f, für die im Punkt ξ eine solche Darstellung existiert, heißt **total differenzierbar** und die lineare Funktion

$$df = \sum_{i=1}^{n} \frac{\partial}{\partial x_i} f(\xi_1,...,\xi_n) \cdot dx_i$$

wird **totales Differential** von $f(x_1, x_2, ..., x_n)$ in ξ genannt. Man schreibt es als $df(x_1, x_2, ..., x_n)$. Die Größen dx_i bezeichnet man als die Differentiale der unabhängigen Variablen. Schließlich werden noch die Ausdrücke $f_{x_i}(\xi_1, ..., \xi_n) \cdot dx_i$ **partielle Differentiale** genannt.

Das totale Differential $df(x_1, x_2, ..., x_n)$ in ξ gibt also an, um wie viel sich der Funktionswert $f(\xi)$ verändert, wenn man die $\xi_1, \xi_2, ..., \xi_n$ um jeweils $d\xi_1, d\xi_2, ..., d\xi_n$ erhöht.

> **Totales Differential**
>
> Das totale Differential der Funktion $f(x_1, x_2, ..., x_n)$ an der Stelle $(\xi_1, \xi_2, ..., \xi_n)$ beträgt
>
> $$df(x_1, x_2 ..., x_n) = \sum_{i=1}^{n} \frac{\partial}{\partial x_i} f(x_1, x_2 ..., x_n) \cdot dx_i \; .$$

Es lässt sich beweisen, dass eine Funktion $f(x_1, x_2, ..., x_n)$, die in ξ total differenzierbar ist, in ξ auch stetig ist. Liegt eine ganze Umgebung von ξ im Definitionsbereich der Funktion, so folgt aus der totalen Differenzierbarkeit in ξ auch, dass die partiellen Ableitungen nach allen n Variablen existieren.

Beispiel
Die Funktion $z = x^3 + e^{x+y}$ ist überall in $\mathbb{D} = \mathbb{R}^2$ differenzierbar und die partiellen Ableitungen $z_x = 3x^2 + e^{x+y}$ und $z_y = e^{x+y}$ sind in $\mathbb{D}$ stetig. Folg-

lich ist die Funktion total differenzierbar und ihr totales Differential hat die Form

$$dz = (3x^2 + e^{x+y})dx + e^{x+y}dy.$$

Ist die Funktion $f(x_1,x_2,...,x_n)$ in einem Definitionsbereich $\mathbb{D}$ total differenzierbar und sind die Funktionen $g_i(t)$ in einem offenen Intervall $]a, b[$ differenzierbar, dann ist auch die mittelbare Funktion $h(t) = f(g_1(t), g_2(t), ... , g_n(t))$ in $]a, b[$ differenzierbar und die Ableitung ist

$$h'(t) = \sum_{i=1}^{n} \frac{\partial}{\partial x_i} f\big(g_1(t), g_2(t), ... , g_n(t)\big) \cdot g_i'(t).$$

Auf einen Beweis hierfür soll verzichtet werden.

16.14 Gradient

Die partiellen Ableitungen einer Funktion sind im Grunde genommen nichts anderes als die Ableitungen in den Richtungen der Koordinatenachsen. Dies lässt sich auf allgemeine Richtungen erweitern.

Gibt man bei einer Funktion $f(x_1,x_2,...,x_n)$ von einem Punkt $(\xi_1,\xi_2,...,\xi_n)$ aus eine Richtung an und drückt diese durch einen Einheitsvektor

$$\vec{e} = \begin{pmatrix} e_1 \\ e_2 \\ \vdots \\ e_n \end{pmatrix}$$

aus, so ist die Ableitung der Funktion in diese Richtung

$$\lim_{h \to 0} \frac{f(\xi_1 + he_1,...,\xi_n + he_n) - f(\xi_0,...,\xi_n)}{h}.$$

Man nennt dies die Richtungsableitung und schreibt sie als

$$\frac{\partial}{\partial \vec{e}} f(\xi_1,\xi_2,...,\xi_n).$$

Die partiellen Ableitungen sind in der Richtungsableitung als Spezialfälle enthalten. Man bekommt sie, wenn man die Richtungen

$$\begin{pmatrix}1\\0\\\vdots\\0\end{pmatrix}, \begin{pmatrix}0\\1\\\vdots\\0\end{pmatrix}, \ldots, \begin{pmatrix}0\\0\\\vdots\\1\end{pmatrix}$$

einsetzt.
Ist eine Funktion $f(x_1,x_2,\ldots,x_n)$ in einer Umgebung des Punktes $\xi = (\xi_1,\xi_2,\ldots,\xi_n)$ definiert und sind alle partiellen Ableitungen $f_{x_1}(x_1,x_2,\ldots,x_n)$ bis $f_{x_n}(x_1,x_2,\ldots,x_n)$ in ξ stetig, so existiert auch die Richtungsableitung $\frac{\partial}{\partial \vec{e}} f(\xi_1,\xi_2,\ldots,\xi_n)$ bezüglich eines beliebigen Einheitsvektors $\vec{e}$ und es gilt

$$\frac{\partial}{\partial \vec{e}} f(\xi_1,\xi_2,\ldots,\xi_n) = \sum_{i=1}^{n} \frac{\partial}{\partial x_i} f(\xi_1,\xi_2,\ldots,\xi_n) \cdot e_i.$$

Beispiel
Um die Richtungsableitung der Funktion $w = x + y^2 + z^3$ an der Stelle (1, 2, 3) in Richtung

$$\vec{e} = \begin{pmatrix}0\\ \tfrac{1}{2}\sqrt{2}\\ \tfrac{1}{2}\sqrt{2}\end{pmatrix}$$

zu berechnen, werden zunächst einmal die partiellen Ableitungen bestimmt.

$$\frac{\partial w}{\partial x} = 1 \qquad \frac{\partial w}{\partial y} = 2y \qquad \frac{\partial w}{\partial z} = 3z^2$$

Damit erhält man

$$\frac{\partial}{\partial \vec{e}} w(1,2,3) = 1 \cdot 0 + 4 \cdot \frac{\sqrt{2}}{2} + 27 \cdot \frac{\sqrt{2}}{2} = \frac{31}{2}\sqrt{2}.$$

Eine sehr nützliche Größe, die aus den partiellen Ableitungen einer Funktion hervorgeht, ist der **Gradient**.

Ist eine Funktion $f(x_1,x_2,\ldots,x_n)$ in einer Umgebung des Punktes $\xi = (\xi_1,\xi_2,\ldots,\xi_n)$ definiert und sind alle partiellen Ableitungen $f_{x_1}(x_1,x_2,\ldots,x_n)$ bis $f_{x_n}(x_1,x_2,\ldots,x_n)$ in ξ stetig, so gibt es in ξ genau einen Vektor, der die partiellen Ableitungen als Koordinaten hat. Dieser Vek-

Gradient

Gradient der Funktion $f(x_1, x_2, ..., x_n)$ an der Stelle $\xi = (\xi_1, \xi_2, ..., \xi_n)$:

$$\operatorname{grad} f(\xi) = \begin{pmatrix} \dfrac{\partial}{\partial x_1} f(\xi) \\ \dfrac{\partial}{\partial x_2} f(\xi) \\ \vdots \\ \dfrac{\partial}{\partial x_n} f(\xi) \end{pmatrix}$$

tor heißt **Gradient** von $f(x_1, x_2, ..., x_n)$ in ξ und wird mit $\operatorname{grad} f(\xi)$ oder $\nabla f(\xi)$ bezeichnet.

Mit Hilfe des Gradienten kann die Richtungsableitung einer Funktion durch ein Skalarprodukt geschrieben werden.

$$\frac{\partial}{\partial \vec{e}} f(\xi) = \operatorname{grad} f(\xi) \cdot \vec{e}$$

Auch das totale Differential kann man durch den Gradienten ausdrücken. Ist eine Funktion $f(x_1, x_2, ..., x_n)$ in dem Punkt $\xi = (\xi_1, \xi_2, ..., \xi_n)$ total differenzierbar mit dem totalen Differential

$$df(\xi) = \sum_{i=1}^{n} \frac{\partial}{\partial x_i} f(\xi) \cdot dx_i$$

in ξ, und bildet man aus den Differentialen der unabhängigen Variablen den Vektor

$$\vec{dr} = \begin{pmatrix} dx_1 \\ dx_2 \\ \vdots \\ dx_n \end{pmatrix},$$

so kann man das totale Differential als Skalarprodukt schreiben.

$$df(\xi) = \operatorname{grad} f(\xi) \cdot \vec{dr}$$

Schließen im Punkt ξ der Vektor $f(\xi)$ und ein beliebiger Einheitsvektor $\vec{e}$ einen Winkel φ ein, so gilt

$$\frac{\partial}{\partial \vec{e}} f(\xi) = \operatorname{grad} f(\xi) \cdot \vec{e} = \left| \operatorname{grad} f(\xi) \right| \cdot \cos \varphi \,.$$

Bei $\varphi = 0$ wird dieser Ausdruck am größten. Das bedeutet, der Gradient einer Funktion gibt die Richtung an, in die sich eine Funktion vom Punkt ξ aus am stärksten ändert.
Ist beispielsweise die Temperatur $T(x, y, z)$ in einem Raum als Funktion seiner Ortskoordinaten x, y und z gegeben, so besagt der Gradient $\operatorname{grad} T(x_0, y_0, z_0)$, in welcher Richtung das Temperaturgefälle am Punkt (x_0, y_0, z_0) am größten ist.

Beispiel
Der Gradient der Funktion $z = 2x^2y^3$ am Punkt $(x_0, y_0) = (1,2)$ beträgt

$$\text{grad } z = \begin{pmatrix} 4x_0 y_0^3 \\ 6x_0^2 y_0^2 \end{pmatrix} = \begin{pmatrix} 32 \\ 24 \end{pmatrix}.$$

16.15 Relative Extrema von Funktionen mit mehreren Variablen

Auch der Begriff des Extremums von den Funktionen mit einer Variablen lässt sich problemlos auf Funktionen mit mehreren Variablen erweitern.
Eine Funktion $f(x_1, x_2, ..., x_n)$ hat im Punkt $\xi = (\xi_1, \xi_2, ..., \xi_n)$ ein relatives Maximum bzw. Minimum von $f(\xi_1, \xi_2, ..., \xi_n)$, wenn es eine Umgebung von ξ gibt, so dass für alle $(x_1, x_2, ..., x_n)$ dieser Umgebung gilt $f(x_1, x_2, ..., x_n) < f(\xi_1, \xi_2, ..., \xi_n)$ bzw. $f(x_1, x_2, ..., x_n) > f(\xi_1, \xi_2, ..., \xi_n)$.

Das absolute Maximum einer Funktion $f(x_1, x_2, ..., x_n)$ in einem abgeschlossenen Bereich ist der größte Funktionswert, den die Funktion in diesem Bereich annimmt. Entsprechend ist das absolute Minimum der kleinste Funktionswert, den die Funktion in diesem Bereich annimmt.

Entsprechend dem Kriterium bei Funktionen einer Variablen ist ein notwendiges Kriterium dafür, dass an der Stelle $\xi = (\xi_1, \xi_2, ..., \xi_n)$ einer in ξ differenzierbaren Funktion $f(x_1, x_2, ..., x_n)$ ein Extremum liegt, dass alle partiellen Ableitungen an dieser Stelle 0 sind. Dass dieses Kriterium noch nicht hinreichend ist, sieht man beispielsweise an der Funktion $z = x^2 - y^2$. Im Punkt $(0, 0)$ sind die partiellen Ableitungen $z_x = 2x$ und $z_y - 2y$ beide 0. Dennoch liegt kein Extremum vor, sondern ein **Sattelpunkt** (→ Abb. 185).

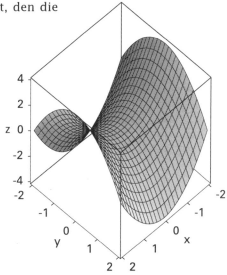

Abb. 185: Bild der Funktion $z = x^2 - y^2$ mit einem Sattelpunkt an der Stelle $(0; 0)$.

Für eine Funktion mit zwei Variablen gilt folgendes hinreichendes Kriterium:
Ist eine Funktion $f(x, y)$ in einer Umgebung von (x_0, y_0) zweimal stetig differenzierbar und gilt $f_x(x_0,y_0) = f_y(x_0,y_0) = 0$ und $f_{xx}(x_0 y_0) \cdot f_{yy}(x_0 y_0) - f_{xy}^2(x_0 y_0) > 0$, dann ist $f(x_0,y_0)$ ein relatives Minimum, falls $f_{xx} > 0$ ist und ein relatives Maximum, falls $f_{xx} < 0$ ist.

Beispiel
Die Funktion $z = x^2 + y^2$ ist für alle $(x,y) \in \mathbb{R}^2$ beliebig oft stetig differenzierbar. Die ersten und zweiten partiellen Ableitungen sind:

$$z_x = 2x \qquad z_y = 2y$$
$$z_{xx} = 2 \qquad z_{yy} = 2 \qquad z_{xy} = 0$$

Für den Punkt $(x_0,y_0)=(0,0)$ ist $z_x = z_y = 0$ und $z_{xx} \cdot z_{yy} - z_{xy}^2 = 4 > 0$ und $z_{xx} = 2 > 0$. Also hat die Funktion am Punkt $(0; 0)$ ein relatives Minimum ($\rightarrow$ Abb. 186).

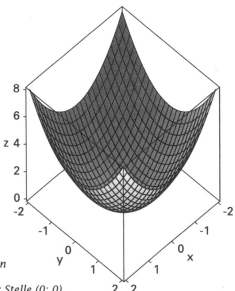

Abb. 186: Bild der Funktion $z = x^2 + y^2$ mit einem relativen Minimum an der Stelle $(0; 0)$.

17 Integralrechnung

Die Integralrechnung hat zwei verschiedene Ursprünge, die zwei völlig unterschiedlichen Aufgaben entsprechen. Zum einen wurde sie als Methode geschaffen, um den Inhalt von Flächen oder Körpern zu berechnen, die von gekrümmten Linien bzw. gekrümmten Flächen begrenzt werden. Zum anderen wurde sie als Umkehrfunktion zur Ableitungsfunktion entwickelt. Dass diese beiden so unterschiedlichen Aufgaben zur selben Integralrechnung führen, mag überraschend sein.

17.1 Stammfunktion

Eine der beiden Grundaufgaben der Integralrechnung ist, zu untersuchen, ob es zu einer Funktion $f(x)$, die in einem Intervall $[a, b]$ der reellen Zahlen definiert ist, eine Funktion $F(x)$ gibt, deren Ableitung in $]a, b[$ gerade $f(x)$ ist.

Jede differenzierbare Funktion $F(x)$, deren Ableitung $F'(x)$ für jedes x aus $[a, b]$ gleich $f(x)$ ist, heißt **Stammfunktion** von $f(x)$. Sind $F_1(x)$ und $F_2(x)$ zwei Stammfunktionen von $f(x)$, dann gilt $F_1'(x) = f(x)$ und $F_2'(x) = f(x)$ oder $F_1'(x) - F_2'(x) = 0$. Daraus folgt nach dem Mittelwertsatz der Differentialrechnung (s. Kap. 16.1), dass $F_1(x) - F_2(x) = c$ eine Konstante sein muss. Somit können sich zwei Stammfunktionen einer Funktion $f(x)$ nur um eine additive Konstante unterscheiden. Das heißt, wenn $F(x)$ eine Stammfunktion von $f(x)$ ist, dann ist es auch $F(x) + c$, wobei c jeden beliebigen Wert haben darf.

In einer graphischen Darstellung unterscheiden sich die einzelnen Stammfunktionen nur durch eine Parallelverschiebung entlang der y-Achse (→ Abb. 187).

Eine Funktion $f(x)$ heißt in einem Intervall $[a, b]$ integrierbar, wenn es eine Stammfunktion von $f(x)$ gibt. Eine Stammfunktion einer integrierbaren Funktion wird auch als **unbestimmtes Integral** von $f(x)$ bezeichnet und mit $\int f(x)dx$ geschrieben. (Lies: Integral von f von x dx) Das Bestimmen einer Stammfunktion nennt man **Integrieren**, und die Funktion $f(x)$, die integriert wird, bezeichnet man als **Integrand**. Der Buchstabe x wird **Integrationsvariable** genannt.

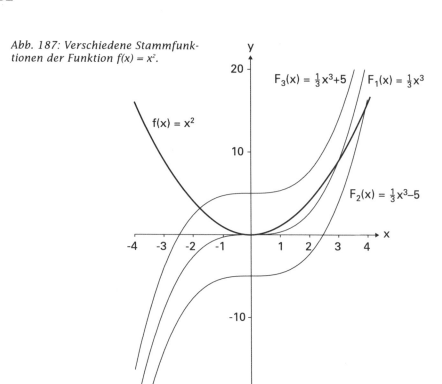

Abb. 187: Verschiedene Stammfunktionen der Funktion $f(x) = x^2$.

Das unbestimmte Integral ist nur bis auf eine additive Konstante c bestimmt. Setzt man voraus, dass die Stammfunktion an der Stelle $x_0 \in [a, b]$ den Wert y_0 hat, so erhält man eine eindeutige Funktion. Die Stammfunktion, die in x_0 den Wert 0 hat, schreibt man als

$$\int_{x_0}^{x} f(t)\,dt \,.$$

Dabei nennt man die Größe, die am unteren Ende des Integralzeichens steht, untere Grenze, die am oberen Ende obere Grenze. Grenzen und Integrationsvariable haben eine unterschiedliche Bedeutung und sollten deshalb nicht mit dem gleichen Symbol bezeichnet werden. Darum ist hier die Integrationsvariable von x in t umbenannt worden.

Ist $F(x)$ eine beliebige Stammfunktion, dann gilt

$$\int_{x_0}^{x} f(t)\,dt = F(x) - F(x_0) \,.$$

Eine Stammfunktionendifferenz wird häufig mit $F(x_2) - F(x_1) = [F(x)]_{x_1}^{x_2}$ abgekürzt.
Ein Integral mit vorgegebener unterer und oberer Grenze heißt **bestimmtes Integral**.

> **Stammfunktion oder unbestimmtes Integral von $f(x)$**
>
> $$F(x) = \int f(x)\,dx$$

17.2 Grundintegrale

Integrierbare Funktionen $f(x)$, deren Stammfunktionen durch elementare Funktionen, wie beispielsweise x^n, e^x oder $\cos x$ dargestellt werden können, heißen **elementar integrierbar**.
In der folgenden Tabelle sind die Stammfunktionen der wichtigsten elementaren Funktionen aufgelistet. Ihre Richtigkeit kann man durch Ableiten leicht überprüfen.

> **Stammfunktionen oder unbestimmtes Integral von $f(x)$**
>
> $\int x^a \, dx = \dfrac{x^{a+1}}{a+1} + c \qquad x > 0,\; a \in \mathbb{R} \setminus \{-1\}$
>
> $\int x^n \, dx = \dfrac{x^{n+1}}{n+1} + c \qquad x \in \mathbb{R},\; n \in \mathbb{N}$
>
> $\int \dfrac{1}{x^n} \, dx = \dfrac{1}{(1-n)x^{n-1}} + c \qquad x \ne 0,\; n = 2, 3, 4, \dots$
>
> $\int \dfrac{1}{x} \, dx = \ln|x| + c$
>
> $\int \dfrac{1}{1+x^2} \, dx = \arctan x + c$
>
> $\int a^x \, dx = \dfrac{a^x}{\ln a} + c \qquad a > 0,\; a \ne 1$
>
> $\int \ln x \, dx = x \ln x - x + c \qquad x > 0$
>
> $\int \sin x \, dx = -\cos x + c$
>
> $\int \cos x \, dx = \sin x + c$
>
> $\int \sinh x \, dx = \cosh x + c$
>
> $\int \cosh x \, dx = \sinh x + c$

17.3 Integrationsregeln

Den Beweis der folgenden Regel erhält man direkt durch Ableiten der beiden Seiten der Gleichung.

> **Linearkombinationsregel**
> Sind die beiden Funktionen $u(x)$ und $v(x)$ integrierbar und a und b zwei Konstanten, dann ist auch $au(x) + bv(x)$ integrierbar und es gilt
> $$\int (au(x)+bv(x))\,dx = a\int u(x)\,dx + b\int v(x)\,dx$$

Beispiele

1. $\int \left(2x^2 - 5x\right)dx = \frac{2}{3}x^3 - \frac{5}{2}x^2 + c$

2. $\int \left(2e^x + 3\sin x\right)dx = 2e^x - 3\cos x + c$

Für das Ableiten eines Produktes aus zwei Funktionen gibt es eine einfache allgemeine Regel. Für das Integrieren ist dies leider nicht der Fall. Allerdings gibt es ein Verfahren, mit dem man das Integral eines Produktes aus zwei Funktionen in eine andere Form bringen kann, die manchmal leichter zu integrieren ist.

Sind $u(x)$ und $v(x)$ zwei in dem Intervall $]a, b[$ differenzierbare Funktionen, dann gilt nach der Produktregel der Differentialrechnung

$$(u(x) \cdot v(x))' = u'(x) \cdot v(x) + u(x) \cdot v'(x).$$

Ist $u(x) \cdot v'(x)$ integrierbar, so folgt hieraus:

$$\int (u(x) \cdot v(x))'\,dx = \int u'(x) \cdot v(x)\,dx + \int u(x) \cdot v'(x)\,dx$$

$$\int u(x) \cdot v'(x)\,dx = u(x) \cdot v(x) - \int u'(x) \cdot v(x)\,dx$$

> **Partielle Integration**
> $$\int u(x) \cdot v'(x)\,dx = u(x) \cdot v(x) - \int u'(x) \cdot v(x)\,dx$$

Somit ist auch $u'(x) \cdot v(x)$ integrierbar. Dieses Verfahren wird als **partielle Integration** bezeichnet. Manchmal, allerdings lange nicht immer, kann man hiermit Produkte von Funktionen integrieren.

Beispiele

1. Um das Integral $\int x \sin x\,dx$ zu lösen, setzt man $u(x) = x$ und $v'(x) = \sin x$. Durch Ableiten von $u(x)$ und Integrieren von $v'(x)$ erhält man $u'(x) = 1$ und $v(x) = -\cos x$. Folglich gilt

$$\int x \sin x\,dx = -x\cos x - \int (-\cos x)\,dx$$

$$\int x\sin x\,dx = -x\cos x + \int \cos x\,dx.$$

Das Integral auf der rechten Seite der Gleichung ist in der obigen Tabelle zu finden. Somit ist

$$\int x\sin x\,dx = -x\cos x + \sin x + c.$$

2. Auch um das Integral $\int xe^x dx$ zu lösen, wird die partielle Integration angewandt. Mit $u(x) = x$ und $v'(x) = e^x$ erhält man $u'(x) = 1$ und $v(x) = e^x$. Daraus ergibt sich

$$\int xe^x\,dx = xe^x - \int e^x\,dx = xe^x - e^x + c = (x-1)e^x + c.$$

3. Manchmal kann man sich mit einer partiellen Integration auch Integrale lösen, die auf den ersten Blick nicht wie ein Produkt aus zwei Funktionen aussehen. Für das Integral $\int \ln x\,dx$ schreibt man $\int 1 \cdot \ln x\,dx$. Mit $u(x) = \ln x$ und $v'(x) = 1$ erhält man $u'(x) = 1/x$ und $v(x) = x$. Einsetzen ergibt nun

$$\int \ln x\,dx = x\ln x - \int x \cdot \frac{1}{x}\,dx = x\ln x - \int 1\,dx = x\ln x - x + c.$$

Manchmal lässt sich ein Integral nicht durch einmalige Anwendung der partiellen Integration lösen, wohl aber durch mehrfache. Ein Beispiel ist das Integral $\int x^n e^x dx$. Durch einmaliges Anwenden mit $u(x) = x^n$ und $v'(x) = e^x$ wird daraus

$$\int x^n e^x\,dx = x^n e^x - n\int x^{n-1} e^x\,dx.$$

Man hat also eine Rekursionsformel gefunden, die durch n-maliges Anwenden schließlich zur Lösung führt.

Beispiel
Aus dem Integral $\int x^2 e^x dx$ wird nach dem ersten Anwenden der partiellen Integration

$$\int x^2 e^x\,dx = x^2 e^x - 2\int xe^x\,dx$$

und nach dem zweiten

$$\int x^2 e^x\,dx = x^2 e^x - 2\left(xe^x - \int e^x\,dx\right)$$

$$\int x^2 e^x \, dx = x^2 e^x - 2(xe^x - e^x + c)$$

$$= (x^2 - 2x + 2)e^x + C$$

Dabei ist $C = -2c$ gesetzt worden.

17.4 Substitutionsregeln

Nach der Kettenregel der Differentialrechnung hat die mittelbare Funktion $F(g(x))$ die Ableitung $[F(g(x))]' = F'(g(x)) \cdot g'(x)$, vorausgesetzt, dass $F(x)$ und $g(x)$ differenzierbar sind. Integriert man diese Gleichung, so wird daraus $F(g(x)) = \int F'(g(x))g'(x)dx$. Falls nun $F(x)$ die Stammfunktion von $f(x)$ ist, bei der $F(g(x_0)) = 0$ ist, so gilt

$$F(g(x)) = \int_{g(x_0)}^{g(x)} f(t)dt \text{ und } F'(s) = f(s).$$

1. Substitutionsregel

$$\int_{x_0}^{x} f(g(s))g'(s)\,ds = \int_{g(x_0)}^{g(x)} f(t)\,dt$$

2. Substitutionsregel

$$\int_{\overline{g}(x_0)}^{\overline{g}(x)} f(g(s))g'(s)\,ds = \int_{x_0}^{x} f(t)\,dt$$

Dabei ist $\overline{g}(x)$ die Umkehrfunktion von $g(s)$.

Daraus erhält man eine Substitutionsregel (→ Kasten)

Ist die Ableitung $g'(x) \neq 0$ gültig für alle x des Definitionsbereichs, so existiert die Umkehrfunktion $\overline{g}(z)$ von $g(x)$.

Somit gilt $g(x) = g(\overline{g}(z)) = z$ und $g(x_0) = g(\overline{g}(z_0)) = z_0$. Damit erhält man eine zweite Substitutionsregel (→ Kasten).

Im Prinzip sind beide Substitutionsregeln gleich. Sie haben sogar die gleichen Grenzen, nur sind diese anders bezeichnet. Kennt man eine Stammfunktion von $f(x)$, so braucht man zur Berechnung der Stammfunktion von $f(g(s))g'(s)$ nur $g(s) = t$ zu substituieren und das Argument der Stammfunktion von $f(x)$ durch die Funktion $t = g(s)$ zu ersetzen. Dadurch kann man auch das unbestimmte Integral von $f(x)$ umformen, und man erhält zwei weitere Substitutionsregeln.

Beispiele

1. Bei dem Integral $\int xe^{x^2} dx$ kann man den Exponenten $g(x) = x^2$ als

innere Funktion auffassen, die dann die Ableitung $g'(x) = 2x$ hat. Die äußere Funktion ist somit $f(g(x)) = e^{g(x)}$. Formt man das Integral zu $\frac{1}{2}\int 2xe^{x^2}\,dx$, lässt sich die Substitution $t = x^2$ vornehmen und man erhält

Substitutionsregeln

$$\int f(g(x))g'(x)\,dx = \int f(t)\,dt \quad \text{mit} \quad t = g(x)$$

$$\int f(g(s))g'(s)\,ds = \int f(x)\,dx \quad \text{mit} \quad s = \overline{g}(x)$$

$$\frac{1}{2}\int 2xe^{x^2}\,dx = \frac{1}{2}\int e^t\,dt = \frac{1}{2}e^t + c.$$

Nun muss die Substitution noch wieder rückgängig gemacht werden.

$$\frac{1}{2}\int 2xe^{x^2}\,dx = \frac{1}{2}e^{x^2} + c$$

2. Bei dem Integral $\int [1/(x+a)]\,dx$ mit $x \neq -a$ kann man den Nenner $g(x) = x + a$ als innere Funktion auffassen, die dann die Ableitung $g'(x) = 1$ hat. Die äußere Funktion ist folglich $f(g(x)) = 1/g(x)$. Mit der Substitution $t = x + a$ ergibt sich

$$\int \frac{1}{x+a}\,dx = \int \frac{1}{t}\,dt = \ln|t| + c = \ln|x+a| + c.$$

3. Bei dem Integral $\int (x+a)^n\,dx$ mit $n \in \mathbb{N}$ ist $g(x) = x + a$ die innere Funktion mit der Ableitung $g'(x) = 1$ und $f(g(x)) = (g(x))^n$ die äußere Funktion. Mit der Substitution $t = x + a$ erhält man

$$\int (x+a)^n\,dx = \int t^n\,dt = \frac{t^{n+1}}{n+1} + c = \frac{(x+a)^{n+1}}{n+1} + c.$$

4. Mit Hilfe der Substitutionsregeln kann man auch die Tangensfunktion $\tan x$ integrieren. Sie wird dazu zunächst einmal durch den Bruch $\sin x/\cos x$ ersetzt.

$$\int \tan x\,dx = \int \frac{\sin x}{\cos x}\,dx = -\int \frac{-\sin x}{\cos x}\,dx$$

Als innere Funktion wird hier $g(x) = \cos x$ betrachtet. Ihre Ableitung ist $g'(x) = -\sin x$. Die äußere Funktion ist $f(g(x)) = 1/g(x)$. Mit der Substitution $t = \cos x$ bekommt man

$$\int \tan x\,dx = -\int \frac{-\sin x}{\cos x}\,dx = -\int \frac{1}{t}\,dt = -\ln|t| + c = -\ln|\cos x| + c.$$

17.5 Integrale ganz- und gebrochenrationaler Funktionen

Da jede Potenzfunktion $f(x) = x^n$ mit $n \in \mathbb{N}$ elementar integrierbar ist, ist auch aufgrund der Linearkombinationsregel jede beliebige ganzrationale Funktion $f(x) = a_n x^n + a_{n-1} x^{n-1} + \ldots + a_0$ elementar integrierbar. Aber auch alle gebrochenrationalen Funktionen $f(x) = p(x)/q(x)$ sind elementar integrierbar, denn sie lassen sich immer in eine Summe von Partialbrüchen zerlegen, deren einzelne Summanden nur die Formen

$$\frac{A}{x-x_0}, \quad \frac{A}{(x-x_0)^n}, \quad \frac{Ax+B}{x^2+ax+b}, \quad \frac{Ax+B}{(x^2+ax+b)^n}$$

mit $n = 2, 3, 4, \ldots$, $a^2 < 4b$ und $A \neq 0$ annehmen. Die ersten drei Terme können mit der Substitutionsregel leicht integriert werden, und man erhält:

$$\int \frac{A}{x-x_0}\,dx = A\ln|x-x_0| + c$$

$$\int \frac{A}{(x-x_0)^n}\,dx = -\frac{A}{(n-1)(x-x_0)^{n-1}} + c$$

$$\int \frac{Ax+B}{x^2+ax+b}\,dx = \frac{A\ln|x^2+ax+b|}{2} + \frac{2B-Aa}{\sqrt{4b-a^2}}\arctan\frac{2x+a}{\sqrt{4b-a^2}} + c$$

Das Integral des vierten Terms lässt sich nur auf eine Rekursionsformel zurückführen.

$$\int \frac{Ax+B}{(x^2+ax+b)^n}\,dx = \frac{-A}{2(n-1)(x^2+ax+b)^{n-1}} + \left(B - \frac{Aa}{2}\right)\int \frac{1}{(x^2+ax+b)^n}\,dx$$

$$\int \frac{1}{(x^2+ax+b)^n}\,dx = \frac{2x+a}{(n-1)(4b-a^2)(x^2+ax+b)^{n-1}} +$$

$$+ \frac{2(2n-3)}{(n-1)(4b-a^2)}\int \frac{1}{(x^2+ax+b)^{n-1}}\,dx$$

Damit ist bewiesen, dass jede gebrochenrationale Funktion integrierbar ist.

Beispiel
Es soll folgendes Integral gelöst werden:

$$\int \frac{6x^2 - x + 1}{x^3 - x} \, dx$$

Da $x^3 - x = x(x - 1)(x + 1)$ ist, hat die Partialbruchzerlegung die Form

$$\frac{6x^2 - x + 1}{x^3 - x} = \frac{A}{x} + \frac{B}{x-1} + \frac{C}{x+1}.$$

Die Brüche werden mit dem Hauptnenner $x^3 - x = x(x - 1)(x + 1)$ multipliziert und anschließend gekürzt.

$$6x^2 - x + 1 = A(x - 1)(x + 1) + Bx(x + 1) + Cx(x - 1)$$
$$6x^2 - x + 1 = (A + B + C)x^2 + (B - C)x - A$$

Der Koeffizientenvergleich liefert das folgende lineare Gleichungssystem:

$$A + B + C = 6$$
$$B - C = -1$$
$$-A = 1$$

Es hat die Lösung $A = -1$, $B = 3$ und $C = 4$. Daraus ergibt sich für die Partialbruchzerlegung

$$\frac{6x^2 - x + 1}{x^3 - x} = -\frac{1}{x} + \frac{3}{x-1} + \frac{4}{x+1}$$

und für das Integral

$$\int \frac{6x^2 - x + 1}{x^3 - x} \, dx = \int \left(-\frac{1}{x} + \frac{3}{x-1} + \frac{4}{x+1} \right) dx$$

$$= \int \frac{1}{x} \, dx + 3 \int \frac{1}{x-1} \, dx + 4 \int \frac{1}{x+1} \, dx$$

$$= -\ln|x| + 3\ln|x - 1| + 4\ln|x + 1| + c.$$

17.6 Integrale allgemeiner Funktionen

Im Kapitel 17.7 wird gezeigt werden, dass jede in einem abgeschlossenen Intervall stetige Funktion integrierbar ist. Dennoch gibt es nur relativ wenige Funktionenklassen, die elementar integrierbar sind. Man findet sie in den Integraltafeln von Formelsammlungen aufgelistet. Die meisten integrierbaren Funktionen sind jedoch nicht elementar integrierbar. Schon Integrale von so einfacher Gestalt wie

$$\int \frac{\sin x}{x}\,dx, \quad \int \frac{\cos x}{x}\,dx, \quad \int \frac{e^x}{x}\,dx, \quad \int \sqrt{x^3+1}\,dx$$

sind **nicht** durch elementare Funktionen darstellbar. Dies ist der große Unterschied zur Differentialrechnung, bei der sich mit Hilfe einiger weniger Regeln die Ableitung jeder differenzierbaren Funktion auch tatsächlich durch elementare Funktionen darstellen lässt.

17.7 Das bestimmte Integral

Das zweite Grundproblem, das zur Entwicklung der Integralrechnung geführt hat, ist die Berechnung von Inhalten von Flächen oder Körpern, die von gekrümmten Linien oder Flächen begrenzt sind.

Ist $f(x)$ eine in einem geschlossenen Intervall $I = [a, b]$ beschränkte, positive Funktion, so wird die Fläche, die von der Abszisse in dem Intervall I, der Funktionskurve, und den beiden Geraden $x = a$ und $x = b$ begrenzt wird, mit F_a^b bezeichnet ($\rightarrow$ Abb. 188).

Um den Inhalt von F_a^b zu berechnen, wird die Funktion $f(x)$ in dem Intervall durch einen inneren und einen äußeren treppenartigen Polygonzug genähert ($\rightarrow$ Abb. 189).

Dazu wählt man $n + 1$ Zahlen aus dem Intervall I mit der Eigenschaft $a = x_0 < x_1 < x_2 < ... < x_{n-1} < x_n = b$. Damit erhält man eine Zerlegung des Intervalls I in n Teilintervalle I_1 bis I_n der Form $I_i = [x_{i-1}, x_i]$. Sie haben die Breiten $\Delta x_i = x_i - x_{i-1}$. Die zur Ordinate parallelen Geraden $y = x_i$ zerlegen die Fläche F_a^b in n Streifen S_1 bis S_n. Jeden dieser Streifen wiederum kann man durch zwei Rechtecke $\overline{R}_i$ und $\underline{R}_i$ nä-

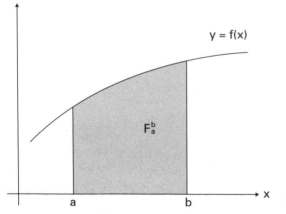

Abb. 188: Fläche F_a^b, die von der Funktion $f(x)$, der Abszisse und den beiden Geraden $x = a$ und $x = b$ begrenzt wird.

hern. Dabei ist $\overline{R}_i$ das kleinste Rechteck, das den Streifen S_i vollständig enthält und $\underline{R}_i$ das größte Rechteck, das vollständig in dem Streifen S_i enthalten ist. Auch die Flächeninhalte der entsprechenden Rechtecke werden mit $\overline{R}_i$ und $\underline{R}_i$ bezeichnet.

Die Rechtecke $\overline{R}_i$ und $\underline{R}_i$ haben die Breite Δx_i und die Höhen $\overline{y}_i$ bzw. $\underline{y}_i$.

$$\overline{y}_i = \sup_{x \in I_i} f(x), \quad \underline{y}_i = \inf_{x \in I_i} f(x)$$

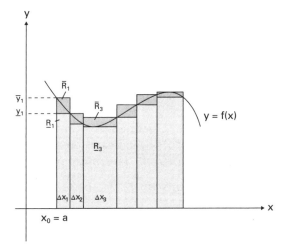

Abb. 189: Näherung einer Funktion f(x) durch ein äußeres und ein inneres Treppenpolygon.

Summiert man alle $\overline{R}_i$ und alle $\underline{R}_i$ auf, erhält man die Fläche unterhalb des äußeren bzw. inneren Treppenpolygons.

$$\overline{F}^Z = \sum_{i=1}^n \overline{R}_i = \sum_{i=1}^n \overline{y}_i \Delta x_i$$

$$\underline{F}^Z = \sum_{i=1}^n \underline{R}_i = \sum_{i=1}^n \underline{y}_i \Delta x_i$$

Dabei werden $\overline{F}^Z$ und $\underline{F}^Z$ als Ober- bzw. Untersumme von f(x) bezüglich einer Zerlegung Z des Intervalls I bezeichnet. Ist ξ ein beliebiger Punkt des Intervalls I_i und

$$R^Z = \sum_{i=1}^n f(\xi_i),$$

so muss $\underline{y}_i \leq f(\xi) \leq \overline{y}_i$ sein und folglich auch $\underline{F}^Z \leq R^Z \leq \overline{F}^Z$. Die Summe R^Z wird nach dem Mathematiker Bernhard Riemann (1826–1866) **Riemannsche Summe** genannt.

$$\underline{F}^Z \leq \sum_{i=1}^n f(\xi_i) \leq \overline{F}^Z.$$

Zerlegt man jedes Teilintervall I_i wiederum in Teilintervalle, erhält man eine neue Zerlegung Z' von I, die man als **Verfeinerung** von Z bezeichnet. Auch die Verfeinerung kann man wieder verfeinern. Die Treppenpolygone werden dadurch immer feingliedriger und die Untersumme und Obersumme nähern sich immer weiter an. Dabei wachsen die Untersummen monoton an, und die Obersummen fallen monoton. Es gilt folglich $\underline{F}^Z \leq \underline{F}^{Z'} \leq \overline{F}^{Z'} \leq \overline{F}^Z$. Die Mengen $\{\underline{F}^Z\}$ und $\{\overline{F}^Z\}$ aller Unter- bzw. aller Obersummen aller Zerlegungen im Intervall I sind beschränkt. Folglich existieren ihr Supremum und ihr Infimum. Das Supremum von $\{\underline{F}^Z\}$ wird **unteres Integral** $\underline{F}$ von $f(x)$ in I genannt und das Infimum von $\{\overline{F}^Z\}$ **oberes Integral** $\overline{F}$. Um $\underline{F}$ und $\overline{F}$ zu bestimmen, wird eine Folge $\{Z_j\}$ von Zerlegungen des Intervalls I betrachtet. Besteht die Zerlegung Z_j aus n_j Teilintervallen $I_1^j, I_2^j, \ldots, I_{n_j}^j$ mit den Breiten Δx_1^j bis $\Delta x_{n_j}^j$, so wird die Folge als **ausgezeichnete Folge** bezeichnet, falls

$$\lim_{j \to \infty}\left(\max_{1 \leq i \leq n_j} \Delta x_i^j\right) = 0$$

gilt. Dann ist auch für alle i

$$\lim_{j \to \infty} \Delta x_i^j = 0.$$

Sind $\underline{F}^{Z_j}$ und $\overline{F}^{Z_j}$ die Unter- und die Obersumme bezüglich der Zerlegung Z_j, dann gilt für eine in I beschränkte Funktion $f(x)$ immer

$$\underline{F} = \lim_{j \to \infty} \underline{F}^{Z_j} \text{ und } \overline{F} = \lim_{j \to \infty} \overline{F}^{Z_j}.$$

Außerdem folgt daraus, dass $\underline{F} \leq \overline{F}$ ist. Ist ξ_i^j ein beliebiger Punkt aus I_i^j und ist R^{Z_j} die Riemannsche Summe bezüglich der Zerlegung Z_j, dann muss $\underline{F}^{Z_j} \leq R^{Z_j} \leq \overline{F}^{Z_j}$ sein.

Eine in dem Intervall $I = [a, b]$ beschränkte Funktion $f(x)$ heißt in dem Intervall riemann-integrierbar, falls das untere und das obere Integral von $f(x)$ in I gleich sind. Der gemeinsame Grenzwert heißt **bestimmtes Riemann-Integral** oder **bestimmtes Integral** von $f(x)$ über I und wird als

$$F_a^b = \int_a^b f(x)\,dx$$

geschrieben.

Die Herleitung legt es nahe, das bestimmte Integral der Funktion $f(x)$ in dem Intervall $I = [a, b]$ als Inhalt der Fläche F_a^b zu definieren. Die ursprünglich gemachte Voraussetzung, dass

Riemann-Integral oder bestimmtes Ingegral von $f(x)$ in den Grenzen von a bis b

$$\lim_{j \to \infty} \underline{F}^{Z_j} = \lim_{j \to \infty} \overline{F}^{Z_j} = \lim_{j \to \infty} R^{Z_j} = F_a^b = \int_a^b f(x)\,dx$$

die Funktion in dem Intervall positiv sein muss, ist nicht notwendig, denn sie wurde bei der Definition des bestimmten Integrals nicht benutzt. Ist die Funktion $f(x)$ in dem Intervall negativ, so sind auch $\underline{F}^Z$, $\overline{F}^Z$ und R^Z negativ und damit auch der Wert des bestimmten Integrals F_a^b. Das bedeutet, der Flächeninhalt zwischen der Abszisse und der Kurve im Intervall $[a, b]$ einer negativen Funktion beträgt $-F_a^b$. Schneidet die Funktion in dem betrachteten Intervall die x-Achse mehrfach, so ist das bestimmte Integral die Differenz zwischen den Flächen oberhalb der x-Achse und denen unterhalb der x-Achse.

Beispiel
Bei der Funktion $f(x) = \cos x$ sind die bestimmten Integrale in den Intervallen von 0 bis $\pi/2$ und von $\pi/2$ bis π bis auf das Vorzeichen gleich (→ Abb. 190).

$$\int_0^{\pi/2} \cos x\,dx = -\int_{\pi/2}^{\pi} \cos x\,dx > 0$$

Jede in einem abgeschlossenen Intervall stetige Funktion ist dort auch integrierbar. Die Stetigkeit ist zwar eine hinreichende Voraussetzung, aber keineswegs eine notwendige. Sie darf auch endlich viele Sprungstellen haben. Man integriert dann einfach von Sprungstelle zu Sprungstelle und addiert die Ergebnisse auf.

Sind $f(x)$ und $g(x)$ zwei in dem Intervall $I = [a, b]$ integrierbare Funktionen, dann gilt für die Riemannschen Summen:

$$\sum_{i=1}^{n_j} \left(f(\xi_i^j) + g(\xi_i^j)\right)\Delta x_i^j = \sum_{i=1}^{n_j} f(\xi_i^j)\Delta x_i^j + \sum_{i=1}^{n_j} g(\xi_i^j)\Delta x_i^j$$

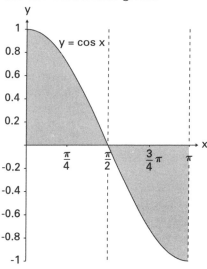

Abb. 190: Bestimmtes Integral der Funktion $y = \cos x$ in den Intervallen von 0 bis $\pi/2$ und von $\pi/2$ bis π.

Durch den Grenzübergang wird hieraus:

$$\int_a^b \bigl(f(x)+g(x)\bigr)\,dx = \int_a^b f(x)\,dx + \int_a^b g(x)\,dx$$

Auf die gleiche Weise lässt sich zeigen:

$$\int_a^b cf(x)\,dx = c\int_a^b f(x)\,dx$$

Bisher wurde vorausgesetzt, dass die untere Grenze kleiner ist als die obere. Diese Beschränkung wird nun durch folgende Definition aufgehoben.

$$\int_a^b f(x)\,dx = -\int_b^a f(x)\,dx$$

Ist ein Integral in einem Intervall [a, c] integrierbar, so folgt aus der Herleitung des Integralbegriffs, dass man dann das Intervall in zwei Teilintervalle [a, b] und [b, c] mit $a < b < c$ zerlegen kann, für die dann gilt:

$$\int_a^c f(x)\,dx = \int_a^b f(x)\,dx + \int_b^c f(x)\,dx$$

Eine Aufspaltung eines Intervalls in zwei oder mehrere Teilintervalle ist beispielsweise immer dann notwendig, wenn man die Fläche zwischen einer Kurve und der x-Achse berechnen will, und die Kurve die x-Achse schneidet. Man integriert in diesem Fall immer von einer Nullstelle zur nächsten und addiert die Beträge der Integrale auf. Ein anderer Fall sind die Sprungstellen. Über eine Sprungstelle kann man nicht hinwegintegrieren, wohl aber kann man bis zu einer Sprungstelle integrieren und dann ab der Sprungstelle das nächste Teilintegral berechnen.

Beispiel
Es soll die Fläche A zwischen der x-Achse und der Funktion $y = x^2 - 1$ in dem Intervall [0; 2] bestimmt werden. Die Funktion hat in dem Intervall bei $x_0 = 1$ eine Nullstelle. Im ersten Teilintervall ist die Funktion negativ und im zweiten positiv. Somit gilt für die Fläche A:

$$A = -\int_0^1 (x^2-1)dx + \int_1^2 (x^2-1)dx$$

$$A = -\left[\frac{x^3}{3}-x\right]_0^1 + \left[\frac{x^3}{3}-x\right]_1^2$$

$$A = -\left[\left(-\frac{2}{3}\right)-0\right] + \left[\frac{2}{3}-\left(-\frac{2}{3}\right)\right]$$

$$A = 2$$

Abb. 191: Fläche, die von der Funktion $y = x^2 - 1$, der Abszisse und den beiden Geraden $x = 0$ und $x = 2$ begrenzt wird.

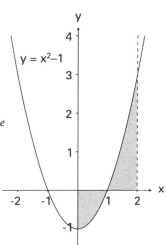

17.8 Mittelwertsatz der Integralrechnung

Ist eine Funktion $f(x)$ in einem Intervall $[a, b]$ stetig und sind m und M ihr Minimal- und ihr Maximalwert in diesem Intervall, so gilt für jedes x aus dem Intervall, dass $m \leq f(x) \leq M$ ist. Das Unterrechteck hat die Fläche $\underline{R} = m(b-a)$ und das Oberrechteck $\overline{R} = M(b-a)$. Damit gilt die Ungleichung

$$m(b-a) \leq \int_a^b f(x)dx \leq M(b-a).$$

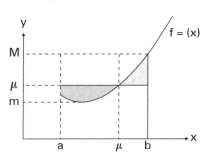

Abb. 192: Geometrische Veranschaulichung des Mittelwertsatzes der Integralrechnung.

Folglich gibt es eine Zahl μ, die zwischen m und M liegt, so dass in dem Intervall $[a, b]$ der Inhalt der Fläche zwischen der x-Achse und der Funktion gleich der Fläche des Rechtecks der Breite $b - a$ und der Höhe μ ist.

Mittelwertsatz der Integralrechnung
Es gibt ein $\xi \in \,]a,b[$, so dass gilt:

$$\int_a^b f(x)dx = (b-a)f(\xi).$$

$$\int_a^b f(x)\,dx = \mu(b-a).$$

Da die Funktion $f(x)$ stetig ist, gibt es mindestens eine Stelle ξ, deren Funktionswert $f(\xi) = \mu$ beträgt.

Für den Zwischenwert ξ kann man auch $\xi = a + \vartheta(b-a)$ mit $0 < \vartheta < 1$ schreiben. Damit lautet der Mittelwertsatz der Integralrechnung dann

$$\int_a^b f(x)\,dx = (b-a) \cdot f(a+\vartheta(b-a)).$$

17.9 Fundamentalsatz der Differential- und Integralrechnung

Ist eine Funktion $f(x)$ in einem Intervall $I = [a, b]$ stetig, dann ist sie in jedem Teilintervall $[a, x]$ mit $a \le x \le b$ integrierbar. Das bestimmte Integral

$$\int_a^x f(t)\,dt = \Phi(x).$$

ist eine Funktion $\Phi(x)$ der oberen Grenze. Nach dem Mittelwertsatz der Integralrechnung erhält man für den Differentialquotienten

$$\frac{\Phi(x+h) - \Phi(x)}{h} = \frac{1}{h}\int_x^{x+h} f(t)\,dt = f(x+\vartheta h).$$

Dabei ist $0 < \vartheta < 1$. Da $f(x)$ in dem Intervall I stetig ist, folgt für die Ableitung $\Phi'(x)$:

$$\Phi'(x) = \lim_{h \to 0} \frac{\Phi(x+h) - \Phi(x)}{h} = \lim_{h \to 0} f(x+\vartheta h) = f(x)$$

Ist also eine Funktion $f(x)$ in einem Intervall $I = [a, b]$ stetig, dann ist die Funktion

$$\Phi(x) = \int_a^x f(t)\,dt$$

für $x \in [a, b]$ differenzierbar und ihre Ableitung ist gleich dem Wert des Integranden an der oberen Grenze.

$$\Phi'(x) = \frac{d}{dx}\int_a^x f(t)\,dt = f(x)$$

$\Phi(x)$ ist somit eine Stammfunktion von $f(x)$.

Damit ist der Zusammenhang zwischen den beiden Grundaufgaben der Integralrechnung und zwischen dem unbestimmten und dem bestimmten Integral gefunden.

Zwei Stammfunktionen unterscheiden sich nur um eine additive Konstante. Die Funktion
$$\Phi(x) = \int_a^x f(t)\,dt$$
ist gerade die Stammfunktion von $f(x)$, die an der Stelle a den Wert 0 hat. Ist nun $F(x)$ eine beliebige Stammfunktion von $f(x)$, dann gibt es eine Konstante c, für die $F(x) = \Phi(x) + c$ gilt. Da $F(a) = \Phi(a) + c = c$ ist, muss
$$\int_a^x f(t)\,dt = \Phi(x) = F(x) - c = F(x) - F(a)$$
sein.

> **Fundamentalsatz der Differential- und Integralrechnung**
> Ist eine Funktion $f(x)$ in einem Intervall $[a, b]$ stetig und ist $\Phi(x)$ eine beliebige Stammfunktion von $f(x)$, dann gilt:
> $$\int_a^b f(x)\,dx = \Phi(b) - \Phi(a) = \left[\Phi(x)\right]_a^b$$

Das Riemannsche Integral oder bestimmte Integral, das der Grenzwert der Riemannschen Summe ist, ist für eine stetige Funktion $f(x)$ gleichwertig mit der Stammfunktion oder dem unbestimmten Integral. Das heißt, für stetige Funktionen sind die beiden verschiedenen Arten des Integrals äquivalent. Darum kann man auch zur Berechnung eines bestimmten Integrals die Stammfunktion benutzen und braucht nicht über die etwas sperrige Summendefinition zu gehen.

17.10 Uneigentliche Integrale

Es ist möglich, den Riemannschen Integralbegriff auf bestimmte Arten unbeschränkter Funktionen und unbeschränkter Intervalle zu erweitern.
Ist eine Funktion $f(x)$ in einem halboffenen Intervall $[a, b[$ stetig, aber unbeschränkt, so muss bei $x = b$ der Funktionswert entweder gegen gegen $+\infty$ oder $-\infty$ gehen. Für ein Riemannsches Integral ist aber die

Beschränktheit notwendig und somit das Integral von $f(x)$ in den Grenzen a und b nicht definiert. Allerdings ist das Integral in dem geschlossenen Intervall $[a, b - \varepsilon]$, für jedes beliebig kleine ε mit $0 < \varepsilon < b - a$ definiert. Existiert auch noch der Grenzwert

$$\lim_{\varepsilon \to 0} \int_a^{b-\varepsilon} f(x)\,dx,$$

dann wird er als das **uneigentliche Integral** der Funktion $f(x)$ in den Grenzen von a bis b bezeichnet und genauso mit

$$\int_a^b f(x)\,dx$$

dargestellt wie ein eigentliches Riemannsches Integral. Existiert der Grenzwert, so sagt man, das uneigentliche Integral ist **konvergent**. Ansonsten ist es divergent. Konvergiert sogar

$$\lim_{\varepsilon \to 0} \int_a^{b-\varepsilon} |f(x)|\,dx,$$

so nennt man das Integral **absolut konvergent**.
Alle entsprechenden Überlegungen gelten auch in dem linksseitig offenen Intervall $]a, b]$ mit einer Unendlichkeitsstelle bei $x = a$.

$$\int_a^b f(x)\,dx = \lim_{\varepsilon \to 0} \int_{a+\varepsilon}^b f(x)\,dx$$

Liegt die Unendlichkeitsstelle im Inneren des Intervalls $[a, b]$ bei $x = c$ mit $a < c < b$, so kann man das Integral in zwei Teilintegrale aufspalten.

$$\int_a^b f(x)\,dx = \lim_{\varepsilon \to 0} \int_a^{c-\varepsilon} f(x)\,dx + \lim_{\varepsilon \to 0} \int_{c+\varepsilon}^b f(x)\,dx$$

Konvergieren beide uneigentlichen Teilintegrale, so konvergiert auch das gesamte uneigentliche Integral.

Beispiel

$$\int_a^b \frac{M}{(b-x)^c}\,dx$$

Der Integrand des uneigentlichen Integrals mit $0 < c < 1$ hat bei $x = b$ eine Unendlichkeitsstelle. Dennoch konvergiert das uneigentliche Integral, denn es ist

$$\lim_{\varepsilon \to 0} \int_a^{b-\varepsilon} \frac{M}{(b-x)^c} dx = \lim_{\varepsilon \to 0} \frac{M}{c-1} \left[(b-x)^{1-c}\right]_a^{b-\varepsilon} = \frac{M}{1-c}(b-a)^{1-c} .$$

Gibt es für eine in [a, b[stetige Funktion f(x), die in x = b eine Unendlichkeitsstelle hat, eine Zahl c, mit $0 < c < 1$ und eine Schranke $M > 0$ mit

$$|f(x)| \leq \frac{M}{(b-x)^c}$$

für alle x des Intervalls, dann gilt nach dem obigen Beispiel

$$\int_a^b |f(x)| dx = \lim_{\varepsilon \to 0} \int_a^{b-\varepsilon} |f(x)| dx \leq \lim_{\varepsilon \to 0} \int_a^{b-\varepsilon} \frac{M}{(b-x)^c} dx = \frac{M}{c-1}(b-a)^{1-c} .$$

Daraus erhält man ein **Majorantenkriterium** für die Konvergenz eines uneigentlichen Integrals.

Majorantenkriterium
Hat eine in [a, b[stetige Funktion f(x) bei x = b eine Unendlichkeitsstelle, und gibt es eine Zahl c aus]0, 1[, so dass die Funktion $(b - x)^c \cdot f(x)$ in [a, b[beschränkt ist, dann konvergiert das uneigentliche Integral

$$\int_a^b f(x) dx$$

absolut.

Ein entsprechender Satz gilt auch, wenn die untere Grenze die Unendlichkeitsstelle ist.

Die Riemannsche Definition des Integrals lässt sich noch in eine andere Richtung erweitern. Ist eine Funktion f(x) in dem Intervall [a, ∞[stetig, und existiert der Grenzwert

$$\lim_{b \to \infty} \int_a^b f(x) dx ,$$

so wird er das uneigentliche Integral der Funktion f(x) von a bis ∞ genannt und mit

$$\int_a^\infty f(x) dx$$

bezeichnet. Entsprechend gibt es auch ein uneigentliches Integral

$$\int_{-\infty}^{b} f(x)\,dx.$$

Ist eine Funktion $f(x)$ für alle $x \in \mathbb{R}$ stetig, so wird die Summe

$$\int_{-\infty}^{a} f(x)\,dx + \int_{a}^{\infty} f(x)\,dx$$

als das uneigentliche Integral von $-\infty$ bis ∞ genannt und, falls beide Grenzwerte existieren, mit

$$\int_{-\infty}^{\infty} f(x)\,dx$$

bezeichnet.

Beispiel
Die Funktion $f(x) = 1/x^c$ mit $c > 1$ ist für alle $x \geq a > 0$ stetig. Damit gilt

$$\lim_{b \to \infty} \int_{a}^{b} \frac{1}{x^c}\,dx = \lim_{b \to \infty} \frac{1}{c-1}\left(\frac{1}{a^{c-1}} - \frac{1}{b^{c-1}}\right) = \frac{a^{1-c}}{c-1}.$$

Ist die Funktion $f(x)$ für $x \geq a > 0$ stetig und gibt es eine Zahl $c > 1$ sowie eine Schranke $M > 0$, für die $|f(x)| \leq M/x^c$ für $x \geq a$ gilt, dann ist nach dem Beispiel

$$\int_{a}^{\infty} |f(x)|\,dx = \lim_{b \to \infty} \int_{a}^{b} |f(x)|\,dx \leq \lim_{b \to \infty} \int_{a}^{b-\varepsilon} \frac{M}{x^c}\,dx = \frac{M}{c-1} a^{1-c}.$$

Daraus ergibt sich folgendes Majorantenkriterium:

Majorantenkriterium
Ist eine Funktion $f(x)$ stetig für alle $x \geq a$ und gibt es eine Zahl $c > 1$, so dass die Funktion $x^c \cdot f(x)$ für alle $x \geq a$ beschränkt ist, dann konvergiert das uneigentliche Integral

$$\int_{a}^{\infty} f(x)\,dx$$

absolut.

Ein entsprechender Satz gilt auch für die Konvergenz von

$$\int_{-\infty}^{a} f(x)\,dx.$$

Über dieses Buch

Der Autor
Prof. Dr. Heinrich Hemme, Jahrgang 1955, ist Professor für Physik an der Fachhochschule Aachen und dort vor allem mit der Ausbildung von Maschinenbau-Ingenieuren betraut. Er beschäftigt sich seit vielen Jahren mit der Didaktik der Mathematik und der Naturwissenschaften und hat zahlreiche Bücher zu diesem Themenbereich veröffentlicht.

Haftungsausschluss
Die Inhalte dieses Buches sind sorgfältig recherchiert und erarbeitet worden. Dennoch kann weder der Autor noch der Verlag für die Angaben in diesem Buch eine Haftung übernehmen.

Impressum
Es ist nicht gestattet, Abbildungen und Texte dieses Buches zu digitalisieren, auf PCs oder CDs zu speichern oder einzeln oder zusammen mit anderen Bildvorlagen/Texten zu manipulieren, es sei denn mit schriftlicher Genehmigung des Verlags.

Genehmigte Lizenzausgabe der Verlagsgruppe Weltbild GmbH
Abteilung Weltbild Buchverlag – Originalausgaben

© 2003 Verlagsgruppe Weltbild GmbH, Steinerne Furt 67, 86167 Augsburg
3., überarbeitete Auflage
Alle Rechte, auch das der fotomechanischen Wiedergabe
(einschließlich Fotokopie) oder der Speicherung auf
elektronischen Systemen, vorbehalten.
All rights reserved.

Projektleitung: Dr. Ulrike Strerath-Bolz
Redaktion: Dr. Thomas Rosky
Grafik: Schindler & Partner, Augsburg
Umschlaggestaltung: Thomas Jarzina, Holzkirchen
Innenlayout und Satz: Klaus Lutsch

Printed in the Czech Republic

ISBN 978-3-86820-023-2

Stichwortverzeichnis

Ableitung 303–330
Abstände 91
Addition 15–18, 36, 45, 52
Additionstheoreme 216–220
Ähnlichkeit 109–111
Algebra 228–274
Algebraische Gleichungen 145, 166–168
Äquivalenzumformungen 146–148
Arkusfunktionen 225–227

Binomischer Lehrsatz 61–65
Brüche 40–54
Bruchgleichungen 149

Cramersche Regel 238

Determinanten 233–239
Differentialrechnung 303–330
Division ganzer Zahlen 26–29, 37, 45, 54
Dreieck 95–112, 113, 115, 207–209, 220–224

Ebenen 124–126
Ellipse 119–121
Eulerscher Polyedersatz 135
Extrema 317–320, 329

Flächenberechnungen 111–113
Flächensätze 113–115
Folgen 275–285
Funktionen 169–206, 296–350

Ganze Zahlen 34–39
Gauß-Algorithmus 31–233
Gaußsche Zahlenebene 78–81
Geometrie 90–143

Geraden 90, 124–126
Gleichungen 142–168
Gleichungssysteme 228–274
Goniometrie 207–227
Gradient 326–329
Grenzwert 296–302

Hyperbel 121

Integralrechnung 331–350
Irrationale Zahlen 68–70

Kardinalzahlen 12
Kegel 131–135
Komplexe Zahlen 75–83
Konvexität 314–316
Körper 127
Kreis 115–119
Kubische Gleichungen 160–166
Kugel 138–141

Lineare Gleichungen 150–155
Logarithmen 70–73

Matrizen 263–274
Mengenlehre 4–11
Monotonie 314–316
Multiplikation ganzer Zahlen 22–26, 37, 45, 53

Natürliche Zahlen 12–33
Nullstellen 183, 189

Ordinalzahlen 12

Parabel 122
Partialbruchzerlegung 193–196
Planimetrie 90–123
Polygone 107–108
Potenzen 57–61, 81–83
Potenzmenge 6
Prisma 129–131
Prozentrechnung 84–89

Punkt 90
Pyramide 131–135

Quader 127–129
Quadratische Gleichungen 155–160

Rationale Zahlen 40–54
Reelle Zahlen 57–74
Reihen 285–295
Rentenrechnung 84, 89

Stammfunktion 331
Stereometrie 124–141
Stetigkeit 296–302
Strahl 90
Strecke 90
Subtraktion ganzer Zahlen 19–22, 36, 45, 52

Teilmenge 6
Terme 142
Trigonometrie 207–227

Umkehrfunktion 311–313
Umkehroperationen 73

Variablen 142
Vektoren 239–262
Vektorräume 239–242, 253–258
Vielecke 107–109
Vierecke 102–107

Wendepunkte 320
Winkel 92–95
Winkelfunktion 207–216
Würfel 127–129
Wurzelgleichungen 149
Wurzeln 65–67, 81–83

Zahldarstellungen 13
Zahlengerade 34
Zahlenstrahl 14
Zahlentheorie 30
Zinsrechnung 84–89
Zylinder 129–131